大学计算机概论

李丕贤　董雯　编著

清华大学出版社

北京

内 容 简 介

本书适应"大学计算机"课程改革的要求,将"计算机应用""计算机文化""计算机技术""计算思维"等课程充分融合,由长期从事计算机基础教学的教师精心编写。本书的主线是计算机概述—计算机系统—操作系统—数据库技术—网络技术—软件技术—计算思维。

本书内容紧密跟踪计算机技术发展的趋势,反映计算机应用领域的新技术,内容定位是高于应用基础、拓展计算机文化、启发计算思维,以理论为主体,以实践为重点,以调整学生的知识结构和提高学生的能力素质为目的,体现当前计算机基础教育的新目标和新要求,服务于本科教学。

本书可作为高等学校非计算机专业的"大学计算机"公共基础课程教材,也可以作为全国计算机等级考试的复习参考资料。

图书在版编目(CIP)数据

大学计算机概论/李丕贤,董雾编著.—北京:清华大学出版社,2019(2022.12重印)
ISBN 978-7-302-53507-2

Ⅰ.①大… Ⅱ.①李…②董… Ⅲ.①电子计算机—高等学校—教材 Ⅳ.①TP3

中国版本图书馆 CIP 数据核字(2019)第 180096 号

责任编辑:谢 琛 战晓雷
封面设计:常雪影
责任校对:梁 毅
责任印制:朱雨萌

出版发行:清华大学出版社
   网 址:http://www.tup.com.cn,http://www.wqbook.com
   地 址:北京清华大学学研大厦 A 座   邮 编:100084
   社 总 机:010-83470000   邮 购:010-62786544
   投稿与读者服务:010-62776969,c-service@tup.tsinghua.edu.cn
   质量反馈:010-62772015,zhiliang@tup.tsinghua.edu.cn
   课件下载:http://www.tup.com.cn,010-83470236
印 装 者:北京建宏印刷有限公司
经 销:全国新华书店
开 本:185mm×260mm   印 张:15   字 数:355 千字
版 次:2019 年 9 月第 1 版   印 次:2022 年 12 月第 4 次印刷
定 价:39.00 元

产品编号:084846-01

前　言

　　在"大学计算机"课程框架下对课程内容进行改革,需要考虑高校类型、专业方向、学生学习起点等因素,还要考虑当前高校普遍减少开课门数、精简学时的背景。本书以《大学计算机概论》来命名,改革思路是将"计算机应用""计算机文化""计算机技术""计算思维"等课程充分融合,紧密跟踪计算机技术的发展趋势,反映计算机应用领域的新技术,教材内容定位是高于应用基础、拓展计算机文化、启发计算思维,以理论为主体,以实践为重点,以调整学生的知识结构和提高学生的能力素质为目的,体现当前计算机基础教育的新目标和新要求,服务于本科教学。

　　编者长期从事大学计算机基础教育,认识到"大学计算机"作为高等学校非计算机专业的公共基础课程,不仅是文化教育和素质教育,也是技术技能教育,更是思维养成教育。本书的主线是计算机概述—计算机系统—操作系统—数据库技术—网络技术—软件技术—计算思维,并根据内容之间的关联性,将计算机安全的内容分散到计算机系统、操作系统、网络技术等相关章节中。

　　本书的特点是用浅显的语言介绍基本理论,通过示例对理论和概念加以讲解。考虑到部分学生要参加全国计算机等级考试,本书在数据库技术、软件技术等章节兼顾了全国计算机等级考试(二级)大纲中对公共基础部分的要求。

　　全书分为 7 章,覆盖了计算机概述、计算机系统、操作系统、数据库技术与数据处理、网络技术、软件技术、计算思维等内容。

　　为方便读者学习,本书提供配套的教学课件和文字图片素材等计算机辅助教学资源。读者可以到清华大学出版社网站(http://www.tup.com/)的本书页面下载。另外,编者还编写了与本书配套的《大学计算机实践》,主要内容包括硬件操作基础、常用办公软件和计算机网络配置与应用等,在示例部分包含了基本技能训练和对部分内容的拓宽、加深内容。

　　本书由李丕贤、董雾编写。本书追求的目标是让每一位读者读懂教材,同时又不失教材的系统性与完整性,在深度和广度上取得平衡。限于编者的学识水平,书中难免存在不足之处,恳请读者批评指正。

编　者

2019 年 5 月

目　　录

第1章 计算机概述

计算机是人类最伟大的科学技术发明之一,对信息化社会生产和人们的生活产生了极其深刻的影响。在我国实现全面建设小康社会的宏伟目标,坚持以信息化带动工业化,以工业化促进信息化,走新型工业化道路的进程中,以计算机技术、网络通信技术和多媒体技术为主要标志的信息技术已渗透到信息化社会经济的各行各业。不同学科有不同的专业背景,计算机则是拓展专业研究的有效工具。学习必要的计算机知识,掌握一定的计算机操作技能,是现代人的知识结构中不可缺少的组成部分。本章主要内容如下:

- 计算机的产生与发展。
- 计算机的分类与应用。
- 未来计算机的发展。
- 信息化社会与信息安全。
- 计算机中信息的表示方式。
- 多媒体信息的表示与处理。

1.1 计算机的产生与发展

1.1.1 计算机的产生

1. 计算工具的发展

计算机的产生要从人类对计算工具的需求和早期发展谈起。在人类文明发展的早期,人们就遇到了计算问题,计算需要借助于一定的工具进行,人类最初的计算工具就是人类的双手,一个人天生有十个手指,因此,远在商代,中国人就创造了十进制记数法。

随着人类文明的发展,人类逐渐发明了各种各样、越来越复杂的专用计算工具,计算方法也越来越高级。据史料记载,我国在周朝就发明了算筹,如图 1-1 所示,它是世界上最早的计算工具。在唐朝又发明了更为方便的算盘,如图 1-2 所示,它结合了十进制记数法和一整套计算口诀,能够很方便地实现各种基本的十进制计算,即使在今天也还能在许多地方看到它的身影。有人认为算盘是最早的数字计算机,而珠算口诀则是最早的体系化算法,这些都是古代人类寻求计算工具的辉煌成就。

图 1-1　算筹

图 1-2　算盘

除中国外，其他国家也发明了各式各样的计算工具，如古希腊人的"安提凯希拉装置"、古罗马人的"沟算盘"、英国人的"刻齿木片"等。

1620 年，英国数学家甘特把计算好的对数值刻在木板上，通过滑动木板就能很快读出计算的结果。这使得繁复的科学技术数据计算变得更简单，应用更便捷，人们称其为计算尺，如图 1-3 所示，它是一项伟大的计算工具发明，是世界上最早的模拟计算工具，是后来的科学研究和技术设计活动中最不可缺少的计算工具。计算尺约经历了 350 年的辉煌历史，推动了世界科学技术的发展进程，为人类做出了无法估量的伟大贡献。直到 20 世纪中叶，计算尺才逐渐被袖珍计算器所取代。

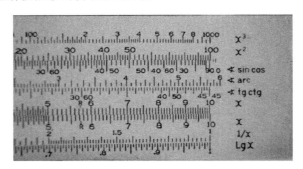
图 1-3　计算尺

随着西方工业革命的开始，各种机械设备被发明出来。1625 年，英格兰人威廉·奥特雷（William Oughtred）发明了能进行 6 位数加减法的滑动计算尺。1642 年，法国数学家帕斯卡（Pascal）采用与钟表类似的齿轮传动装置，设计出能进行 8 位十进制数计算的加法器，如图 1-4 所示。

1822 年，英国数学家查尔斯·巴贝奇（Charles Babbage）提出了差分机的设计方案，如图 1-5 所示，它由以前的每次只能完成一次算术运算发展为能够自动完成某个特定的完整运算过程。以后，巴贝奇又设计了一种程序控制的通用分析机，它是现代程序控制方式计算机的雏形，其设计理论非常超前，但限于当时的技术条件而未能实现。

图 1-4 帕斯卡及其发明的加法器　　　　图 1-5 巴贝奇及其发明的差分机

2. 电子计算机的诞生

1）"理想计算机"的提出

1936 年,英国科学家阿兰·麦席森·图灵(Alan Mathison Turing,如图 1-6 所示)发表了著名的关于"理想计算机"的论文,后人称他提出的"理想计算机"为图灵机(Turing Machine,TM)。图灵机由 3 部分组成:一条无限长的带子、一个读写头和一个控制装置。图灵机理论说明了机器计算的本质,奠定了现代算法的雏形,证明了通用数字计算机是有可能制造出来的。一般认为,现代计算机的基本概念源于图灵。为纪念图灵对计算机的贡献,美国计算机协会(ACM)于 1966 年设立了图灵奖。

阿兰·麦席森·图灵,英国数学家、逻辑学家,1931 年进入剑桥大学国王学院,毕业后到美国普林斯顿大学攻读博士学位,第二次世界大战爆发后回到剑桥大学,曾协助军方破译德国的著名密码系统 Enigma,协助盟军取得了第二次世界大战的胜利。他是计算机科学之父、人工智能之父,也是计算机逻辑的奠基者,提出了图灵机和图灵测试等重要模型和概念。人们为了纪念其在计算机领域的卓越贡献而专门设立了图灵奖,该奖项被公认为计算机领域的诺贝尔奖。

图 1-6 阿兰·麦席森·图灵

2）电子计算机的诞生

20 世纪社会的发展和科学技术的进步对新的计算工具提出了更高、更强烈的需求。随着第二次世界大战的爆发,各国科学研究的主要精力都转向为军事服务。为了设计更先进的武器,提高计算工具的计算速度和精度成为人们开发新型计算工具的突破口。

德国科学家朱赛(Konrad Zuse)最先采用电气元件制造计算机。他在 1941 年制成了全自动继电器计算机 Z-3,该机器已具备浮点记数、二进制运算、数字存储地址的指令形式等现代计算机的特征。1943 年,英国科学家研制成功了"巨人"计算机,专门用于破译德军密码。1944 年,美国科学家艾肯(H. Aiken)在 IBM 公司的支持下,也研制成功了机电式计算机 MARK-Ⅰ,这是世界上最早的通用型自动机电式计算机之一。

真正具有现代意义的计算机是由美国宾夕法尼亚大学为精确测算炮弹的弹道特性而在 1946 年研制成的电子数字计算机 ENIAC(Electronic Numerical Integrator And Calculator,电子数字积分计算机),它被大多数人公认为世界上第一台电子数字计算机,如图 1-7 所示。其主要元件是电子管,每秒能完成 5000 次加法运算和 300 多次乘法运

图1-7　电子数字积分计算机

算,比当时最快的计算工具快300倍。该机器使用了1500个继电器和18 800个电子管,占地170m²,重达30多吨,耗电150kW,耗资40万美元,真可谓庞然大物。虽然ENIAC仍有着不能存储程序、需要用连接线路的方法来编排程序等弱点,但它使过去借助机械的分析机需7～20h才能计算一条弹道的工作时间缩短到30s,使科学家们从大量的计算中解放出来。ENIAC的问世标志着电子计算机时代的到来。

3）冯·诺依曼结构

1945年,在EDVAC(Electronic Discrete Variable Automatic Computer,电子离散变量自动计算机)的研制过程中,由美籍匈牙利裔数学家约翰·冯·诺依曼(John von Neumann,如图1-8所示)提出了现代计算机的3个要素:一是计算机内部采用二进制数进行计算;二是将指令和数据存储起来,由程序控制计算机自动执行;三是采用由运算器、控制器、存储器、输入设备和输出设备组成的硬件结构,即冯·诺依曼结构。

与图灵机的理论模型相比,冯·诺依曼结构给出了计算机的工程实现方案,这对后来计算机的设计产生了决定性的影响,至今仍为电子计算机设计者所遵循。

约翰·冯·诺依曼(John von Neumann,1903—1957),著名数学家,被西方人誉为"计算机之父""博弈论之父"。他于1903年生于匈牙利布达佩斯,1957年因患癌症在华盛顿去世。冯·诺依曼从小就显示出数学天才。1921—1923年在苏黎世大学学习,很快又在1926年以优异的成绩获得了布达佩斯大学数学博士学位,此时冯·诺依曼年仅22岁。1927—1929年,冯·诺依曼相继在柏林大学和汉堡大学担任数学讲师。1930年接受了普林斯顿大学客

图1-8　约翰·冯·诺依曼

座教授的职位并于1931年成为普林斯顿大学的第一批终身教授,那时,他还不到30岁。1933年,他转到该校的高级研究所,并在那里工作了一生。冯·诺依曼是普林斯顿大学、宾夕法尼亚大学、哈佛大学、马里兰大学、哥伦比亚大学和慕尼黑高等技术学院等高校的荣誉博士。他是美国国家科学院、秘鲁国立自然科学院和意大利国立科学研究院等的院士。他于1954年任美国原子能委员会委员,于1951—1953年任美国数学会主席。

冯·诺依曼是20世纪最重要的数学家之一,在纯粹数学和应用数学方面都有杰出的贡献。他的工作大致可以分为两个时期:1940年以前,主要是纯粹数学的研究;1940年以后转向应用数学。如果说他的纯粹数学成就属于数学界,那么他在力学、经济学、数值分析和电子计算机方面的工作则属于全人类。

冯·诺依曼对世界上第一台电子计算机ENIAC的设计提出过建议,1945年3月,他在共同讨论的基础上起草了EDVAC设计报告初稿,这对后来计算机的设计有决定性的影响,特别是确定了计算机的结构,采用存储程序以及二进制编码等,至今仍为电子计算机设计者所遵循。

1.1.2 计算机的发展过程

1. 基于二进制的电子元器件的发展

1883 年,爱迪生在为电灯泡寻找灯丝材料的时候发现了一个奇怪的现象:在真空电灯泡内部碳丝附近安装一截铜丝,结果在碳丝和铜丝之间产生了微弱的电流,这一现象被称为爱迪生效应。1895 年,英国的电器工程师弗莱明(J. Fleming)博士对爱迪生效应进行了深入的研究,最终发明了电子管(真空二极管),一种使电子单向流动的元器件。1907 年,美国人德福雷斯发明了真空三极管,他的这一发明为他赢得了"无线电之父"的称号。其实,德福雷斯所做的就是在二极管的灯丝和板极之间加了一块栅板,使电子流动可以受到控制,从而使电子管进入普及和应用阶段。电子管是可以存储和控制二进制数的电子元器件。在随后几十年中,人们开始用电子管制作自动计算的机器,标志性的成果是 1946 年的 ENIAC。ENIAC 是世界上公认的第一台电子计算机,它的成功奠定了二进制、电子技术作为计算机核心技术的地位。然而电子管有很多缺陷,比如体积庞大、可靠性低、功耗大等。对于如何克服这些问题的思考促使人们寻找比电子管性能更好的替代品。

1947 年,贝尔实验室的肖克莱和巴丁、布拉顿发明了点接触晶体管,两年后肖克莱进一步发明了可以批量生产的结型晶体管(1956 年,他们三人因为发明晶体管共同获得了诺贝尔物理学奖)。1954 年,德州仪器公司的迪尔发明了制造硅晶体管的方法。1955 年之后,制造晶体管的成本以每年 30% 的速度下降,到 20 世纪 50 年代末,这种廉价的器件已经风靡世界,计算机也迈入了以晶体管为主要器件的新时代。尽管晶体管代替电子管有很多优点,但还是需要使用电线将各个元件逐个连接起来,对于电路设计人员来说,能够用电线连接起来的单个电子元件的数量不能超过一定的限度,而当时一台计算机可能就需要 25 000 个晶体管、10 万个二极管、成千上万个电阻和电容,其错综复杂的结构使可靠性大为降低。如何解决这个问题呢?

1958 年,费尔柴尔德半导体公司的诺伊斯和德州仪器公司的基尔比提出了集成电路的构想:在一层保护性的氧化硅薄片下面,用同一种材料(硅)制造晶体管、二极管、电阻、电容,再采用氧化硅绝缘层的平面渗透技术以及将细小的金属线直接蚀刻在这些薄片表面上的方法把这些元件互相连接起来,这样几千个元件就可以紧密地排列在一小块薄片上,封装成集成电路,自动实现一些复杂的变换。集成电路成为功能更强大的元件,人们可以通过连接不同的集成电路来制造自动计算的机器,人类由此进入了微电子时代。

随后人们不断研究集成电路的制造工艺。光刻技术、微刻技术和现在的纳刻技术使得集成电路的规模越来越大,形成了超大规模集成电路。自那时起,集成电路开始像 Intel 公司创始人戈登·摩尔(Gordon Moore)所提出的摩尔定律一样发展着:当价格不变时,集成电路上可容纳的晶体管数目约每隔 18 个月便会增加一倍,其性能也将提升一倍。截至 2012 年,一个超大规模集成电路芯片的晶体管数量已可达 14 亿个。

2. 电子计算机的发展

从第一台电子计算机诞生到现在,计算机技术以前所未有的速度迅猛发展,经历了大型计算机阶段和微型机及网络阶段。对于传统的大型机,通常根据计算机所采用的电子元件不同而划分为电子管计算机、晶体管计算机、集成电路计算机以及大规模和超大规模集成电路计算机 4 代,如表 1-1 所示。

表 1-1　计算机发展的 4 代

代　　次	第一代	第二代	第三代	第四代
时间	1946—1957 年	1958—1964 年	1965—1971 年	1972 年至今
主要电子器件	电子管	晶体管	中小规模集成电路	大规模和超大规模集成电路
内存储器	汞延迟线	磁芯存储器	半导体存储器	半导体存储器
外存储器	纸带、卡片、磁带和磁鼓	磁盘、磁带	磁盘、磁带	磁盘、光盘等大容量存储器
处理速度(每秒执行的指令数)	几千条至几万条	几十万条	几百万条	上亿条
代表机型	UNIVAC-I	IBM 7000 系列机	IBM 360 系列机	IBM 4300 系列、3080 系列、3090 系列和 900 系列

第一代计算机的主要特点如下:内存容量非常小(仅为 1000～4000B);计算机程序设计语言处于最低阶段,用一串 0 和 1 表示的机器语言进行编程,直到 20 世纪 50 年代才出现汇编语言;尚无操作系统出现,操作机器困难。第一代计算机体积庞大,造价昂贵,速度低,存储容量小,可靠性差,不易掌握,主要应用于军事目的和科学研究领域的狭小天地里。

第二代计算机的主要特点如下:采用了晶体管这种体积小、重量轻、开关速度快、工作温度低的电子元件;内存储器容量扩大到几十万字节;计算机软件有了较大发展,出现了监控程序并发展成为后来的操作系统;推出了 BASIC、FORTRAN、Cobol 高级程序设计语言。与第一代计算机相比,第二代计算机具有体积小、成本低、重量轻、功耗小、速度高、功能强和可靠性高的特点,主要应用范围由单一的科学计算扩展到数据处理和事务管理等其他领域。

第三代计算机的特点如下:体积、重量、功耗进一步减小,运算速度、逻辑运算功能和可靠性进一步提高;软件在这个时期形成了产业;出现了分时操作系统;提出了结构化、模块化的程序设计思想,出现了结构化的程序设计语言 Pascal。这一时期的计算机同时向标准化、多样化、通用化发展。

第四代计算机的特点如下:磁盘的存取速度和容量大幅度上升;体积、重量和耗电量进一步减少;计算机的性能价格比基本上以每 18 个月翻一番的速度上升;操作系统向虚拟操作系统发展,数据库管理系统不断完善和提高,程序设计语言进一步发展和改进,软件行业的发展成为新兴的高科技产业;计算机的应用领域不断向社会各个方面渗透。

3. 微型计算机的诞生与发展

微型计算机也称微型机、个人计算机(Personal Computer,PC)。从第一台计算机 ENIAC 诞生到 20 世纪 70 年代初,计算机一直向巨型化方向发展。所谓巨型化,是指计算速度和存储容量不断提高。从 20 世纪 70 年代初期起,计算机又开始向微型化方向发展。所谓微型化,是指计算机的体积和价格大幅度降低。

PC 真正的雏形应该是苹果机,它是由苹果(Apple)公司的创始人——史蒂夫·乔布斯(Steven Jobs)和他的同伴在一个车库里组装出来的。这两个普通的年轻人坚信电子计算机能够大众化、平民化,他们的理想是制造普通人都买得起的 PC。车库中诞生的苹果机在美国高科技史上留下了神话般的光彩。

1981 年,IBM 公司正式推出了首台个人计算机——IBM PC,采用了主频 4.7MHz 的 Intel 8088 微处理器,运行微软公司开发的 MS-DOS 操作系统。IBM PC 的产生具有划时代的意义,它首创了个人计算机的概念,为 PC 制定了企业通用的工业标准。

昂贵而庞大的计算机演变为适合个人使用的 PC,应当归功于超大规模集成电路的迅猛发展。PC 强大的信息处理功能来源于它有一个称为微处理器(CPU)的大规模集成电路芯片,微处理器包含了运算器和控制器。世界上第一个通用微处理器 Intel 4004 于 1971 年问世,包含了 2300 个晶体管,支持 45 条指令,工作频率为 1MHz,尺寸规格为 3mm×4mm。尽管它体积小,但计算性能远远超过了当年的 ENIAC。20 世纪 80 年代推出的 IMB PC 采用了 Intel 8088 CPU,其后短短几年间,80286 CPU、80386 CPU、80486 CPU 相继推出。1993 年,Intel 公司的奔腾(Pentium)系列微处理器诞生了,随后,"奔腾时代"的大幕拉开,1995 年的 Pentium Pro,1997 年的 Pentium Ⅱ,1999 年的 Pentium Ⅲ,奔腾系列微处理器迅猛发展。2004 年,Intel 公司发布了 Pentium 4,采用 3.4GHz 微处理器,该处理器首次采用纳米工艺,支持超线程技术,采用了新的金属触点接口,并可用于制造更轻薄的笔记本电脑。2005 年 4 月,Intel 公司的第一款双核处理器平台——酷睿双核处理器问世,标志着多核 CPU 时代的来临。

微型计算机在诞生之初就配置了操作系统,其后操作系统一直在不断发展。操作系统发展的第一个阶段为单用户、单任务的操作系统。继 1976 年美国 Digital Research 公司研制出 8 位的 CP/M 操作系统之后,还出现了 CDOS、MDOS 和 MS-DOS 等磁盘操作系统。操作系统发展的第二个阶段是以多用户、多道作业和分时为特征的现代操作系统。其典型代表有 UNIX、Windows、Linux、Solaris、OS/2 等。现代操作系统普遍具有多用户和多任务、虚拟存储管理、网络通信支持、数据库支持、多媒体支持、应用编程接口(API)支持、图形用户界面(GUI)等功能。目前,随着智能手机、平板电脑等移动电子设备的发展,移动操作系统如 iOS、Android 等正在成为操作系统中新的领军者。

4. 计算机在中国的发展

我国计算机制造工业起步于 20 世纪 50 年代中期。1953 年 1 月,我国成立了第一个电子计算机科研小组。1958 年,中科院计算所成功研制了我国第一台小型电子管通用计算机——103 机,标志着我国第一台电子计算机的诞生。1965 年,中科院计算所研制成功第一台大型晶体管计算机——109 乙机,标志着中国电子计算机技术进入第二代。1974 年,清华大学等单位联合设计、研制成功采用集成电路的 DJS-130 小型计算机,运算速度达每秒100 万次。

在我国计算机工业的发展中,高性能计算机(High Performance Computing,HPC)的研制取得了辉煌的成就。高性能计算机是国家科研的重要基础工具,也是国家的重要战略资源,在国防、气象、能源、金融等领域中发挥着重要作用。近年来,HPC在互联网服务、云计算、大数据分析和信息安全等领域的应用飞速扩张与发展,充分体现了HPC应用的未来趋势。

1983年,运算速度达到每秒上亿次的银河-Ⅰ巨型电子计算机在国防科技大学诞生,这是我国高速计算机研制的一个重要里程碑。

1992年,国防科技大学研制出银河-Ⅱ通用并行巨型机,峰值速度达每秒10亿次,总体上达到20世纪80年代中后期国际先进水平,主要用于中期天气预报。

1993年,国家智能计算机研究开发中心(后成立北京市曙光计算机公司)研制成功曙光一号全对称共享存储多处理机,这是国内首次研制的基于超大规模集成电路的通用微处理器芯片的并行计算机。1995年,曙光公司又推出了曙光1000,峰值速度达每秒25亿次浮点运算,实际运算速度达到每秒10亿次浮点运算。1997—2008年,曙光公司先后在市场上推出曙光1000A、曙光2000-Ⅰ、曙光2000-Ⅱ、曙光4000、曙光5000等超级服务器。其中曙光5000以每秒230万亿次的峰值速度和180万亿次的Linpack值,在2008年的全球超级计算机TOP500中位列第10位。

诞生于2009年10月29日的天河一号是我国首台千万亿次超级计算机。这台计算机以每秒1206万亿次的峰值速度和563.1万亿次的Linpack实测性能使我国成为继美国之后世界上第二个能够研制千万亿次超级计算机的国家。

2013年6月,国防科技大学推出了天河二号,并以每秒54.9千万亿次浮点运算的峰值性能成为第41次全球HPC TOP500排行榜的新科状元,这也是中国HPC继2010年11月天河一号A之后第二次获得此项桂冠。需要指出的是,天河二号使用的是国产的Kylin Linux——麒麟操作系统,主要的研发、测试和生产全部由国内的计算机科学家完成,内部连接使用自主研发的TH Express-2,前端处理器则使用国内研发的飞腾中央处理器。

在2015年11月全球超级计算机大会上,天河二号在国际HPC TOP500组织发布的第46次全球HPC TOP500排行榜上再次位居第一,获得"六连冠"的殊荣。

2014年年底,基于国产申威SW26010处理器的"神威·太湖之光"完成原型机测试;2015年10月,"神威·太湖之光"完成研发工作。2016年6月20日,在法兰克福世界超算大会上,国际TOP500组织发布的榜单显示,"神威·太湖之光"超级计算机系统荣登榜首,不仅速度比第二名天河二号快出近两倍,其效率也提高了3倍;2016年11月14日,在美国盐湖城公布的新一期TOP500榜单中,"神威·太湖之光"以较大的运算速度优势轻松蝉联冠军;2016年11月18日,我国科研人员依托"神威·太湖之光"超级计算机的应用成果首次荣获戈登·贝尔奖,实现了我国高性能计算应用成果在该奖项上零的突破。

2017年5月,中华人民共和国科学技术部高技术中心在无锡组织了对"神威·太湖之光"计算机系统课题的现场验收。专家组经过认真考察和审核,一致同意其通过技术验收;2017年11月13日,全球HPC TOP500榜单公布,"神威·太湖之光"以每秒9.3亿亿次的浮点运算速度第四次夺冠。

1.2 计算机的分类

随着计算机及相关技术的迅速发展,计算机类型也不断分化,形成了各种不同类型的计算机。较为普遍的是按照计算机的运算速度、字长、存储容量等综合性能指标,将计算机分为巨型机、大型机、小型机和微型机。

但是,随着计算机制造技术的进步,各种类型的计算机性能指标都在不断改进和提高,以至过去一台大型机的性能可能还比不上今天一台微型机,因此计算机的类型划分很难有一个精确的标准。在此,根据计算机应用领域及其综合性能指标,将计算机分为微型计算机、高性能计算机、工作站、服务器、嵌入式计算机。

1. 微型计算机

微型计算机也称个人计算机,是通过大规模集成电路技术将计算机的核心部件——运算器和控制器集成在一块称为中央处理器(Central Processing Unit,CPU)的芯片上,为满足个人需要而设计的一种计算设备。微型计算机通常能运行多种类型的应用软件,广泛应用于办公、学习、娱乐等社会生活的方方面面,是发展最快、应用最为普及的计算机。人们日常使用的桌面计算机、便携式计算机、掌上型计算机等都是微型计算机。

2. 高性能计算机

高性能计算机,通常也称为超级计算机,是由很多处理器(机)组成的,能承担普通计算机和服务器所不能处理的大型复杂任务和计算密集型问题。它是目前功能最强、速度最快的一类计算机,其浮点运算速度已达到每秒千万亿次。HPC 主要应用于国防、航天、气象等科学工程计算领域,它是一个国家综合科技实力的重要标志。

国际 HPC TOP500 组织是发布全球已安装的 HPC 性能排名的权威机构,该组织以系统实测的 Linpack 测试值及 2014 年开始采用的高性能共轭梯度(HPCG)测试为基准进行排名,每隔半年发布一次。

2017 年 11 月 13 日,由国家并行计算机工程技术研究中心研制的"神威·太湖之光"已第四次荣登全球 HPC TOP500 榜单之首。

图 1-9 "天河二号"高性能计算机系统

3. 工作站

工作站是一种高端的微型计算机,通常配有高分辨率的大屏、多屏显示器及大容量存储器,主要面向专业应用领域,具备强大的数据运算与图形、图像处理能力。工作站主要应用于工程设计及制造、图像处理、动画制作、信息服务、模拟仿真等专业领域。

常见的工作站有图像处理工作站、计算机辅助设计(CAD)工作站、办公自动化(OA)工作站等。用于不同任务的工作站有不同的硬件和软件配置。

另外,在计算机网络系统中连接到服务器的终端机也称为工作站。计算机网络系统中的工作站仅是网络中的普通微型机或终端,是网络中的用户节点。

4. 服务器

服务器是指在网络环境下为网络上的多个用户提供服务的计算机系统。目前的Internet 就是基于服务器的,大多数网站都通过在服务器上运行的各类软件为网络用户提供信息资源共享和各种服务。

在网络环境下,根据提供的服务类型不同,可将服务器分为文件服务器、数据库服务器、应用程序服务器、Web 服务器、邮件服务器等。

服务器需要存储大量的网络信息资源,并需要同时为多个网络用户提供服务,因此在

图1-10　企业级机架式服务器

存储能力、处理能力、稳定性、可靠性、安全性、可管理性等方面要求较高。由于各种服务需要支持的网络用户数量不同,对服务器的功能和性能要求也不尽相同。性能较好的微型计算机就能够承担小型企业的内部服务器功能,而对于需要同时支持大量网络用户的应用环境,则需要使用专门的高性能服务器。服务器根据综合性能可分为入门级服务器、工作组级服务器、部门级服务器、企业级服务器,根据外形可分为机架式服务器、刀片服务器、塔式服务器、机柜式服务器。图1-10 为一款企业级机架式服务器。

5. 嵌入式计算机

嵌入式计算机是指嵌入被控对象内部,实现被控对象智能化的专用计算机系统。嵌入式计算机系统是以应用为中心,软硬件可裁剪的,适用于应用系统对功能、可靠性、成本、体积、功耗等综合性能有严格要求的专用计算机系统。

嵌入式计算机的应用领域非常广泛,几乎涵盖了生活中所有的电器设备,如人们日常生活中使用的电冰箱、全自动洗衣机、空调、智能手机以及汽车导航、工业自动化仪表、医疗仪器、POS 网络等都采用了嵌入式计算机技术。

随着物联网的发展,网络用户终端延伸和扩展到了任何物品与物品之间进行的信息交换和通信,要求必须具备基于嵌入式系统构建的智能终端。作为物联网重要技术组成的嵌入式计算机将会有更广泛的应用前景。

1.3　计算机的应用

1.3.1　计算机的突出特点

与其他计算工具相比,计算机具有运算速度快、精确度高、存储能力强、通用性强的特点,具有逻辑判断能力和自动功能,并且支持网络通信。

(1) 运算速度快。计算机的运算速度是其他计算工具不能比拟的,且还在不断加快,可以高效率、高质量地完成数据加工处理的任务。

(2) 精确度高。较之传统计算工具,计算机内部数值的表示方法是很独特的,这使其

有效数字的位数相当大,可达百位以上,所以计算机的精确度非常高,同时也具有极高的可靠性。

(3)强大的存储能力。海量的存储设备使得信息总量变大,大量图书、档案资料压缩存储在磁盘或光盘上,便于信息的长期保存和反复使用。

(4)通用性强。计算机的通用性是其能够应用于各种领域的基础。任何复杂的任务都可以分解为基本的算术运算和逻辑操作,程序员把这些基本运算和操作按照一定规则写成适当的程序,即可完成各式各样的任务。

(5)具有逻辑判断能力。将智能化的决策支持系统应用于管理信息,为决策科学化的实现提供了可能。

(6)具有自动功能。计算机内部的操作运算是根据人们预先编制的程序自动控制执行的,因此其工作过程完全自动化,不需要人的干预。

(7)支持网络通信。计算机网络缩短了世界各地的距离,网络用户之间甚至物品与物品之间都可以通过网络进行信息传递和资源共享。

1.3.2 计算机的应用领域

从计算机诞生至今,计算机应用的发展非常迅速,已经深入到社会生活的各个领域,从科研、生产、商业、医疗、教育到家庭生活,无处不在。目前,计算机的应用主要分为下面几个方面。

1. 科学与工程计算

科学与工程计算是指计算机用于完成科学研究和工程技术中所提出的数值计算问题,如人造卫星轨迹计算、导弹发射的各项参数的计算、房屋抗震强度的计算等。

科学计算是计算机最早的应用领域。第一台电子计算机 ENIAC 研制的目的就是用于军事计算,计算机发展的初期也主要用于科学计算。迄今为止,在航天技术、气象预报、地震预测、工程设计等领域,科学计算仍然是计算机应用的一个重要方向。

科学与工程计算作为一门整合性、工具性、方法性的科学,包括了近年来在各种科学与工程领域中逐步形成的计算性学科分支,如计算力学、计算物理、计算化学、计算环境科学等。在生物科学、医学、系统科学、经济学、社会科学中也开始形成科学和工程计算理论。以前许多实验需要昂贵的仪器设备,观测时间很长或反应时间很短,测量很困难。目前计算模型已用来代替大部分的实验,成为各学科的重要工具。例如,汽车的碰撞实验目前可以用计算机进行数值仿真;有时物理实验上很难测得的现象,例如混沌系统及孤立子等,也都是先通过科学计算发现的。在气象、地震、核能技术、石油勘探、航天工程、密码破译等领域,科学与工程计算已成为不可缺少的工具。

2. 信息管理

信息管理是计算机应用最广泛的领域。现代社会是信息化社会,随着生产力的发展,信息量急剧膨胀,信息已经和材料、能源一起被列为人类社会的三大要素。信息管理就是对各种信息进行收集、存储、加工、整理、分类、统计、利用和传播等一系列活动的统称,其目的是获取有用的信息,为决策提供依据。

目前,计算机信息管理已广泛应用于企业管理、物资管理、辅助决策、文档管理、情报检索、文字处理、医疗诊断、数字媒体艺术等各个方面。信息管理和实际应用领域相结合产生了很多的应用系统,如办公领域的办公自动化(OA)系统、生产领域的制造资源规划(MRP)系统、商业流通领域的电子商务(EC)系统等。

3. 自动控制

在工业生产过程中,计算机自动控制系统把工业现场的模拟量、开关量以及脉冲量经放大电路和模/数、数/模转换电路处理后传送给计算机,由计算机进行数据采集、显示以及现场控制。计算机自动控制系统还应用于交通控制、通信控制、武器控制等方面。

4. 计算机辅助系统

计算机辅助系统是指利用计算机进行工程设计、产品制造、性能测试等。

计算机辅助系统包括计算机辅助设计(Computer Aided Design,CAD)、计算机辅助制造(Computer Aided Manufacturing,CAM)、计算机辅助测试(Computer Aided Testing,CAT)、计算机集成制造系统(Computer Integrated Manufacturing System,CIMS)、计算机辅助教学(Computer Aided Instruction,CAI)等系统。

计算机辅助设计(CAD)是利用计算机及图形设备辅助设计人员进行产品设计和工程技术设计。在设计中,可通过人机交互更改设计和布局,反复迭代设计,直至满意为止。它能使设计过程逐步趋向自动化,大大缩短设计周期,增强产品在市场上的竞争力。计算机辅助设计已广泛应用于飞机、汽车、机械、电子和建筑等领域。

计算机辅助制造(CAM)是利用计算机系统进行生产设备的管理、控制和操作。CAM技术可以提高产品质量,降低成本,缩短生产周期,提高生产效率和改善劳动条件。将CAD和CAM技术集成,则可实现设计生产自动化,这种技术被称为计算机集成制造系统(CIMS),它是无人化工厂的基础。

计算机辅助教学(CAI)是在计算机的辅助下进行各种教学活动。CAI最大的特点是交互教学和个别指导,它改变了教师在讲台上讲课而学生在课堂内听课的传统教学方式。近年来迅速发展的远程教育、网络教育更是在教学的各个环节大量使用了各种计算机系统。

5. 人工智能

人工智能(Artificial Intelligence,AI)是通过计算机模拟人类的智能行为,如感知、思维、推理、学习、理解等,建立智能信息处理理论,进而设计可以展现某些近似于人类智能行为的计算系统。

人工智能既是计算机当前的重要应用领域,也是今后计算机发展的主要方向之一。尽管在人工智能领域中存在诸多的技术难题,但仍取得了一些重要成果,主要包括语言处理、自动定理证明、智能数据检索系统、视觉系统、问题求解、人工智能方法和程序语言、自动程序设计等。

近年来,人工智能技术高速发展,已经开始为人类生活带来便利,包括语音识别技术、图像分析技术、无人驾驶汽车、医疗诊断、翻译工具以及具有一定思维能力的智能机器人等。但是,人工智能的巨大潜力也给人类社会带来潜在的威胁,需要警惕人工智能科技的过度发展,防止人工智能超越人类智慧并失去控制。

6. 网络应用

计算机网络是将分布于世界各地的计算机系统用通信线路和通信设备连接起来,以实现计算机之间的数据通信和资源共享。网络和通信的快速发展改变了传统的信息交流方式,加快了社会信息化的步伐。网络应用的日趋大众化和普及化正深刻改变着人们的工作方式和生活方式。

随着移动技术的飞速发展,物联网、云计算、移动互联等已经成为网络应用的重要模式。

计算机及其相关技术的快速发展和普及推动了社会信息化的进程,改变了人们的工作、生活、消费、娱乐等活动方式,极大地提高了工作效率和生活质量。在未来,计算机的应用领域将无限地扩展,并将开拓人们无法预见的新领域,计算机将成为人类社会不可缺少的一部分。

1.4 未来计算机的发展

1.4.1 计算机技术的发展趋势

从目前来看,计算机技术的发展主要集中在以下几个方面。

1. 形态多样化

未来的计算机在外形上将更为轻薄,便携性更为突出。可拆卸式键盘、可折叠显示屏也许会成为未来笔记本电脑的主流配置。以谷歌眼镜、Apple Watch 为代表的各种可穿戴计算机会将人类"全副武装",它不仅在许多特殊任务领域得到充分利用,还将进入日常生活。

2. 非接触式操作

人机交互不再依赖于键盘和鼠标,触摸屏除了在智能手机和平板电脑上广泛应用外,也已经配置于台式机和笔记本电脑。而在未来,计算机不再是必须用手来操作的机器(无论是使用键盘、鼠标还是触摸屏)。

从微软公司的 Kinect 设备的手势控制,到苹果公司的 Siri 语音控制,再到谷歌眼镜的眼球控制,人们在未来可以用完全不同的方式操纵计算机。

3. 物联网

物联网(Internet of Things,IoT)是一种基于互联网实现物与物、人与物和人与人之间信息交换功能的网络。物联网意味着人们接触到的任何物体都可能变成一个计算机终端,都可能与智能手机实现无缝连接。物联网的一些应用,如移动支付、智慧地球计划等已经普及,但很难预料物联网会对人们的生活带来怎样的影响。

4. 人工智能计算机

随着大数据、云计算、集成电路等新技术的发展,人工智能进入了崭新的飞速发展阶段。随着大数据技术的发展，极大的数据量为人工智能奠定了基础，依据大数据的深度学习可以建立人工神经网络，实现更好的预测能力；移动互联网让人们有了新的服务需求，让人工智能数据的维度以及人机交互得到长足的发展；通信、芯片等信息产业的发展给人工智能的实现创造了基础。

人工智能技术将是下一轮技术的核心，其应用已经从专业的工业领域扩展到与人们生活息息相关的服务领域。目前，人工智能在无人驾驶、无人机、机器人等领域的应用日益成熟并引起广泛关注。可以预见，未来将是人工智能的时代。

1.4.2　未来的新型计算机系统

虽然以集成电路为基础的计算机在短时期内不会退出历史舞台，并且其性能不断提升，但目前还是出现了许多新型计算机系统。尽管它们的实现技术还处于研究阶段，但其性能大大超过传统计算机。可以预见，在不久的将来，这些新型计算机系统将引发计算机技术的革命。

1. 光子计算机

光子计算机是相对电子计算机而言的。光子计算机由光信号来传递、存储和处理信息，光子作为信息载体，以光互连代替导线互连，以光硬件代替电子硬件，以接近 $3 \times 10^8 \, \text{m/s}$ 的速度传递和处理信息。

光子计算机由激光器、光学反射镜、透镜、滤波器等光学元件和设备构成，靠激光束进入反射镜和透镜组成的阵列进行信息处理，以光子代替电子，以光运算代替电运算。使用光处理信息的芯片如图 1-11 所示。光的并行、高速的特性天然地决定了光子计算机的并行处理能力很强，具有超高运算速度。光子计算机还具有与人脑相似的容错性，系统中某一元件损坏或出错时，并不影响最终的计算结果。光子在光介质中传输所造成的信息畸变和失真极小，光传输、转换时能量消耗和散发热量极低，对环境条件的要求比电子计算机低得多。

图 1-11　使用光处理信息的芯片

由此可见，光子计算机最重要的优势是信息的并行传输、高速处理、大容量存储以及运行的低能量消耗，这决定了光子计算机在存储能力和运算速度等方面远超电子计算机。随着现代光学与计算机技术、微电子技术的结合，在不久的将来，光子计算机或许将成为人类普遍使用的工具。

2. 生物计算机

生物计算机是受人脑具有强大信息处理能力的启发,模拟人脑的生物功能,实现数字计算的一类高性能计算设备。生物计算机是基于遗传工程技术,利用蛋白质具有的开关特性,用蛋白质分子作为生物元件和生物芯片制成的计算机。

生物计算机的生物元件比电子计算机的电子元件要小很多,由蛋白质构成的集成电路的大小只相当于硅片集成电路的十万分之一。生物计算机的生物元件开关速度比传统计算机要快得多,可模拟人脑的生物特性,具有人脑的并行处理功能,运算速度是现在最快的超级计算机的 10 万倍左右,而其能量消耗仅相当于普通计算机的十亿分之一,且具有巨大的存储能力。更独特的是,由于蛋白质分子有自我组合的能力,生物芯片一旦出现故障可自我修复,实现自愈合和自改善,因此,生物计算机可靠性非常高,且具有一定的永久性。生物计算机具有生物活性,能够和人体的组织有机地结合起来,尤其是能够与大脑和神经系统相连,这样,生物计算机就可直接接受大脑的综合指挥。

生物计算机涉及计算机科学、脑科学、分子生物学、生物物理、生物工程、电子工程等多种相关学科,是全球高科技领域最具活力和发展潜力的学科之一。尽管目前生物计算机还存在着诸如信息提取困难等缺点,但随着技术的不断进步,这些问题终将解决,生物计算机的应用前景不可小觑。

3. 量子计算机

量子计算机是一种遵循量子力学规律,对量子信息进行高速运算、存储及处理的物理装置。不同于电子计算机,量子计算机用来存储数据的对象是量子比特,它使用量子算法来进行数据操作。量子计算机采用并行的计算方式,其运算速度相当于很多台电子计算机的并行运算能力,因此其运算速度非常快,运算能力非常强。

在电子计算机中,基本信息单位为比特,运算对象是各种比特序列。与此类似,在量子计算机中,基本信息单位是量子比特,运算对象是量子比特序列。与电子计算机的比特序列不同的是,量子比特序列不但可以处于各种正交的叠加态,而且可以处于纠缠态。这些特殊的量子态不仅提供了量子并行计算的可能,而且有许多奇妙的性质。

目前很多国家和机构正在研发量子计算机。2007 年 2 月,加拿大 D-Wave 系统公司宣布研制成功 16 位量子比特的超导量子计算机,如图 1-12 所示。2014 年 1 月,美国国家安全局宣布正在研发一款用于破解加密技术的量子计算机,希望破解几乎所有类

图 1-12 D-Wave 计算机

型的加密技术。2015 年 12 月,多家美国媒体报道,美国航空航天局与谷歌公司宣布,他们制造出了第一台真正利用量子机制运算的计算机。尽管这些设备是否真正实现了量子计算还未得到学术界的广泛认同,但量子计算机的研发已成为一大热点。

2013 年 6 月,由中国科学技术大学潘建伟院士领衔的量子光学和量子信息团队首次成功实现了用量子计算机求解线性方程组的实验。2015 年,中国科学技术大学杜江峰研

究组在固态自旋体系中实现了达到容错阈值的普适量子逻辑门,这一结果代表了目前固态自旋体系量子操控精度的世界最高水平。

量子计算机不仅速度超快,与普通计算机相比,它还能解决复杂得多的问题。在寻找问题解决方案的时候,它与人类极为相似,这将令它可以执行许多人类才能胜任的工作。未来的量子计算机能够提供更为精确的气象预测、更高效的药物研发、更精准的空中和地面交通控制、更安全的加密通信、加速太空探索、实现人工智能的机器学习等令人激动的应用。尽管实现这些目标还有很长的路要走,但不久的将来在量子计算机领域一定会有重大突破。

除了以上几种新型计算机外,未来的新型计算机还包括纳米计算机、超导计算机、化学计算机、拟态计算机等。虽然这些计算机还处于探讨和试验阶段,但随着科技的不断进步,未来的计算机会像其他任何事物一样不断发展变化。

1.5　信息化社会与信息安全

1.5.1　信息与信息技术

1. 信息与数据

信息(information)与材料、能源并称为人类社会的三大要素。

1948 年,数学家香农提出:"信息是用来消除随机不定性的东西。"信息是人们对客观世界的描述,而人们熟知的数据(data)则是信息的具体表现形式,是各种各样的物理符号及其组合,它反映了信息的内容。数据经过加工、处理并赋予一定含义后即可成为信息。

在计算机领域,数据是信息在计算机内部的表现形式。数据可以在物理介质上记录或传输,并通过外部设备被计算机接收,经过处理而得到结果。有时信息本身是已经被数据化了的,所以数据本身也就具有了信息的含义。

2. 信息技术

在人类社会漫长的发展过程中,经历了 5 次信息革命:第一次信息革命是语言的产生,语言是人类交流和传播信息最早的工具;第二次信息革命是文字的使用,文字能保留信息,对人类文化的发展起到了重要的作用;第三次信息革命是印刷术的发明,在更大范围内以更快的速度传播人类文明;第四次信息革命是广播、电视、电话的使用,以更快的速度推动人类文明向前发展;第五次信息革命是计算机与通信技术相结合的技术——信息技术的诞生。信息技术从生产力变革和智力开发两个方面推动了人类社会的进步,对人类社会产生了比以往更深远、更有意义的影响。

信息技术(Information Technology,IT)是指与信息的产生、获取、处理、传输、控制和利用等有关的技术。这些技术包括计算机技术、通信技术、微电子技术、传感技术、网络技术、新型元器件技术、人工智能技术、多媒体技术等。

信息技术的应用包括计算机硬件和软件、网络和通信技术、应用软件开发工具等。随着计算机和互联网的普及,人们已经普遍地使用计算机来生产、处理、交换和传播各种形式的信息。信息技术在社会各行各业中得到广泛的渗透,显示出它强大的生命力,它正在从根本上不断地改变着人类社会的生产和生活方式。

1.5.2　信息化社会

1. 信息化

信息化(information)是指信息技术和信息产业在国民经济和社会各个领域的发展中发挥着主导的作用,并且作用日益增强,使经济运行效率、劳动生产率、企业核心竞争力和人民生活水平达到全面提高的过程。它以信息产业在国民经济中的比例、信息技术在传统产业中的应用程度和国家信息基础建设水平为主要标志。在信息化的过程中,信息技术是信息化的主要推动力量,信息产业(information industry)从无到有,迅速壮大,其发展速度是任何传统的产业都无法比拟的。

信息技术发展和应用所推动的信息化给人类经济和社会生活带来了深刻的影响。进入 21 世纪,信息化对社会经济发展的影响愈加深刻。信息化已成为推进国民经济和社会发展的重要助力器,信息化水平则成为一个城市或地区现代化水平和综合实力的重要标志。

2. 信息化社会

在信息化社会中,信息无论对于个人还是对于社会都具有非常重要的意义,信息在人们的社会生活和工作中扮演着越来越重要的角色。信息化社会应当具备如下特征。

1) 信息化

信息化是以现代电子信息技术为前提,从以传统工业为主的社会变为以信息产业为主的社会的发展过程。

2) 网络化

网络化是信息技术发展的必然结果。现代计算机网络技术和通信技术的发展大大推动了世界网络化的进程,网络信息服务蓬勃发展。网络化正在改变人类的生活和工作方式,进一步影响了人类的思维和文化,推动了整个社会的进步。

3) 全球化

全球化的内容非常广泛,其中包括经济全球化、文化全球化等很多方面,而全球化的过程恰恰得益于信息技术的发展和进步。

4) 虚拟化

由于世界的全球化、网络化、信息化,让人们感觉到现实世界的许多系统或实体似实还虚,这就是虚拟化的最大特征。人与人之间的交往在很大程度上主要借助于网络来完成,因此出现了一个由互联网构成的虚拟现实的信息交互平台。

从第一台计算机诞生,到移动通信、互联网,再到今天的大数据、云计算、物联网等,第一次使得人类可以及时、快速地获取和处理外部世界的海量信息,为人类更全面、准确、及时地认识世界、改造世界,甚至为改变人类自身的发展方式提供了有力的武器。

步入信息化时代,信息能力已成为人在信息社会中生存和竞争的基本能力。信息化给人带来前所未有的机遇和挑战。作为信息时代的大学生,一方面要充分利用信息技术进行学习、研究,另一方面要积极掌握必要的信息技术知识,并与专业学习相结合,才能在信息社会激烈的人才竞争中立于不败之地。

3. 云计算

你是否曾想到,计算机可能会"消失",不用背着笔记本电脑出差,你的家里也没有计算机需要维修?是云计算实现了这一切。尽管云计算的兴起只是近几年的事,但其势头非常迅猛。那么,什么是云计算?它将会怎样改变人们的生活?

1)云计算的定义

对云计算的定义有很多种。对于到底什么是云计算,可以找到上百种解释。现阶段广为接受的是美国国家标准与技术研究院(NIST)的定义:云计算是一种按使用量付费的模式,这种模式提供可用的、便捷的、按需的网络访问,进入可配置的计算资源共享池(资源包括网络、服务器、存储、应用软件、服务),这些资源能够被快速提供,只需投入很少的管理工作,或与服务供应商进行很少的交互。用通俗的话说,云计算就是通过大量在云端的计算资源进行计算,例如,用户通过自己的计算机发送指令给云计算服务供应商,通过服务供应商提供的大量服务器进行核爆炸的计算,最后再将结果返回给用户。

2)云计算的特点

云计算有以下特点:

(1)超大规模。云具有相当巨大的规模。Google 云已经拥有 100 多万台服务器,Amazon、IBM、微软、Yahoo 等公司的云均拥有几十万台服务器。企业私有云一般拥有成百上千台服务器。云能赋予用户前所未有的计算能力。

(2)虚拟化。云计算支持用户在任意位置使用各种终端获取应用服务。用户请求的资源来自云,而不是固定的、有形的实体。应用在云中某处运行,但实际上用户无须了解,也不用担心应用运行的具体位置。只需要一台笔记本电脑或者一个手机,就可以通过网络服务实现用户需要的一切,甚至包括超级计算这样的任务。

(3)高可靠性。云使用数据多副本容错、计算节点同构可互换等措施来保障服务的高可靠性,使用云计算比使用本地计算机可靠。

(4)通用性。云计算不针对特定的应用,在云的支撑下可以构造出千变万化的应用,同一个云可以同时支撑不同的应用运行。

(5)高可扩展性。云的规模可以动态伸缩,满足应用和用户规模增长的需要。

(6)按需服务。云是一个庞大的资源池,用户可按需购买。云可以像自来水、电、煤气那样按使用量计费。

(7)极其廉价。由于云采用了特殊容错措施,因此可以采用极其廉价的节点来构成云。云的自动化集中式管理使企业无须负担日益高昂的数据中心管理成本,云的通用性使资源的利用率较传统系统大幅提升,因此用户可以充分享受云的低成本优势,经常只要花费几百美元、几天时间就能完成以前需要数万美元、数月时间才能完成的任务。

云计算将从如下几个方面改变我们的生活:

(1)降低支出。如今,家家户户都有计算机、iPad、手机等高科技设备,人们的工作和生活早已经离不开这些设备。但这些设备却有一个很大的劣势:使用寿命短,淘汰率高,三五年就要更换,这样就给人们造成了一定的经济负担。而有了云计算,人们只需要连入互联网,就能访问应用软件完成工作和处理生活琐事。所有的资源都放在云端,人们将不依赖某台特定的计算机,家里只需要一个显示器和一个能访问网络的终端即可,不用担心这些设备会被淘汰。云计算其实是在云端建立了一个大的虚拟计算机,所有的应用和资源都放在上面,人们在家里通过终端访问即可。现在,在很多公司里,所有工作人员都没有自己的计算机,只有显示器和访问终端,通过终端访问云平台,并且将所有的工作资料也都放在云平台上,这样不仅节省了办公空间,也降低了公司的办公设备支出。

(2) 免保养和维护。有些人会觉得,在大数据时代,将数据放在应用软件上面可能会不安全。这个不用担心,在云计算的后台,有专业的云服务团队在维护和管理。这就像水的管道由自来水公司管理,电的线路由供电公司管理一样,正所谓"术业有专攻",让专业的人员来管理,要比人们自己做效果好很多。人们平时使用计算机也会遇到这样或那样的问题,往往要找专业人员维修,要支付不菲的维修费用。另外,如果不及时更新计算机的安全软件,还容易受到攻击,家庭计算机本身防攻击能力也比较弱。这些问题通过云计算都可以很好地解决。云计算不仅将应用程序的开发与基础设施维护分离,也减少了人们在维护终端设备上付出的时间和精力,人们不用再担心自己的计算机出问题。

(3) 不再依赖特定的计算机。人们需要访问的所有资源都放在云上,不再需要本地的计算机,这样就很好地避免了单点故障。当然,云服务供应商的设备不可避免地会出现这样或那样的故障。但是,云计算有很好的冗余技术,可以确保出现故障时数据不丢失。万一数据发生了丢失,云服务供应商也有义务赔偿,将用户的损失弥补回来。云计算为人们提供了虚拟的云资源,虚拟资源层根本无法感知物理层的设备故障,相当于有无数个备份,使可靠性大幅提升。

(4) 使全球进入万物互联时代。云计算打破了以往的诸多限制,实现了从计算机到手机、汽车、家电的迁移,把所有的电子设备都连接入网,并能接受远程控制,这就是物联网设计的初衷。云计算是物联网的核心技术之一,通过云对网络资源的整合和充分利用,人们只需要付出低廉的费用,就能享受这一方便的服务。例如,将来人们可以在出门之前就将汽车启动并开出车库;在回到家里之前就将家里的暖气打开,等等,诸如此类的应用将来一定会变成现实。云计算将给人们的生活带来翻天覆地的变化,只有人想不到的,没有人做不到的。

4. 物联网

物联网(Internet of Things,也称为 Web of Things)的概念是在 1999 年提出的,它被视为互联网的应用扩展。物联网是新一代信息技术的重要组成部分,也是信息化时代的重要发展阶段。

顾名思义,物联网就是物物相联的互联网。这有两层意思:其一,物联网的核心和基础仍然是互联网,是在互联网的基础上延伸和扩展而成的网络;其二,其用户端延伸和扩展到任何物品与物品之间的信息交换和通信,也就是物物相联。物联网通过射频识别(RFID)设备、红外感应器、全球定位系统、激光扫描器等信息传感设备,按约定的协议,把所有物品与互联网相联,进行信息交换和通信,以实现对物品的智能化识别、定位、跟踪、监控和管理。

物联网是各国政府都寄予了很大希望的未来增长领域,因而各国政府纷纷对其发展采取各种激励和扶植政策。物联网不仅对交通、电力、零售等各大产业产生了巨大影响,也已经悄悄进入了人们的生活。这主要体现在以下两个方面。

(1) 物联网对城市管理的影响。这主要体现在城市安全的统一监控和对城市的数字化管理方面。城市安全的统一监控是基于宽带网络的实时远程监控、传输、存储、管理等业务,利用宽带网络和移动网络,将分散、独立的图像采集点联网,实现对城市安全的统一监控、统一数据存储和统一管理,为城市管理者和建设者提供一种全新的管理工具。目前,物联网技术已广泛应用于城市安全。由中国科学院微系统与信息技术研究所自主研发的"电子围栏"即是利用物联网对城市安全进行统一监控的一种形式,该系统已应用于上海世博会,为 3.28 平方千米围栏区域的世博园提供 24h 安全防护,其作用抵得上成百上千名保安、警察的轮番值守。城市的数字化管理基于地理信息系统(GIS)、全球定位系统(GPS)、遥感系统(RS)等关键技术开发和应用空间信息资源,建设服务于城市规划、城市建设和管理,服务于政府、企业、公众,服务于人口、资源环境、经济社会的可持续发展信息基础设施和信息系统。

(2) 物联网对个人生活的影响。物联网对个人生活的影响现阶段主要体现在智能卡和手机的扩充功能上。智能卡的功能主要表现在电子支付和身份识别两个方面。在商场超市购物,去医院看病,乘坐各种公共交通工具,住宿和餐饮,缴纳各种费用,等等,一切消费行为都能刷卡解决。此外,门禁卡、图书借阅卡等还具有身份识别的功能。手机不仅是通信工具,更是人们工作、学习、娱乐的信息中心。人们的一切日常活动都有可能在手机上完成。如果需要大屏幕显示,办公室、家里及公共场合都有无线键盘和显示器、打印机等外部设备;如果去野外,有无线可折叠键盘、显示器等便携式外部设备,手机的定位技术将随时随地传递手机持有者的精确位置。物联网的应用绝非仅限于此。家中的冰箱不再只保存食物,还可以成为好"管家"——食物不足了,它会提醒;食物过期了,它会提醒;它甚至还可以在网上帮主人收集菜谱。像这样的智能冰箱、智能洗衣机、智能电视机都将是物联网生活的一部分。目前,人们朝着物联网"物物相联"的宏大愿景仅仅走出了第一步。我国政府也高度重视这一领域的发展,已经将其列入国家重点支持的新兴产业之一。地方政府也纷纷出台产业专项规划。从当前来看,物联网概念的火热主要源于政府的各种激励和扶植政策,而整个物联网的发展还需要技术的革新、产业链的拓展,当然,最重要的还是市场的需求。只有物联网的发展真正地给人们的日常生活带来了便利,才能跳出专业化的行业市场,获得更加广阔的市场空间,全方位地影响人们的生活。

5. 大数据时代

最早正式提出大数据(big data)时代到来的是全球知名咨询公司麦肯锡。麦肯锡称:"数据,已经渗透到当今每一个行业和业务职能领域,成为重要的生产因素。人们对于海量数据的挖掘和运用,预示着新一波生产率增长和消费者盈余浪潮的到来。"

近年来,随着互联网和信息产业的发展,大数据引起人们的广泛关注,成为继云计算、物联网之后 IT 行业又一颠覆性的技术革命。未来的时代或许将不是 IT 时代,而是 DT 的时代,即数据科技的时代。

大数据的战略意义不在于掌握庞大的数据信息,而在于对这些含有意义的数据进行专业化处理,即对数据的加工,通过加工实现数据的增值。

1) 大数据的定义

大数据指的是所涉及的数据规模巨大到无法通过目前主流软件工具在合理时间内提取、管理、处理,并整理成为帮助企业经营决策的数据的集合。大数据技术是指从各种各样的数据中快速获得有价值信息的能力。适用于大数据的技术包括大规模并行处理数据库、数据挖掘、分布式文件系统、分布式数据库、云计算平台、互联网和可扩展的存储系统。

2) 大数据的特点

要理解大数据这一概念,首先要从"大"入手。"大"是指数据规模,大数据一般指 PB(1PB=1024TB)级以上的数据量。大数据同过去的海量数据有所区别,其基本特征可以用 4 个 V(Volume、Variety、Value 和 Velocity)来总结,即体量、多样性、价值密度和速度。

(1) 数据体量巨大。数据量从 TB 级跃升到 PB 级,信息资源量呈爆炸式增长。而有资料证实,到目前为止,人类生产的所有印刷材料的数据量仅为 200PB。

(2) 数据类型多样。现在的数据不仅是文本形式,更多的是图片、视频、音频、地理位置信息等半结构化和非结构化的信息资源,且个性化信息占绝大多数。

(3) 价值密度低。以视频为例,一小时的视频,在不间断的监控过程中,可能有用的数据只有几秒。

(4) 处理速度快。数据处理遵循"1 秒定律",可从各种类型的数据中快速获得高价值的信息。这一点也是和传统的数据挖掘技术的本质不同。云计算、移动互联网、物联网、手机、平板电脑、PC 以及遍布地球各个角落的各种各样的传感器,无一不是数据来源或者承载的方式。

3) 大数据的作用

对大数据的处理分析正成为新一代信息技术融合应用的结点。移动互联网、物联网、社交网络、数字家庭、电子商务等是新一代信息技术的应用形态,这些应用不断产生大数据。云计算为这些海量、多样化的大数据提供存储和运算平台。通过对不同来源的数据的管理、处理、分析与优化,将结果反馈到上述应用中,将创造出巨大的经济和社会价值。

大数据是信息产业持续高速增长的新引擎。面向大数据市场的新技术、新产品、新服务、新业态会不断涌现。在硬件与集成设备领域,大数据将对芯片、存储产业产生重要影响,还将催生一体化数据存储处理服务器、内存计算等市场。在软件与服务领域,大数据将引发数据快速处理分析、数据挖掘技术和软件产品的发展。

大数据利用将成为提高核心竞争力的关键因素。各行各业的决策正在从业务驱动转变为数据驱动。对大数据的分析可以使零售商实时掌握市场动态并迅速做出反应;可以为商家制定更加精准、有效的营销策略提供决策支持;可以帮助企业为消费者提供更加及时和个性化的服务;在医疗领域,可提高诊断准确性和药物有效性;在公共事业领域,大数据也开始发挥促进经济发展、维护社会稳定等方面的重要作用。

大数据时代科学研究的方法和手段将发生重大改变。在大数据时代,可通过实时监测来跟踪研究对象在互联网上产生的海量行为数据,进行挖掘分析,揭示规律性的东西,提出研究结论和对策。

4）大数据分析

对于大数据，最重要的是进行分析，只有通过分析才能获取很多智能的、深入的、有价值的信息。目前，越来越多的应用涉及大数据，而这些大数据的属性，包括数量、速度、多样性等，都呈现了大数据不断增长的复杂性，所以大数据的分析方法在大数据领域就显得尤为重要，可以说是最终信息是否有价值的决定性因素。目前，大数据分析普遍应用的方法包括以下几类：

第一，可视化分析。大数据分析的使用者既有大数据分析专家，也有普通用户，他们对于大数据分析最基本的要求就是可视化分析，因为可视化分析能够直观地呈现大数据的特点，同时能够非常容易被使用者所接受，就如同看图说话一样简单明了。

第二，数据挖掘算法。大数据分析的理论核心就是数据挖掘算法，各种数据挖掘算法基于不同的数据类型和格式才能更加科学地呈现出数据本身具备的特点。

第三，预测性分析。大数据分析最重要的应用领域之一就是预测性分析，从大数据中挖掘出特点，通过科学地建立模型，再利用模型检验新的数据，从而预测未来的数据。

以上是大数据分析的基本方法。而对于更加深入的大数据分析，还有很多更加有特点的、更加深入的、更加专业的大数据分析方法。

大数据时代的到来突破了传统经济社会发展方式，改变了社会生产、生活和决策方式，人类社会也进入了名副其实的信息社会。在大数据时代，"科技是第一生产力"更为普遍、深入地得以体现。通过更全面、精确、即时的大数据技术，做出迅速、及时、节约的正确决策，是社会经济发展的必然选择。

1.5.3 信息安全

随着社会信息化的深入，无论对个人还是国家，信息都已经成为重要的资源，保障信息安全已经成为十分紧迫的任务。随着互联网应用的普及，网络攻击手段层出不穷，互联网本身存在的安全缺陷也逐渐暴露出来，使得保障信息安全面临诸多困难。

1. 信息安全的含义与特征

信息安全主要涉及信息存储的安全、信息传输的安全以及对信息内容授权使用审核方面的安全。我国在 1997 年 7 月实施了《计算机信息系统安全专用产品分类原则》，这一原则对信息安全做了明确的定义：防止信息财产被故意或偶然的非授权泄露、更改、破坏或使信息被非法的系统辨识、控制，即确保信息的完整性、保密性、可用性和可控性 4 个特性。

（1）完整性（integrity）。指信息未经授权不能进行改变的特性，即信息在存储或传输过程中保持不被偶然或蓄意删除、修改、伪造、重放、插入等破坏和丢失的特性。只有得到允许的人才能够修改信息，并且能够判别出信息是否已被改变。完整性要求信息保持原样，正确地生成、存储和传输。

（2）保密性（confidentiality）。指确保信息不泄露给未授权用户、实体或进程，不被非法利用，即信息的内容不能被未授权的第三方所知。这里所指的信息不但包括国家秘密，而且包括各种社会团体、企业组织的工作秘密和商业秘密，还包括个人的私密。

（3）可用性（availability）。指可被授权实体访问并按需求使用的特性。无论何时，只要被授权者需要，就能够取得所需的信息，攻击者不能占用所有的资源而妨碍被授权者使用，系统必须是可用的，不能拒绝服务。网络环境中的拒绝服务、破坏网络和破坏系统的正常运行等都属于对可用性的攻击。

（4）可控性（controllability）。指对信息的传播及内容具有控制能力的特性，即授权机构可以随时控制信息的保密性。

概括地说，计算机信息安全的核心是通过计算机、网络、密码安全技术保证信息在信息系统及公用网络中传输、交换和存储信息过程中的完整性、保密性、可用性和可控性。

2. 信息安全的威胁

随着信息传输的方式不断增多，渠道越来越广，信息在存储、处理和交换过程中都面临着泄密或被截收、窃听、篡改和伪造等各种威胁。

1）非法窃取信息

非法窃取信息的方式很多，如信息的窃听、截取、伪造、篡改、非授权访问等。

（1）信息截取。通过信道进行信息的监听和截取，获取机密信息，或通过信息的流量分析、通信频度分析或长度分析，推出有用信息。这种方式不破坏信息的内容，不易被发现。

（2）黑客攻击。黑客指的是利用技术专长攻击网站或计算机的专业技术人员。由于任何网络系统、站点都存在被黑客攻击的可能性，而黑客们又善于隐蔽，难以追踪，因此黑客攻击已经成为网络安全的重大隐患。

（3）系统技术缺陷利用。在硬件和软件系统设计过程中，由于认识能力和技术发展的局限性，系统中的安全漏洞和后门不可避免地存在，由此可造成信息的安全隐患。

2）恶意代码

顾名思义，恶意代码是对计算机系统实施破坏的程序，它通过各种传播途径植入计算机系统，伺机展开破坏或非法获取信息。常见的恶意代码有陷阱门、逻辑炸弹、木马、病毒等。

（1）陷阱门。是某个程序的秘密入口，程序通过该入口可以绕过正常的登录过程，直接对资源进行访问。

（2）病毒。是狭义的恶意代码，是指插入计算机程序中，破坏计算机功能或者数据的代码。计算机病毒具有复制能力，能够快速蔓延，又常常难以根除。它们能把自身附着在各种类型的文件上，当文件被复制或从一个用户传送到另一个用户时，病毒就随同文件一起蔓延开来。

（3）木马，也称木马病毒。与一般的病毒不同，它不会自我繁殖，也并不刻意地感染其他文件，它通过伪装自身来吸引用户下载执行。一旦木马被执行，被植入木马的系统将会有一个或几个端口被打开，使木马施种者可以任意毁坏、窃取被植入系统的文件，甚至远程操控被植入木马的计算机系统。

3）拒绝服务攻击

拒绝服务攻击（Denial of Service，DoS）就是通过某种方法耗尽网络设备或服务器资源，使其不能正常提供服务的一种攻击手法。拒绝服务攻击分为直接攻击和间接攻击两种。

随着网络应用的深入,网络信息安全威胁在规模、严重程度以及复杂性等方面有增无减,网络犯罪猖獗,信息隐私的保护力度急需加强。企业信息安全防范意识和手段薄弱等各种风险对信息安全提出了更大的挑战。

1.6　计算机中信息的表示方式

基于计算机的信息处理涉及计算机硬件、软件、多媒体、网络、通信等各种技术。下面介绍计算机信息处理的一般过程中所涉及的信息表示方式,相关的信息处理技术在后续章节中会进一步阐述。

计算机中所表示和使用的信息可分为三大类:数值信息、文本信息和多媒体信息。数值信息用来表示量的大小和正负,文本信息用来表示一些符号、标记,多媒体信息用来表示图像、声音、视频等。各种信息在计算机内部都是用二进制编码形式表示的。

1.6.1　数制的概念

人们在生产实践和日常生活中创造了多种表示数的方法,这些数的表示规则称为数制,例如人们常用的十进制、钟表计时中使用的六十进制以及计算机中使用的二进制等。

1. 十进制数

1) 组成

十进制数由 0~9 共 10 个数字字符组成,如 15、819.18 等。

2) 运算规则

加法规则是"逢十进一",减法规则是"借一当十"。

任何一个十进制数都可以写成各个位上数字的展开形式,例如:

$$819.18 = 8 \times 10^2 + 1 \times 10^1 + 9 \times 10^0 + 1 \times 10^{-1} + 8 \times 10^{-2}$$

2. 二进制数

1) 组成

二进制数由 0 和 1 共两个数字字符组成,如 101、110.11 等。

2) 运算规则

加法规则是"逢二进一",减法规则是"借一当二"。

计算机中采用二进制数是因为二进制数具有如下特点:

(1) 简单可行,容易实现。因为二进制仅有两个数字字符:0 和 1,可以用两种不同的稳定状态(如有磁和无磁、高电位和低电位)来表示。计算机的各组成部分都由仅有两个稳定状态的电子元器件组成,不但容易实现,而且稳定可靠。

(2) 运算规则简单。进行加法运算时"逢二进一",即 $0+0=0, 0+1=1, 1+0=1, 1+1=0$(有进位)。进行减法运算时"借一当二",即 $0-0=0, 0-1=1$(有借位),$1-0=1, 1-1=0$。

（3）适合逻辑运算。二进制中的 0 和 1 正好分别表示逻辑代数中的假值(false)和真值(true)。二进制数代表逻辑值容易实现逻辑运算。

任何一个二进制数都可以写成各个位上数字的展开形式,例如:

$$101.11 = 1 \times 2^2 + 0 \times 2^1 + 1 \times 2^0 + 1 \times 2^{-1} + 1 \times 2^{-2}$$

但是,二进制的明显缺点是数字冗长、书写繁复且容易出错、不便阅读。所以,在计算机技术文献的书写中,常用八进制和十六进制数表示。

3. 八进制数

1) 组成

八进制数由 0～7 共 8 个数字字符组成,如 17、56.17 等。

2) 运算规则

加法规则是"逢八进一",减法规则是"借一当八"。

任何一个八进制数都可以写成各个位上数字的展开形式,例如:

$$56.17 = 5 \times 8^1 + 6 \times 8^0 + 1 \times 8^{-1} + 7 \times 8^{-2}$$

4. 十六进制数

1) 组成

十六进制数由 0～9 和 A、B、C、D、E、F 共 16 个数字字符组成,其中,A、B、C、D、E、F 分别表示数码 10、11、12、13、14、15,如 17B、56.CE 等。

2) 运算规则

加法规则是"逢十六进一",减法规则是"借一当十六"。

任何一个十六进制数都可以写成各个位上数字的展开形式,例如:

$$56.CE = 5 \times 16^1 + 6 \times 16^0 + C \times 16^{-1} + E \times 16^{-2}$$

5. R 进制数

由以上的数制,可以构造出任意的 R 进制数(三进制、五进制等)。

1) 组成

R 进制数由 R 个数字字符组成。

2) 运算规则

加法规则是"逢 R 进一",减法规则是"借一当 R"。

任何一个具有 n 位整数和 m 位小数的 R 进制数 N 都可以写成各个位上数字的展开形式,例如:

$$(N)_R = a_{n-1} \times R^{n-1} + a_{n-2} \times R^{n-2} + \cdots + a_2 \times R^2 + a_1 \times R^1$$
$$+ a_0 \times R^0 + a_{-1} \times R^{-1} + \cdots + a_{-m} \times R^{-m}$$

3) 基数

一个数制所包含的数字符号的个数称为该数制的基数,用 R 表示。例如,十进制的基数 $R=10$,二进制的基数 $R=2$,八进制的基数 $R=8$,十六进制的基数 $R=16$。

为了区分不同数制的数,本书约定对于任一 R 进制的数 N,记作 $(N)_R$。例如,$(1010)_2$、$(703)_8$、$(AE05)_{16}$ 分别表示二进制数 1010、八进制数 703 和十六进制数 AE05。不用括号及下标的数默认为十进制数,如 256。人们也习惯在一个数的后面加上字母 D

（十进制）、B（二进制）、O（八进制）、H（十六进制）来表示其前面的数用的是什么数制。例如，1010B 表示二进制数 1010，AE05H 表示十六进制数 AE05。

4）位值（权）

任何一个 R 进制的数都是由一串数码表示的，其中每一位数码所表示的实际值大小，除数码本身的数值外，还与它所处的位置有关。由位置决定的值就叫位值或位权（简称权），用基数 R 的 i 次幂（R^i）表示。

假设一个 R 进制数具有 n 位整数和 m 位小数，那么其位权为 R^i，其中，$-m \leqslant i \leqslant n-1$。显然，对于任一 R 进制数，其最右边数码的权最小，最左边数码的权最大。

应当指出，二进制、八进制和十六进制都是计算机领域中常用的数制，所以在一定范围内直接写出它们之间的对应表示也是经常遇到的。表 1-2 列出了 0～15 这 16 个十进制数与其他 3 种数制的对应表示。

表 1-2   4 种记数制的对应表示

十进制	二进制	八进制	十六进制	十进制	二进制	八进制	十六进制
0	0000	0	0	8	1000	10	8
1	0001	1	1	9	1001	11	9
2	0010	2	2	10	1010	12	A
3	0011	3	3	11	1011	13	B
4	0100	4	4	12	1100	14	C
5	0101	5	5	13	1101	15	D
6	0110	6	6	14	1110	16	E
7	0111	7	7	15	1111	17	F

1.6.2   数制间的转换

1. 非十进制数转换成十进制数

方法：将非十进制数的数值按权展开，再把各项相加。

例 1.1   将二进制数 1010.101 转换成十进制数。

$$(1010.101)_2 = 1 \times 2^3 + 0 \times 2^2 + 1 \times 2^1 + 0 \times 2^0 + 1 \times 2^{-1} + 0 \times 2^{-2} + 1 \times 2^{-3}$$
$$= 8 + 2 + 0.5 + 0.125 = (10.625)_{10}$$

例 1.2   将八进制数 154.6 转换成十进制数。

$$(154.6)_8 = 1 \times 8^2 + 5 \times 8^1 + 4 \times 8^0 + 6 \times 8^{-1} = 64 + 40 + 4 + 0.75$$
$$= (108.75)_{10}$$

例 1.3   将十六进制数 2BA.8 转换成十进制数。

$$(2BA.8)_{16} = 2 \times 16^2 + 11 \times 16^1 + 10 \times 16^0 + 8 \times 16^{-1}$$
$$= 512 + 176 + 10 + 0.5 = (698.5)_{10}$$

2. 十进制数转换成非十进制数

方法：将十进制数转换成非十进制数时，要将该数的整数部分和小数部分分别转换。其中，整数部分采用"除基数取余数"法，小数部分采用"乘基数取整数"法。最后将两部分拼接起来即可。

"除基数取余数"法的具体作法：将十进制数的整数部分连续地除以要转换成的数制的基数，直到商数等于零为止，每次得到的余数（必定小于基数）就是对应非十进制数的整数部分的各位数字。但必须注意，第一次得到的余数为非十进制数整数部分的最低位，最后一次得到的余数为非十进制数整数部分的最高位。

"乘基数取整数"法的具体作法：将十进制数的小数部分连续地乘以要转换成的数制的基数，直到小数部分为 0，或达到所要求的精度为止（小数部分可能永不为零），得到的整数就是对应非十进制数的小数部分的各位数字。但必须注意，第一次得到的整数为非十进制数小数部分的最高位，最后一次得到的整数为非十进制数小数部分的最低位。

例 1.4 将十进制数 57.24 转换成二进制数。

所以，$(57.24)_{10} = (111001.001)_2$。

例 1.5 将十进制数 57.24 转换成八进制数。

所以，$(57.24)_{10} \approx (71.17)_8$。

例 1.6 将十进制数 57.24 转换成十六进制数。

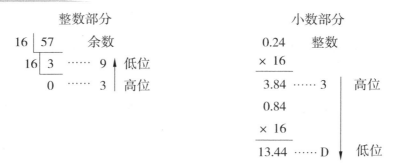

所以，$(57.24)_{10} \approx (39.3D)_{16}$。

3. 二进制数与八进制数之间的相互转换

方法：将二进制数转换成八进制数，要以该二进制数的小数点为中心向左右两边每 3 位划分为一组（中间的 0 不能省略），两头位数不够时可以补 0，然后将每组的 3 位二进制数转换成 1 位八进制数。将八进制数转换成二进制数的过程正好与其相反，即将 1 位的八进制数转换成 3 位的二进制数。

例 1.7   将二进制数 10110101.11 转换成八进制数。

$$(010\ 110\ 101.110)_2 (左右各补一个\ 0)$$
$$\downarrow\quad\downarrow\quad\downarrow\quad\ \downarrow$$
$$(2\quad 6\quad 5\ .\ 6)_8$$

例 1.8   将八进制数 265.6 转换成二进制数。

与例 1.7 过程相反，略。

4. 二进制数与十六进制数之间的相互转换

方法：将二进制数转换成十六进制数，要以该二进制数的小数点为中心向左右两边每 4 位划分为一组（中间的 0 不能省略），两头位数不够时可以补 0。然后将每组的 4 位二进制数转换成 1 位十六进制数。将十六进制数转换成二进制数的过程正好与其相反，即将 1 位的十六进制数转换成 4 位的二进制数。

例 1.9   将二进制数 10110101101.100111 转换成十六进制数。

$$(0101\ 1010\ 1101.1001\ 1100)(最高位左侧补一个\ 0，最低位右侧补两个\ 0)$$
$$\downarrow\qquad\downarrow\qquad\downarrow\qquad\downarrow\qquad\downarrow$$
$$(\ 5\quad A\quad D\ .\quad 9\quad C\ )_{16}$$

例 1.10   将十六进制数 5AD.9C 转换成二进制数。

与例 1.9 过程相反，略。

5. 八进制数与十六进制数之间的相互转换

方法：八进制数与十六进制数之间的转换要借助于二进制数。将八进制数转换成十六进制数时，首先将该八进制数转换成相应的二进制数，然后将转换后的二进制数再转换成相应的十六进制数；将十六进制数转换成八进制数时，首先将该十六进制数转换成相应的二进制数，然后将转换后的二进制数再转换成相应的八进制数。

1.6.3　数值信息的表示

1. 机器数与真值

在计算机中,因为只有 0 和 1 两种形式,所以数的正负号也必须以 0 和 1 表示。通常把一个数的最高位定义为符号位,用 0 表示正,1 表示负,称为数符,其余位仍表示数值。把在机器内存放的正负号数码化的数称为机器数,把机器外部以正负号表示的数称为真值数。

例如,真值数($+0101100$)$_2$,其机器数为 00101100,存放在机器中如图 1-13 所示。

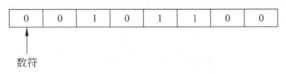

数符

图 1-13　机器数

注意:机器数表示的范围受到字长和数据类型的限制。若字长和数据类型确定了,机器数能表示的范围也就确定了。例如,若表示一个整数,字长为 8 位,最大值为 01111111,最高位为符号位,因此此数的最大值为 127。若数值超出 127,就要溢出。为此,较大或较小的数常用浮点数来表示。

2. 定点数与浮点数

在机器中通常难以表示小数点,故在机器中对小数点的位置进行了相应规定。因此又有定点整数、定点小数和浮点数之分。

1) 定点整数

定点整数所表示的数据的最小单位为 1,可以认为它是小数点固定在数值最低位右面的一种数据。定点整数被分为带符号和不带符号两类。对于带符号的定点整数,符号位被放在最高位,如图 1-14 所示。可以将带符号整数写成:$N = \pm a_{n-1}a_{n-2}\cdots a_2a_1a_0$,其值的范围是 $|N| \leqslant 2^n - 1$。

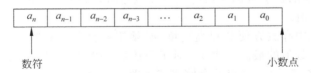

数符　　　　　　　　　　　　　　　　　　小数点

图 1-14　带符号的定点整数

对于不带符号的定点整数,所有的 $n+1$ 位二进制位均看成数值,如图 1-15 所示。此数值表示的范围是 $0 \leqslant N \leqslant 2^{n+1} - 1$。

小数点

图 1-15　不带符号的定点整数

在计算机中,一般可以使用不同位数的几种整数,如 8 位、16 位和 32 位等。例如,用定点整数表示十进制整数 100,假定某计算机的定点整数占 2 字节。$100 = (1100100)_2$,

其机内表示如图 1-16 所示。

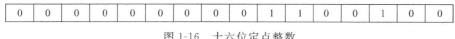

图 1-16   十六位定点整数

注意：最左位的 0 与次左位的 0 含义不同，前者表示数符，后者表示数值。

2）定点小数

定点小数是指小数点固定在数据某个位置上的小数。一般把小数点固定在最高数据位的左边，小数点前边再设一位符号位，如图 1-17 所示。按此规则，任何一个小数都可以写成 $N=\pm a_{-1}a_{-2}\cdots a_{-m}$。

图 1-17   定点小数

如果在计算机中用 $m+1$ 个二进制位表示上述小数，则可以用最高（最左边）的二进制位表示符号，而用后面的 m 个二进制位表示该小数的数值。小数点不用明确表示出来，因为它总是固定在符号位与最高数值位之间。对用 $m+1$ 个二进制位表示的小数来说，其值的范围是 $|N|\leqslant 1-2^{-m}$。例如，用定点数表示十进制纯小数 -0.324，假设某计算机的定点小数占 2 字节，那么 $-0.324\approx-(0.010100101111000)_2$。定点小数表示法主要用在早期的计算机中。

3）浮点数

二进制数 110.011 可以表示为 $N=110.011=0.110011\times 2^{+(11)_2}$，所以，任何一个二进制浮点数可表示为 $N=\pm s\times 2^{\pm j}$。其中，j 称为 N 的阶码，j 前面的正负号称为阶符；s 称为 N 的尾数，s 前的正负号称为数符。在浮点数表示法中，小数点的位置是浮动的，阶码 j 可取不同的数值。

为了在计算机中存放方便和提高精度，必须用规格化形式唯一地表示一个浮点数。规格化形式规定尾数值的最高位为 1。对于上述数 110.011，其规格化浮点数形式唯一地表示为 $0.110011\times 2^{+(11)_2}$。浮点数存储格式如图 1-18 所示。

图 1-18   浮点数存储格式

在浮点数表示中，数符和阶符都各占一位；阶码是定点整数，阶码的位数决定了数的范围；尾数是定点小数，尾数的位数决定了数的精度，在不同字长的机器中，浮点数占的字长不同，一般为两个或四个机器字长。例如，二进制数 $N=-0.1011\times 2^{+(11)_2}$ 在机器中的浮点数表示形式如图 1-19 所示。

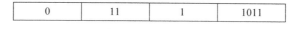

图 1-19 $-0.1011\times 2^{+(11)_2}$ 的浮点数表示形式

1.6.4　文本信息的表示

1. 西文信息的表示

计算机中的一切信息都是用二进制编码表示的,用以表示文本信息的二进制编码称为字符编码。美国信息交换标准代码(American Standard Code for Information Interchange,ASCII)是由美国国家标准学会制定的单字节字符编码方案。

ASCII 码有 7 位码和 8 位码两种版本。国际通用的 7 位 ASCII 码用 7 位二进制数表示一个字符的编码,其编码范围为 0000000B～1111111B,共有 2^7＝128 个不同的编码值,相应地表示 128 个不同字符。标准的 7 位 ASCII 码字符集见表 1-3。

表 1-3　标准的 7 位 ASCII 码字符集

十进制	十六进制	字符	十进制	十六进制	字符	十进制	十六进制	字符	十进制	十六进制	字符
0	00	NUL	32	20	SP	64	40	@	96	60	`
1	01	SOH	33	21	!	65	41	A	97	61	a
2	02	STX	34	22	"	66	42	B	98	62	b
3	03	ETX	35	23	#	67	43	C	99	63	c
4	04	EOT	36	24	$	68	44	D	100	64	d
5	05	ENQ	37	25	%	69	45	E	101	65	e
6	06	ACK	38	26	&.	70	46	F	102	66	f
7	07	BEL	39	27	'	71	47	G	103	67	g
8	08	BS	40	28	(	72	48	H	104	68	h
9	09	HT	41	29	)	73	49	I	105	69	i
10	0A	LF	42	2A	*	74	4A	J	106	6A	j
11	0B	VT	43	2B	+	75	4B	K	107	6B	k
12	0C	FF	44	2C	,	76	4C	L	108	6C	l
13	0D	CR	45	2D	-	77	4D	M	109	6D	m
14	0E	SO	46	2E	.	78	4E	N	110	6E	n
15	0F	SI	47	2F	/	79	4F	O	111	6F	o
16	10	DLE	48	30	0	80	50	P	112	70	p
17	11	DC1	49	31	1	81	51	Q	113	71	q
18	12	DC2	50	32	2	82	52	R	114	72	r
19	13	DC3	51	33	3	83	53	S	115	73	s
20	14	DC4	52	34	4	84	54	T	116	74	t
21	15	NAK	53	35	5	85	55	U	117	75	u
22	16	SYN	54	36	6	86	56	V	118	76	v
23	17	ETB	55	37	7	87	57	W	119	77	w
24	18	CAN	56	38	8	88	58	X	120	78	x
25	19	EM	57	39	9	89	59	Y	121	79	y
26	1A	SUB	58	3A	:	90	5A	Z	122	7A	z
27	1B	ESC	59	3B	;	91	5B	[	123	7B	{
28	1C	FS	60	3C	<	92	5C	\	124	7C		
29	1D	GS	61	3D	=	93	5D	]	125	7D	}
30	1E	RS	62	3E	>	94	5E	^	126	7E	~
31	1F	US	63	3F	?	95	5F	_	127	7F	DEL

7 位 ASCII 码表对大小写英文字母、阿拉伯数字、标点符号及控制符等特殊符号规定了编码。7 位 ASCII 码表中每个字符都对应一个数值,称为该字符的 ASCII 码值。例如,数字 0 的 ASCII 码值为 48(30H),字母 A 的码值为 65(41H),a 的码值为 97(61H)。从表 1-3 中可以看到:128 个编码中有 34 个是控制符的编码(00H～20H、7FH)和 94 个字符编码(21H～7EH),计算机内部用 1 字节(8 位二进制位)存放一个 7 位 ASCII 码,最高位置 0。

扩展的 ASCII 码使用 8 位二进制位表示一个字符的编码,可表示 $2^8 = 256$ 个不同字符的编码。

ASCII 字符集的扩展版本提供了 256 个字符,虽然足够表示英文文本,但是无法满足国际需要,这种局限性导致了 Unicode 字符集的出现,这种字符集具有更强大的国际影响。

Unicode 的创建者的目标是表示世界上使用的所有语言中的所有字符,包括亚洲的文字字符。此外,它还表示了许多补充的专用字符,如科学符号。

现在,Unicode 字符集被许多程序设计语言和计算机系统采用。一般情况下,每个字符的编码都为 16 位,但字符的编码长度也是十分灵活的,可以使用更长的编码,以便表示更多的字符。Unicode 字符集的一个方便之处就是它把 ASCII 字符集作为一个子集。

为了 ASCII 码字符集保持一致,Unicode 字符集被设计为 ASCII 码字符集的超集。也就是说,Unicode 字符集中的前 256 个字符与扩展 ASCII 码字符集中的字符完全一样,表示这些字符的代码也一样。因此,即使底层系统采用的是 Unicode 字符集,采用 ASCII 码字符集的程序也不会受到影响。

2. 汉字信息的表示

ASCII 码只对英文字母、数字和标点符号等进行了编码。为了用计算机处理汉字,同样需要对汉字进行编码。从汉字编码的角度看,计算机对汉字信息的处理过程实际上是各种汉字编码间的转换过程。这些编码主要包括汉字输入码、汉字信息交换码、汉字内码、汉字字形码等。

1)汉字输入码

为将汉字输入计算机而编制的代码称为汉字输入码,也称外码。目前汉字主要是通过标准键盘输入计算机的,所以汉字输入码都是由键盘上的字符或数字组合而成的。

汉字输入码是根据汉字的发音或字形结构等多种属性和汉字的有关规则编制的,目前常用的汉字输入码有拼音码、五笔字型码、自然码等。拼音输入法根据汉字的发音进行编码,称为音码;五笔字型输入法根据汉字的字形结构进行编码,称为形码;自然输入法是以拼音为主,辅以字形进行编码,称为音形码。

对于同一个汉字,不同的输入法有不同的输入码。例如,"中"字的全拼输入码是 zhong,其双拼输入码是 vs,而五笔输入码是 kh。这几种不同的输入码通过输入字典转换为汉字信息交换码。

2)汉字信息交换码

用于汉字信息处理系统之间或汉字信息处理系统与通信系统之间进行信息交换的汉字代码称为汉字信息交换码,简称交换码。汉字信息交换码主要有两种编码方案。

(1) GB 2312—1980。

我国于 1981 年实施了国家标准 GB 2312—1980《信息交换用汉字编码字符集 基本集》。GB 2312—1980 规定了进行一般汉字信息处理时所用的 7445 个字符编码,其中包括 682 个非汉字图形符(如序号、数字、罗马数字、英文字母、日文假名、俄文字母、汉语注音等)和 6763 个汉字的代码,称为国标码。其编码原则为:汉字用 2 字节表示,每个字节用 7 位码(高位为 0)。该国家标准将汉字和图形符号排列在一个 94 行 94 列的二维代码表中,每个字符的两个字节分别用两位十进制数编码,高位字节的编码称为区码,低位字节的编码称为位码,此即区位码。

(2) GBK 与 GB18030。

GBK 字符集是国家标准扩展字符集,是 GB 2312—1980 的扩展方案,兼容 GB 2312—1980 标准。GB 2312—1980 只支持简体中文,而 GBK 支持简体中文和繁体中文。GBK 收入 21 003 个汉字和 882 个符号,共计 21 885 个字符。GBK 与 GB 2312—1980 一样都是 16 位的。

GB18030 即《信息交换用汉字编码字符集基本集的扩充》,是 2000 年 3 月发布的汉字编码国家标准。在 GB 18030—2005 中定义了 70 244 个汉字。GB18030 采用单字节、双字节、四字节 3 种方式来编码。GB18030 有一个非常庞大的编码空间,几乎覆盖了现在所有编码方案中的字符。

3)汉字内码

汉字内码是在计算机内部对汉字进行存储、处理的汉字编码。当一个汉字输入计算机后就转换为内码,然后才能在计算机中传输、处理。目前,对应于国标码,一个汉字的内码也用 2 字节存储,并把每个字节的最高二进制位置 1 作为汉字内码的标识,以免与单字节的 ASCII 码产生歧义性。

汉字内码的形式多种多样,系统不同,其机内码也不同。例如,在 Windows 中,汉字存储的是其对应的 Unicode 编码,一个汉字的 Unicode 编码在内存中占 2 字节。

区位码、国标码、汉字内码之间和关系如下:

- 将区位码(十进制)转换成十六进制后,每个字节加上 20H,即可转换成国标码。
- 国标码的每个字节加上 80H,即可转换成汉字内码。

例如,"啊"字的区位码为 1601(十进制),转换成十六进制为 1001H,每个字节加上 20H,就可以得到"啊"字的国标码 3021H;"啊"字的国标码为 3021H,每个字节加上 80H,就可以得到"啊"字的内码 B0A1H。

4)汉字字形码

目前汉字信息处理系统中产生汉字字形的方式大多是数字式的,即以点阵的方式形成汉字,所以这里讨论的汉字字形码也就是指用于确定汉字字形点阵的代码,也叫字模或汉字输出码。

汉字是方块字,将方块等分成 n 行 n 列的格子,称为点阵。凡笔画所到的格子点均为黑点,用二进制数 1 表示;否则为白点,用二进制数 0 表示。这样,一个汉字的字形就可用一串二进制数表示了。例如,16×16 汉字点阵有 256 个点,需要 256 位二进制位来表示一个汉字的字形码。这就是汉字点阵的二进制数字化。图 1-20 是"中"字的 16×16 点阵字形示意图。

在计算机中,8个二进制位组成1字节,它是度量存储空间的基本单位。可见,一个16×16点阵的字形码需要16×16/8=32字节存储空间;同理,24×24点阵的字形码需要24×24/8=72字节存储空间,32×32点阵的字形码需要32×32/8=128字节存储空间。

显然,点阵中行、列数划分得越多,字形的质量越好,锯齿现象也就不明显,但存储汉字字形码所占用的存储空间也越大。汉字字形通常分为通用型和精密型两类,通用型汉字字形点阵分成3种:简易型(16×16点阵)、普通型(24×24点阵)、提高型(32×32点阵)。精密型汉字字形用于

图 1-20   "中"字的 16×16 点阵字形示意图

常规的印刷排版,由于信息量较大(字形点阵一般为96×96点阵以上),通常都采用信息压缩存储技术。

汉字的点阵字形在汉字输出时要经常使用,所以要把各个汉字的字形码固定地存储起来。存放各个汉字字形码的实体称为汉字库。在输出汉字时,计算机要根据汉字内码找到对应的字形码,然后根据字形码到字库中找到它的字形描述信息,最后再把字形送去输出。为满足不同需要,还出现了各种各样的汉字库,如宋体字库、仿宋体字库、楷体字库、简体字库和繁体字库等。

汉字的点阵字形的缺点是放大后会出现锯齿现象,很不美观。中文Windows下广泛采用了TrueType类型的字形码,它采用数学方法来描述一个汉字的字形码。这种字形码可以实现无级放大而不产生锯齿现象。

具有多媒体功能的计算机除了可以处理数值和字符信息外,还可以处理图像、声音和视频等多种媒体信息。

1.7   多媒体信息的表示与处理

在信息技术中,多媒体(multimedia)是指多种媒体的综合,一般包括文字、图像、声音和视频等多种媒体形式。而多媒体技术是一种数字技术,是指将文字、图像、声音、视频等多种媒体利用计算机进行数字化采集、获取、加工、存储和传播的综合技术,使信息的表现形式生动而丰富多彩。

多媒体信息具有生动性、多样化、交互性、集成性等特点,是人类生产、学习和生活中接触和产生的多种信息的重要表现形式,也是计算机中信息表示和处理的重要内容。在互联网中,图像、声音、视频等信息的传播和利用也日益普及。随着信息技术的发展,多媒体信息的存储、加工和传播的技术日趋成熟。

目前,计算机中处理的多媒体信息除了文本信息以外,主要包括数字图像、数字音频和数字视频信息。

1.7.1　数字图像

计算机中的图像有两种格式：位图图像和矢量图形。数字图像除了用于静态信息表现外，也是构成动画或视频的基础。

1. 位图图像

1）位图图像的概念

位图图像也称栅格图像，简称位图，它是指在空间和亮度上已经离散化的图像。可以把一幅位图理解为由多个网格点组成，每一个网格都对应图像上的一个点，被称为像素（pixel）。像素的颜色等级越多，图像的色彩效果越逼真。

位图适合表现细致、层次和色彩丰富、包含大量细节的图像。位图占用存储空间较大，一般需要进行数据压缩。位图在放大时清晰度会降低并且会出现锯齿。图 1-21 显示的是位图原图及局部放大后的效果。

图 1-21　位图原图及局部放大后的效果

影响位图显示质量的因素主要有分辨率和图像颜色深度。

（1）分辨率。

分辨率包括屏幕分辨率、图像分辨率和像素分辨率。

屏幕分辨率指某一特定显示方式下，计算机屏幕上最大的显示区域，以水平方向和垂直方向的像素数表示。确定扫描图片的目标图像大小时，要考虑屏幕分辨率。

图像分辨率指数字化图像的大小，以水平方向和垂直方向的像素数表示。图像分辨率与屏幕分辨率可能不同。当图像分辨率与屏幕分辨率相同时，图像刚好充满整个屏幕；如果图像分辨率大于屏幕分辨率，则屏幕上只能显示该图像的一部分。

像素分辨率指一个像素的长和宽的比例（也称像素的长宽比）。在像素分辨率不同的计算机间传输图像时，图像会产生畸变，所以在不同的显示方式或计算机系统间传输图像时，要考虑像素分辨率。

（2）颜色深度。

颜色深度是指位图中每个像素所占的二进制位数。屏幕上的每个像素都占有一个或多个二进制位，用来存放与它相关的颜色信息。颜色深度决定了位图中出现的最大颜色数。目前颜色深度主要有 1、4、8、24 和 32。若颜色深度为 1，则表明位图中每个像素只占一个二进制位，也就是只能表示两种颜色，即黑与白，或亮与暗，或其他两种色调，这种位图通常称为单色图像或二值图像。若颜色深度为 8,则每个像素占 8 个二进制位,位图可支持 256 种不同的颜色。如果颜色深度为 24,位图中每个像素占 24 个二进制位,可包含 16 777 216 种不同的颜色,称为真彩色图像。

颜色深度值越大,显示的图像色彩越丰富,画面越自然、逼真,但数据量也随之增大。

(3) 图像文件的大小。

图像文件的大小是指在外存上存储整幅图像所占用的空间,单位是字节,它的计算公式为

$$图像文件的大小=图像分辨率×颜色深度/8$$

其中,图像分辨率=高×宽。高是指垂直方向上的像素数,宽是指水平方向上的像素数。例如,一幅 $640×480$ 的真彩色图像(24 位)的文件大小为 $(640×480×24/8)B=921\ 600B=900KB$。

显然,图像文件所需要的存储空间较大。在多媒体应用软件中,应适当地调整图像的宽、高和颜色深度,并可采用数据压缩技术对文件进行处理,以减小图像文件的大小。

2) 模拟图像的数字化

人眼看到的各种图像,如风景、人物、存在于纸介质上的图片、光学图像等,都称为模拟图像,其图像的亮度变化是连续的。而计算机只能处理数字信息,要使计算机能处理图像信息,需要将模拟图像转化为数字图像,这一过程称为模拟图像的数字化。

模拟图像数字化过程包括两个步骤:采样和量化。

采样就是将二维空间中模拟图像的连续亮度信息转化为一系列有限的离散数值,具体做法就是将二维空间中的模拟图像在水平和垂直方向上分割成矩形点阵的网格结构。采样结果是整幅图像画面被划分为由 $m×n$ 个像素点构成的离散像素点集合。

量化就是将亮度取值空间划分成若干个子区间,在同一子区间内的不同亮度值都用这个子区间内的某一确定值代替,这就使得亮度取值空间离散化为有限个数值。这个实现量化的过程就是模/数转换;相反,把数字数据恢复到模拟数据的过程称为数/模转换。

图像的数字化过程使连续的模拟量变成离散的数字量,相对于原来的模拟图像,数字化过程带来了一定的误差,会使图像重现时有一定程度的失真。影响图像数字化质量的主要参数就是前面提到的图像分辨率和颜色深度。

3) 常见的位图格式

位图的格式有很多种,常见的位图格式包括 BMP 格式、JPEG 格式、GIF 格式、PSD 格式、TIFF 格式和 PNG 格式。

(1) BMP 格式。

BMP 格式是 Windows 环境中交换与图像有关的数据的一种标准,因此在 Windows 环境中运行的图形图像软件都支持 BMP 格式,其文件扩展名为.bmp。BMP 格式的每个文件存放一幅图像,可以用多种颜色深度保存图像,根据用户需要可以选择图像数据是否采用压缩形式存放(通常 BMP 格式的图像采用非压缩格式)。

(2) JPEG 格式。

JPEG 格式的文件扩展名为.jpg 或.jpeg,是常用的图像文件格式,是一种有损压缩格式。JPEG 格式的文件能够将图像的存储空间压缩得很小,图像中重复或不重要的数

据会丢失,因此容易造成图像数据的损失。因为 JPEG 格式的文件尺寸较小,下载速度快,目前各浏览器均支持 JPEG 格式。

　（3）GIF 格式。

　GIF 格式的文件扩展名为.gif。目前,大多数图像软件都支持 GIF 格式,它特别适用于动画制作、网页制作以及演示文稿制作等领域。GIF 格式的文件对灰度图像表现最佳,图像文件较小,下载速度快。

　（4）PSD 格式。

　PSD 是 Adobe 公司的图像处理软件 Photoshop 使用的标准文件格式,其文件扩展名为.psd。这种格式可以存储 Photoshop 中所有的图层、通道、颜色模式等信息。PSD 格式所包含的图像数据信息较多,因此比其他格式的图像文件要大得多。

　（5）TIFF 格式。

　TIFF 格式的文件扩展名为.tif 或.tiff,是一种通用的位图文件格式,具有图形格式复杂、存储信息多的特点,多用于高清晰数码照片的存储,所占存储空间较大。动画制作软件 3sa Max 中的贴图就是 TIFF 格式的。

　（6）PNG 格式。

　PNG 是一种网络图形格式,具有存储形式丰富的特点。

　4）获取位图

　位图通常用于创建实际的图像（如照片）。数码相机和手机也可将照片存储为位图,扫描产生的图像也是位图。

　位图是由一系列表示像素的二进制位进行编码的,可以使用图形图像软件通过改变单个像素的方式对这类图像进行修改或编辑。

　位图可以通过下面的途径获取:

　（1）用数码相机或数字摄像机获取数字图像。

　数码相机和数字摄像机能直接以数字的形式进行拍摄,并都通过其自带的标准接口与计算机相连,可以将拍摄的数字图像传输到计算机中编辑和保存。

　（2）使用工具绘制图像。

　利用 Photoshop、CorelDRAW 等图形图像软件创作所需要的图像,用这种方法可以很方便地生成一些简单的画面,如图案、标志等。

　（3）用数字转换设备或软件获取数字图像。

　这种方式可以将模拟图像转换成数字图像。例如,使用截图软件或视频采集卡截取动态视频,得到的一帧就是一幅图像。使用扫描仪可以将平面图像（如照片、杂志页面或者书上的图片）转化成位图。

　（4）从数字图像库中获取图像。

　目前数字图像库越来越多,它们存储在 CD-ROM、磁盘或 Internet 上,图像的内容、质量和分辨率等都可以选择。获取数字图像后可以进一步对其进行编辑和处理。

　2. 矢量图形

　1）矢量图形的概念

　矢量图形也称几何图形,简称图形,它是用一组指令来描述的,这些指令给出构成该画面的所有直线、曲线、矩形、椭圆等的形状、位置、颜色等各种属性和参数。计算机在显示图形时,从文件中读取指令并转化为屏幕上显示的图形效果。

由于矢量图形是由点和线组成的,因此文件中记录的是图形中每个点的坐标及相互关系。当放大或缩小矢量图形时,图形的质量不受影响。矢量图形占用空间小,其清晰度与分辨率无关。

矢量图形文件通常具有.wmf、.ai、.swf、.svg 等扩展名。

2) 矢量图形和位图的比较

矢量图形适合表现线条、标志、简单的插图以及可能需要以不同的大小被显示或打印的图表。与位图相比,矢量图形有以下优点:

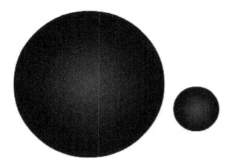

(1) 改变大小时矢量图形比位图效果更佳。在改变矢量图形的大小时,图形中的各个对象会按比例改变,从而保持其边缘的光滑,如图 1-22 所示。位图边缘在放大后可能出现锯齿。

(2) 矢量图形占用的存储空间通常比位图小。图 1-22 的 SWF 格式的文件仅需 1KB 的存储空间,而同一图像的 BMP 位图存储空间超过 500KB。当然,矢量图形所需要的存储空间和图形的复杂程度有关。

(3) 在矢量图形中编辑对象比在位图中容易。

图 1-22   改变大小的矢量图形

矢量图形通常不如位图真实。大部分的矢量图形往往具有类似卡通图画的外观,而不具有照片般的真实感。

3) 矢量图形的创建

扫描仪和数码照相机都不能生成矢量图形,可以使用 CorelDRAW、FreeHand 和 Flash 等绘图软件来创建矢量图。这些软件可以由人工操作交互式绘图,或根据一组或几组数据画出各种几何图形,并可以对图形的各个组成部分进行缩放、旋转、扭曲和上色等编辑和处理工作。其中,Flash 用来制作在 Web 上流行的矢量图形,用它创建的矢量图形存储在 SWF 格式的文件中,其图形可以是动态的,也可以是静态的。

1.7.2   数字音频

声音是人们用来传递信息、交流感情最方便的方式之一。数字音频是表示声音强弱的数据序列,它是由模拟声音经抽样、量化和编码后得到的。

1. 声音数字化

声音是一种具有一定的振幅和频率、随时间变化的声波。麦克风可以将声音转换成电信号,但这种电信号是一种模拟信号,不能由计算机直接处理,需要先进行数字化,即将模拟的声音信号经过模/数转换变成计算机能处理的数字声音信号,然后利用计算机进行存储、编辑或处理。现在几乎所有的专业化声音录制、编辑都是数字的。在数字声音回放时要进行数/模转换,将数字声音信号变换为实际的声波信号,经放大后由扬声器播出。

把模拟声音信号转变为数字声音信号的过程称为声音的数字化,它是通过对声音信号进行采样、量化和编码来实现的。声音数字化的过程如图 1-23 所示。

声音的模拟信号 → 采样 → 量化 → 编码 → 声音的数字信号

图 1-23 声音数字化的过程

从声音数字化的角度考虑,影响声音质量的因素主要有 3 个:采样频率、采样精度和声道数。

1) 采样频率

采样频率就是一秒内采样的次数。采样频率越高,采样时间间隔越小,单位时间内获取的声音样本数就越多,数字化后的音频信号就越好,当然需要的存储空间也越大。目前对声音进行采样的 3 个标准采样频率分别为 44.1kHz、22.05kHz 和 11.025kHz。以 11.025kHz 的采样频率获得的音质称为电话音质,基本上能让人耳分辨出通话人的声音;以 22.05kHz 的采样频率获得的音质称为广播音质;以 44.1kHz 的采样频率获得的音质称为 CD 音质。采样频率越高,获得的声音文件音质越好,占用的存储空间也就越大。一首 CD 音质的歌曲要占 45MB 左右的磁盘空间。DVD 的音源采样频率高达 192kHz,用户在享受超高画质动态影像的同时,还能够聆听到超高音质的声音效果。

2) 采样精度

在采样过程中,每取得一个声波样本,就得到一个表示声音幅度的值。表示采样值的二进制位数称为采样精度,也叫量化位数,即每个采样点能够表示的数据范围和精度。现在一般使用 8 位和 16 位两种采样精度。

采样精度越高,则得到的数字波形与原来的模拟波形越接近,同时需存储的信息量越大,数字音频的音质就越好。

3) 声道数

声道数是指一次采样所记录的声音波形个数,分为单声道和双声道。如果是单声道,则只产生一个声音波形。而双声道(立体声)产生两个声音波形,立体声的音质好,但所占用的存储空间成倍增长。

4) 音频数据量计算

通过对上述 3 个影响声音数字化因素的分析,可以得出声音数字化数据量的计算公式如下:

$$数据量 = 采样频率 \times 采样精度 \times 声道数 \times 时间 /8$$

其中,声音数字化数据量的单位是字节(B),采样频率的单位是赫兹(Hz),采样精度的单位是位(b),时间的单位是秒(s)。

根据上述公式,以 44.1kHz 的采样频率进行采样,采样精度选择 16 位,录制 1s 的立体声音频,其波形文件所需的数据量如下:

$$(44\ 100 \times 16 \times 2 \times 1/8)B = 176\ 400B$$

2. 数字音频的文件格式

音频数据以文件的形式保存在计算机中。音频文件主要有 WAVE、MP3、RA、WMA

和 MIDI 等格式。

1）WAVE 格式

WAVE 格式是一种通用的音频数据文件格式，其文件扩展名为.wav，即波形文件。WAVE 格式的文件没有采用压缩算法，因此多次修改和剪辑也不会失真，而且处理速度也比较快，几乎所有的播放器都能播放 WAVE 格式的音频文件。但其文件的数据量比较大，数据量的大小直接与采样频率、量化位数和声道数成正比。

2）MP3 格式

MP3 是按 MPEG 标准的音频压缩技术制作的数字音频文件格式。MP3 格式是一种有损压缩格式，它的压缩比可达到 10：1 甚至 12：1，因此它是目前最流行的网络声音文件格式。一般说来，1min 的 CD 音质的 WAVE 文件约为 10MB，而经过 MP3 标准压缩后可以变为 1MB 左右且基本保持不失真。

目前几乎所有的媒体播放工具都支持 MP3 格式。

3）RA 格式

RA 是由 RealNetworks 公司开发的一种具有较高压缩比的音频文件格式，其文件扩展名为.ra。RA 文件的压缩比可达到 96：1，因此文件很小，适用于以流媒体的方式实现网上实时播放，即边下载边播放。由于其压缩比高，因此其声音失真也比较严重。

4）WMA 格式

WMA 是微软公司推出的与 MP3 格式齐名的一种音频格式，其文件扩展名为.wma。WMA 文件可以在只有 MP3 文件一半大小的前提下保持相同的音质。同时，现在的大多数 MP3 播放器都支持 WMA 文件的播放。

5）MIDI 格式

MIDI 即音乐乐器数字接口，实际上是一种技术规范，是把电子乐器与计算机相连的一种标准，是控制计算机与具有 MIDI 接口的设备之间进行信息交换的一整套规则。

把一个带有 MIDI 接口的设备连接到计算机上，就可记录该设备产生的声音，这些声音实际上是一系列的弹奏指令。将电子乐器的弹奏过程以指令符号的形式记录下来，形成的文件就是 MIDI 文件，其文件扩展名是.mid。MIDI 文件中存储的不是声音的波形数据，因此需要的存储空间较小。

1.7.3 数字视频

从传统意义上讲，以电视、录像等为代表的视频技术属于模拟视频技术范畴。随着计算机多媒体技术的发展，视频逐步采用数字技术。视频数据采集和处理是多媒体技术的重要内容之一。

1. 视频

视频是随时间连续变化的一组图像，其中的每一幅称为一帧（frame）。当帧速率达到 12 帧/秒以上时，可以产生连续的动态效果。通常视频还配有同步的声音，所以，视频信息需要巨大的存储空间。

视频分为模拟视频和数字视频两类。早期的电视视频信号的记录、存储和传输都采用模拟方式;现在的 DVD、数字式摄像机、数字电视中的视频信号都属于数字视频范畴。

2. 视频的数字化

数字视频的获取可以通过对模拟视频的数字化实现。当视频信号数字化后,就能实现许多模拟信号不能实现的操作,例如,不失真地无限次复制,长时间保存而无信号衰减,更有效地进行编辑、创作和特殊艺术效果加工,用计算机播放视频等。

视频数字化和音频数字化过程相似,即在一定的时间内以一定的频率对单帧视频信号进行采样,再对采样结果进行量化、编码,通过视频捕捉卡或视频处理软件来实现模/数转换、色彩空间变换和编码压缩等。

视频数字化后,如果不对视频信号加以压缩,则数据量根据帧数乘以每帧图像的数据量来计算。例如,要在计算机连续显示分辨率为 1024×768 的 24 位真彩色视频图像,按每秒 24 帧计算,显示 1min 需要的数据存储空间如下:

$$(1024 \times 768 \times 24 \times 24 \times 60/8)B \approx 3.2GB$$

视频图像数据量非常大,这就带来了图像数据的压缩问题。可以通过压缩、降低帧速、缩小画面尺寸等来降低数据量。

3. 视频的文件格式

视频的文件格式主要有传统的 AVI、MOV、MPEG 等格式以及在互联网上使用的流媒体视频格式。

1) AVI 格式

AVI 是 Windows 操作系统的标准格式,是 Video for Windows 视频应用程序中使用的格式。AVI 格式很好地解决了音视频信息的同步问题。它采用有损压缩方式,可以达到很高的压缩比,是目前比较流行的视频文件格式。

2) MOV 格式

MOV 是 Apple 公司在 Macintosh 计算机中使用的音视频文件格式,现在已经可以在 Windows 环境下使用。MOV 格式采用 Intel 公司的 INDEO 有损压缩技术以及音视频信息混合交错技术,其视频图像质量优于 AVI 格式。

3) MPEG 格式

MPEG 是采用 ISO/IEC 颁布的运动图像压缩算法国际标准进行压缩的视频文件格式。MPEG 平均压缩比为 50∶1,最高达 200∶1,该格式质量和兼容性好。VCD 上的电影、卡拉 OK 的音视频信息就是采用这种格式进行存储的,播放时需要 MPEG 解压卡或 MPEG 解压软件支持。

4) 流媒体视频格式

互联网的普及和多媒体技术在互联网上的应用迫切要求解决实时传送视频、音频、计算机动画等媒体文件的技术。在这种背景下,产生了流式传输技术及流媒体。流媒体是为实现视频信息的实时传送和实时播放而产生的用于网络传输的视频格式,视频流放在缓冲器中,可以边传输边播放。在互联网上使用较多的流媒体视频格式有以下几种。

(1) RM 格式。由 RealNetworks 公司推出,它包括 RealAudio(RA)、RealVideo (RV)和 RealFlash(RF)3 种格式。RA 格式用来传输接近 CD 音质的音频数据,RV 格式

主要用来在低速率的网络上实时传输活动视频影像,RF 则是 RealNetworks 公司与 Macromedia 公司联合推出的一种高压缩比的动画格式。

(2) QT 格式。由 Apple 公司推出,用 QuickTime 播放的视频格式,用于保存音频和视频信息,具有先进的音频和视频功能,包括 MacOS、Windows 在内的主流计算机操作系统支持这种格式。

(3) ASF 格式。由微软公司推出的高级流格式。这种格式将音频、视频、图像、控制命令脚本等多媒体信息,以网络数据包的形式传输,实现流式多媒体内容发布。

4. 视频获取和编辑

1) 获取数字视频文件

可以通过视频卡和数码摄像机来获取视频文件。用视频卡获取模拟视频输入,把模拟视频信号接到视频卡输入端,经转换成为数字视频图像序列。利用数码摄像机直接获取视频数字信号,并保存在数码摄像机存储卡上,然后通过 USB 接口直接输入计算机。

使用软件制作数字视频是另一种获取视频的方法。可以利用软件来截取 VCD 上的视频片段,获得高质量的视频素材,也可以使用三维动画软件制作视频文件。

2) 数字视频编辑

在对视频信号进行数字化采样后,可以对视频信号进行编辑和加工。例如,可以对视频信号进行删除、复制,改变采样频率,或改变视频、音频格式等。

现在的数字视频编辑采用非线性编辑技术。非线性编辑的优势在于使用随机存取设备就可以方便地编辑视频。但是,视频编辑需要很大的硬盘空间,所以在开始编辑前,要确保计算机硬盘有足够的可用存储空间,且计算机应有超过 2GB 的内存。

当视频的连续镜头被传输到计算机并被存储到硬盘上以后,即可开始使用视频编辑软件来编辑视频,这些软件包括 Adobe Premiere、Apple Final Cut Pro、Ulead Video Studio 等。其中,视频软件 Premiere 是功能较强的编辑工具,可以编辑各种视频片断,处理各种特技、过渡效果,实现字幕、图标和其他视频效果,配音并对音频进行编辑调整。

视频文件的播放需要安装解压软件。视频播放软件种类非常多,一些操作系统(如 Windows)中的媒体播放器也可播放视频文件。

1.7.4　数据压缩技术

1. 数据压缩

数据压缩技术是多媒体领域的关键技术之一,是计算机处理语音、静止图像和视频图像数据,进行数据网络传输的重要基础。未经压缩的图像及视频信号数据量是非常大的。例如,一幅分辨率 640×480 像素的 256 色图像的数据量为 300KB 左右,数字化标准的电视信号的数据量约每分钟 10GB。这样大的数据量不仅超出了多媒体计算机的存储和处理能力,也是以当前通信信道速率无法传输的。因此,为了使这些数据能够进行存储、处理和传输,必须进行数据压缩。由于语音的数据量较小,且基本压缩技术已成熟,因此目前的数据压缩研究主要集中在图像和视频信号的压缩方面。

2. 无损压缩和有损压缩

数据压缩是指通过改善编码技术来降低数据存储时所需的空间,当需要使用原始数据时,再对压缩文件进行解压缩。如果压缩后的数据经解压缩后能准确地恢复压缩前的数据,则称为无损压缩,否则称为有损压缩。

无损压缩通过统计被压缩数据中重复数据的出现次数进行编码。无损压缩由于能确保解压后的数据不失真,一般用于文本数据、程序以及重要图片和图像的压缩。无损压缩比一般为 2∶1 到 5∶1,压缩比较小,因此不适合实时处理图像、视频和音频数据。典型的无损压缩软件有 WinZip、WinRAR 等。

有损压缩利用了人类视觉对图像的某些频率成分不敏感的特性,允许压缩过程中损失一定的数据。虽然不能完全恢复原始数据,但是损失的部分对理解原始数据的影响极小,却换来了大得多的压缩比。目前国际标准化组织和国际电报电话咨询委员会已经联合制定了两个压缩标准,即 JPEG 和 MPEG 标准。

3. JPEG 和 MPEG 标准

JPEG(Joint Photographic Experts Group,联合图像专家组)标准适用于连续色调和多级灰度的静态图像。一般对单色和彩色图像的压缩比通常分别为 10∶1 和 15∶1。常用于 CD-ROM、彩色图像传真和图文管理,多数 Web 浏览器支持 JPEG 图像文件格式。

MPEG(Moving Picture Experts Group,运动图像专家组)标准不仅适用于运动图像,也适用于音频信息,它包括 MPEG 视频、MPEG 音频、MPEG 系统(视频和音频的同步)3 部分,MPEG 视频是 MPEG 标准的核心。MPEG 已发布了 MPEG-1、MPEG-2、MPEG-4、MPEG-7 和 MPEG-21 等多种标准。

思考与练习

1. 计算机的发展经历了哪几个阶段? 各阶段的主要特征是什么?
2. 计算机的类型有哪些?
3. 简述计算机的应用领域。
4. 什么是信息? 什么是数据? 它们之间有什么关系?
5. 什么是信息技术? 信息化社会有哪些特征?
6. 简述大数据的作用。
7. 信息安全面临的主要威胁有哪些?
8. 什么是基数? 什么是位权?
9. 简述二进制数、八进制数、十进制数以及十六进制数之间相互转换的方法。
10. 什么是 ASCII 码?
11. 说明图像数字化的过程。如何估算数字化后图像文件的大小?
12. 什么是矢量图形? 什么是位图? 两者之间有什么区别?
13. 音频文件格式有哪些?
14. 常用的流媒体视频格式有哪些? 各有什么特点?
15. 有损压缩和无损压缩的主要区别是什么?

第 2 章　计算机系统

随着计算机技术的飞速发展及其在社会各个领域中的广泛应用,计算机已经成为人们工作与生活中不可缺少的重要工具之一。为了使其更好地服务于人们的工作与生活,理解和全面掌握计算机的系统组成和工作原理十分重要,为此本章对如下内容做了较详细的介绍:

- 计算机系统结构。
- 计算机工作原理。
- 微型计算机硬件系统。
- 计算机软件系统。

2.1　计算机系统结构

2.1.1　计算机系统组成

计算机系统主要由硬件(hardware)系统和软件(software)系统两大部分组成。硬件是指能看得见、摸得着的物理设备,如通常所看到的计算机,总会有机柜或机箱,里边是各式各样的电子元器件,还有键盘、鼠标、显示器和打印机等,这些都是硬件,它们是计算机工作的物质基础。软件是指各类程序和数据,计算机软件包括计算机本身运行所需要的系统软件和完成用户任务所需要的应用软件。计算机系统的组成如图 2-1 所示。

2.1.2　冯·诺依曼计算机

计算机自诞生以来发展迅速,现代计算机在性能指标、运算速度、工作方式、应用领域等方面都发生了很大的变化,但是计算机的基本结构没有改变,依然属于冯·诺依曼型计算机。

1. 冯·诺依曼思想

1945 年,著名美籍匈牙利裔数学家冯·诺依曼提出了一个完整的通用电子计算机的方案。在这个方案中,冯·诺依曼总结并提出了如下思想。

(1) 计算机应包括运算器、控制器、存储器、输入设备、输出设备等基本部件。

(2) 计算机内部采用二进制来表示指令和数据。每条指令一般具有一个操作码和一

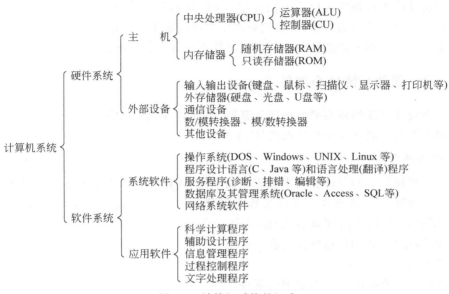

图 2-1　计算机系统的组成

个地址码。其中操作码表示运算性质，地址码指出操作数在内存中的地址。

（3）将编写好的程序送入内存，然后启动计算机工作，计算机不需要操作人员干预，能自动逐条读取和执行程序中的指令。

2. 冯·诺依曼结构

按照冯·诺依曼思想，计算机的硬件由运算器、控制器、存储器、输入设备和输出设备五大部分组成，其中，运算器和控制器一起构成了计算机的大脑，即中央处理器（Central Processing Unit，CPU）。采用冯·诺依曼思想的计算机结构框图如图 2-2 所示。

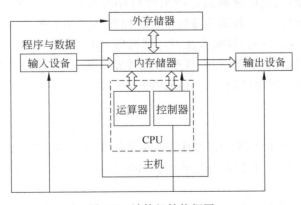

图 2-2　计算机结构框图

在图 2-2 中，较粗的空心箭头代表数据信号流向，传输的是指令、地址、数据；较细的实心箭头代表控制信号流向，传输的是控制器发出的控制信号。根据数据信号流向可以看出计算机的工作流程分为输入、处理、输出 3 个过程。首先，计算机完成任务所需的程序和数据通过输入设备送入计算机内存中;CPU 从内存中取出指令,通过分析后发出控制信号指挥各个部件协调处理;最后把处理结果通过输出设备输出。

下面分别介绍冯·诺依曼结构计算机硬件系统各个核心部件的功能。

2.1.3　硬件系统核心部件

计算机硬件系统的核心部件包括运算器、控制器、存储器、输入设备、输出设备。运算器和控制器合在一起称为中央处理器(CPU)。

1. 中央处理器

中央处理器(CPU)是计算机中最重要的部件,计算机中的各种运算和控制都由 CPU 完成。中央处理器内部的核心部件是算术逻辑单元、控制逻辑单元和内部寄存器组,如图 2-3 所示,它们通过 CPU 内部总线连接在一起。

1) 运算器

运算器是对数据进行加工处理的部件,它在控制器的控制下与内存交换数据,负责进行算术运算、逻辑运算和其他操作。在运算器中含有用于暂时存放数据或结果的寄存器。

运算器主要由算术逻辑单元(Arithmetic Logic Unit,ALU)、内部寄存器组(包括标志寄存器、通用寄存器和专用寄存器)及内部总线 3

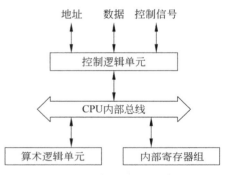

图 2-3　CPU 的基本结构

部分组成,其核心是 ALU。ALU 的基本操作包括加、减、乘、除等算术运算,与、或、非等逻辑运算,以及移位、求补等操作。

寄存器按其字面意思可理解为是用来暂时存放数据的小容量、高速度的存储部件。这里的数据是广义的。一类数据是参加运算的操作数或运算的结果,存放这类数据的寄存器称为通用寄存器;另一类数据表征着计算机当前的工作状态,存放这类数据的是专用寄存器,如程序计数器、指令寄存器、状态寄存器等。其中,程序计数器存放指令的地址,当前指令执行完毕后,程序计数器会自动指向下一条要执行的指令;指令寄存器存放从内存中取出的指令。

2) 控制器

控制器是整个计算机系统的指挥中心,负责完成指令的分析,指令及操作数的传送,并根据指令的要求,有序、有目的地向各个部件发出控制信号,使计算机的各个部件协调一致地工作。

控制器的主要功能是取指和控制指令执行。由于指令和数据都存储在内存中,因此,执行指令的第一步是从内存中读出指令,称为取指。然后,由控制器根据指令的义和控制器的状态将指令送入运算器执行。执行中要用到的操作数及最终的运算结果也由控制器通过总线送入内存存放。

现代处理器中还包含高速缓冲存储器。在计算机中,运算器和控制器被集成在一个硅片上,采用一定的封装形式后就是目前所见到的 CPU。

2. 存储器

存储器是计算机的记忆装置,主要用来保存数据和程序,因此存储器具有存数和取数的功能。存数是指往存储器里写入数据;取数是指从存储器里读取数据。读写操作统称对存储器的访问。

1)存储器的结构

存储器的结构可以表示为一个 n 行 m 列的矩阵,如图 2-4 所示,其中的每一格用于存储一位二进制数。存储器的每一行称为一个存储单元,每个存储单元存放一个 8 位二进制数,8 位二进制数有其固定的长度单位——字节(B)。存储器容量用存储器中所含的存储单元的个数来表示,以字节(B)为单位,1 字节包含 8 个二进制位(b)。存储器容量通常以 KB、MB、GB、TB 为单位,它们之间的关系是

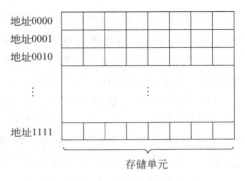

图 2-4 存储器结构

$$1B = 8b$$
$$1KB = 1024B$$
$$1MB = 1024KB$$
$$1GB = 1024MB$$
$$1TB = 1024GB$$

存储器中每个存储单元有唯一的编号,称为存储单元地址,地址从 0 开始顺序编排。对存储单元进行访问时,首先提供存储单元的地址,然后才能存取相应的存储单元中的信息。

2)地址位数与存储单元数量的关系

计算机中的数据全部是以二进制表示的,存储单元的地址也是二进制数。在不同的计算机中,用于表示存储单元地址的二进制数的位数也可能不同。如果用 n 位二进制数作为地址,就会有 2^n 个不同的地址编码,也就可以标识 2^n 个不同的存储单元。因此,存储单元地址的位数与存储器存储单元的数量存在关联。

如果某个计算机用 32 位二进制数作为地址,该计算机的存储器最多可以有 2^{32} 个存储单元,即 4GB。

3. 输入设备

输入设备用来接收用户输入的原始数据和程序,并将它们转换为计算机能够识别的形式存放在内存中。常见的输入设备有键盘、鼠标、扫描仪等。

4. 输出设备

输出设备用于将存放在内存中并经计算机处理的结果输出。常见的输出设备有显示器、打印机、绘图仪等。

输入设备与输出设备统称为 I/O 设备。

2.2　计算机工作原理

计算机的工作过程是执行程序的过程，程序是指令的集合。怎样组织程序是涉及计算机体系结构的问题。现在的计算机都是基于"存储程序"概念设计的。

2.2.1　指令与指令系统

1. 指令

指令是能被计算机识别并执行的二进制代码。一条指令规定了计算机能完成的某种操作。CPU 的运算器只能完成基本的算术运算、逻辑运算以及移位、求补等操作，对于复杂问题的求解，在运算前需要转换成若干步基本操作。CPU 能执行的每一种基本操作称为一条指令，这些指令被称为机器指令。

指令的数量与类型由 CPU 决定。系统内存用于存放被执行的程序及其数据。程序由一系列指令组成，这些指令在内存中是有序存放的，指令号表明了它的执行顺序。什么时候执行哪一条指令由 CPU 中的控制逻辑单元决定。数据是用户需要处理的信息，它包括用户的具体数据和这个数据在内存中的地址。

一条指令通常由如下两部分组成：

操作码	地址码

操作码用于指明该指令要完成的操作的类型或性质，如取数、做加法或输出数据等。地址码用于指明操作对象的内容或其所在的存储单元地址。

2. 指令系统

一台计算机的所有指令的集合称为该计算机的指令系统。不同类型的计算机，指令系统的指令条数有所不同。但无论哪种类型的计算机，指令系统都应包括具有以下功能的指令。

（1）数据传送指令。用来将数据在内存与 CPU 之间进行传送。

（2）数据处理指令。用来对数据进行算术、逻辑或关系运算。

（3）程序控制指令。控制程序中指令的执行，如条件转移、无条件转移、调用子程序、返回、停机等。

（4）输入输出指令。用来实现外部设备与主机之间的数据传输。

（5）其他指令。对计算机的硬件进行管理等。

3. 程序

利用计算机解决问题时，需要明确地定义解决问题的步骤，这就需要对计算机发布一系列指令，这些指令的集合称为程序。目前，大部分程序都采用高级语言编写，高级语言程序需要翻译成 CPU 能够执行的机器指令，这些机器指令按照程序设定的顺序依次执行，完成对应的一系列操作。

2.2.2 计算机基本工作原理

冯·诺依曼设计思想的最重要之处在于明确提出了"存储程序"的概念,计算机的工作原理就是基于"存储程序"概念的。

将可执行的程序存入计算机,计算机会记下程序的起始地址。运行这个程序时,计算机首先将该程序的起始地址送入指令计数器(PC),控制器按照 PC 中的地址从内存中取出指令并送入指令寄存器(IR)。机器分析 IR 中的操作码部分,确定应完成什么操作。然后由操作命令产生部件按一定顺序发出控制信号,控制有关部件完成规定操作。在完成一条命令的过程中,当 PC 送出一条指令的地址后会自动将 PC 内容加 1,准备好下一条指令的地址。就这样,计算机自动逐条读取指令、分析指令、执行指令,直到该程序的指令全部执行完毕。程序的执行流程如图 2-5 所示。

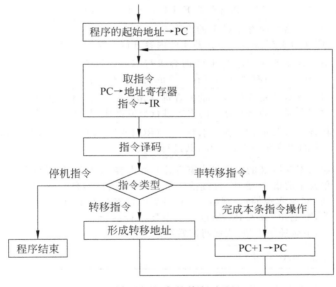

图 2-5 程序的执行流程

下面给出一个机器语言程序实例。

本实例的计算机体系结构如下:

(1) 内存。有 256 个存储单元,每个存储单元存储 8 位数据。每个存储单元分配一个地址,编号为 0~255(十六进制 00~FF)。

(2) 寄存器。有 16 个寄存器,每个寄存器存储 8 位数据,每个寄存器分配一个地址,编号为 0~15(十六进制 0~F)。

(3) 指令系统。有 12 条指令,如表 2-1 所示。

每条机器指令都是 2 字节长:前面的 4 位是操作码,后面的 12 位组成操作数字段。表 2-1 列出了用十六进制表示的指令及简要说明。字母 R、S 及 T 用来表示寄存器标识符的字段中的十六进制数字,并且因指令的具体应用而异。字母 X 及 Y 用来表示变量字段中的十进制数字,而不代表寄存器。

表 2-1　一个计算机的指令系统

操作码	操作数	说　明
1	RXY	将地址为 XY 的存储单元的内容装载(LOAD)到寄存器 R 中。例如,14A3 将地址为 A3 的存储单元的内容装载到寄存器 4 中
2	RXY	将数值 XY 装载(LOAD)到寄存器 R 中。例如,20A3 将数值 A3 装载到寄存器 0 中
3	RXY	将寄存器 R 的内容存入(STORE)地址为 XY 的存储单元。例如,35B1 将寄存器 5 中的内容存入地址为 B1 的存储单元
4	0RS	将寄存器 R 的内容移入(MOVE)寄存器 S。例如,40A4 将寄存器 A 的内容移入寄存器 4
5	RST	将寄存器 S 和寄存器 T 中的二进制数值相加(ADD),并将结果存入寄存器 R。例如,5726 将寄存器 2 和寄存器 6 中的二进制数值相加,并将结果存入寄存器 7
6	RST	将寄存器 S 和寄存器 T 中的浮点值相加(ADD),并将结果存入寄存器 R。例如,634E 将寄存器 4 和寄存器 E 中的浮点值相加,并将结果存入寄存器 3
7	RST	对寄存器 S 和寄存器 T 的内容进行或(OR)操作,并将结果存入寄存器 R。例如,7CB4 对寄存器 B 和寄存器 4 的内容进行或操作,并将结果存入寄存器 C
8	RST	对寄存器 S 和寄存器 T 的内容进行与(AND)操作,并将结果存入寄存器 R。例如,8045 对寄存器 4 和寄存器 5 的内容进行与操作,并将结果存入寄存器 0
9	RST	对寄存器 S 和寄存器 T 的内容进行异或操作,并将结果存入寄存器 R。例如,95F3 对寄存器 F 和寄存器 3 的内容进行异或操作,并将结果存入寄存器 5
A	R0X	将寄存器 R 的内容循环右移一位(ROTATE),共进行 X 次。例如,A403 将寄存器 4 中的内容循环右移一位,共进行 3 次
B	RXY	如果寄存器 R 的内容等于寄存器 0 的内容,那么转移(JUMP)到地址为 XY 的存储单元中的指令;否则,继续按正常的顺序执行(转移是通过在执行周期将 XY 复制到 PC 来实现的)。例如,B43C 首先比较寄存器 4 和寄存器 0 的内容,如果二者相等,则把 3C 放入 PC,所以下一条要执行的指令位于地址为 3C 的存储单元中;否则,不做任何事情,程序将照常继续
C	000	停止(HALT)执行

以下程序将两个数相加,并将结果存放在寄存器中。

```
156C  166D  5056  306E  C000
```

假设程序存放在起始值为 A0 的存储单元中。PC 及内存的初始状态如图 2-6 所示。

步骤 1:控制器从内存的存储单元 A0 中取出指令 156C 送入指令寄存器中。

步骤 2:机器分析指令 156C,确定应完成什么操作。

步骤 3:操作命令产生部件按一定顺序发出控制信号,控制有关部件完成指令规定的操作,即执行指令 156C,把存储单元 6C 中的内容(假设是 4)装载到 5 号寄存器,同时把 PC 加 1,即 PC 的内容

PC
A0

地址	内存
A0	15
A1	6C
A2	16
A3	6D
A4	50
A5	56
A6	30
A7	6E
A8	C0
A9	00

图 2-6　PC 及内存的初始状态

变成 A2，也就是下一条要执行的指令的地址。

步骤 4：控制器从存储单元 A2 中取出指令 166D 送入指令寄存器中。

步骤 5：机器分析指令 166D。

步骤 6：执行指令 166D，把存储单元 6D 中的内容（假设是 3）装载到 6 号寄存器，同时把 PC 加 1，即 PC 的内容变成 A4。

步骤 7：控制器从存储单元 A4 中取出指令 5056 送入指令寄存器中。

步骤 8：机器分析指令 5056。

步骤 9：执行指令 5056，把 5 号寄存器和 6 号寄存器中的值相加，将结果 7 存放至 0 号寄存器，同时把 PC 加 1，即 PC 的内容变成 A6。

步骤 10：控制器从存储单元 A6 中取出指令 306E 送入指令寄存器中。

步骤 11：机器分析指令 306E。

步骤 12：执行指令 306E，把 0 号寄存器的内容送入存储单元 6E，同时把 PC 加 1，即 PC 的内容变成 A8。

步骤 13：控制器从存储单元 A8 中取出指令 C000 送入指令寄存器中。

步骤 14：机器分析指令 C000。

步骤 15：执行指令 C000。C000 是停机指令，程序执行完毕。

根据对上述程序执行流程的分析可知，计算机的基本工作原理如下：

（1）计算机自动计算或处理的过程实际上是执行预先存储在计算机里的一段程序的过程，即计算机是由程序控制的。程序是由人编写的，当然，编程序所采用的语言可以不同。

（2）计算机程序是指令的有序序列，执行程序的过程实际上是依次逐条执行指令的过程。

（3）指令的执行是由计算机硬件实现的。每一条指令的实现都经过读取指令、分析指令和执行指令 3 个步骤，并为读取下一条指令做好准备。

2.3 微型计算机硬件系统

微型计算机也称为 PC，是日常工作和生活中最为常见的计算机。微型计算机的硬件系统在物理上可以看作由主机和外部设备组成。

目前，微型计算机从概念结构上来说大多采用总线结构，以总线为核心将 CPU、存储器、输入输出设备连接在一起。

2.3.1 微型计算机硬件系统组成

在逻辑上，微型计算机的硬件系统由运算器、控制器、存储器、输入设备和输出设备 5 大部件组成，在物理上则包括主板、中央处理器、内存、外存（如硬盘、光盘）、输入设备（如键盘、鼠标）和输出设备（如显示器、打印机）及其他物理部件。

1. 主板

主板安装在主机箱内。图 2-7 为台式计算机主机箱内部结构。主板又称系统主板（system board），如图 2-8 所示，主要由电路板和上面安装的各种元器件组成。主板是微型计算机最基本、最重要的部件之一。主板主要包括 CPU 插座、内存插槽、扩展插槽、各种外部接口、BIOS 芯片、CMOS 芯片等。有些主板还集成了显卡、声卡、网卡等适配器。

图 2-7　主机箱内部结构

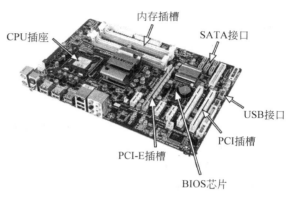

图 2-8　主板

（1）CPU 插座。用于固定连接 CPU 芯片。由于集成化程度和制造工艺的不断提高，越来越多的功能被集成到 CPU 上。不同品牌和类型的 CPU 采用不同的接口，目前主流的 CPU 接口类型有 Socket 和 LGA 等。

（2）内存插槽。是主板给内存预留的专用插槽，主板所支持的内存种类和数量都由内存插槽来决定。只要购买所需数量并与内存插槽类型匹配的内存条，就可以实现扩充内存和即插即用。184 针和 240 针 DIMM（Dual Inline Memory Modules，双列直插式存储模块）是目前较常见的一种内存插槽。图 2-9 为 DDR3 内存条。

图 2-9　DDR3 内存条

（3）扩展插槽。在扩展插槽中可以插入许多标准插卡，如显卡、声卡、网卡等，以扩展微型计算机的各种功能。任何插卡插入扩展槽后，都可以通过系统总线与 CPU 连接，在操作系统的支持下实现即插即用。目前扩展插槽主要有 PCI 和 PCI-E 两种。PCI 插槽可插接显卡、声卡、网卡、内置 Modem、USB 2.0 卡、电视卡、视频采集卡以及其他种类繁多的扩展卡。目前，PCI-E 插槽已经全面替换了上一代的 PCI 和 AGP 插槽，它的主要优势是数据传输速率高，能满足现在和将来一定时间内出现的低速设备和高速设备的需求。

（4）BIOS 芯片。即基本输入输出系统（Basic Input/Output System），是主板的核心，它保存着计算机系统中的基本输入输出程序、系统信息设置、自检程序和系统启动自举程序。BIOS 负责从计算机开始加电到完成操作系统引导之前的各个部件和接口的检测及运行管理。现在主板的 BIOS 还具有电源管理、CPU 参数调整、系统监控、病毒防护等功能。常见的 BIOS 芯片有 AWAR、AMI 等。

（5）SATA 接口。SATA 是存储器接口，主要连接硬盘和光驱。目前 SATA 已经取代了传统的 IDE，成为主流的接口。

（6）外部接口。接口是指计算机系统中在两个硬件设备之间起连接作用的逻辑电路。接口的功能是在各个组成部件之间进行数据交换。主机与外部设备之间的外部接口称为输入输出接口，如图 2-10 所示。

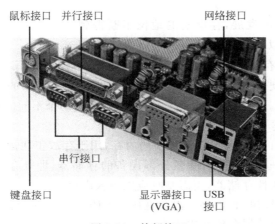

图 2-10　外部接口

① 显示器接口。VGA、DVI 和 HDMI 都是显示器接口，用于连接显示器。VGA 可传输模拟信号，DVI 和 HDMI 可传输数字信号。

② USB 接口。是一种即插即用型接口，用于连接各种外部设备。USB 接口使用灵活方便，被广泛地应用于 PC 和移动设备等的数据传输。

③ 网络接口。典型的网络接口是 RJ-45 以太网接口，用于连接局域网或互联网（ISDN、ADSL 等），传输速率为 10Mb/s、100Mb/s 或 1000Mb/s，网络接口可以自适应网络设备的速度。

④ 键盘/鼠标接口。又称 PS2 接口，用于连接键盘和鼠标。采用颜色标识，紫色或蓝色接口用于连接键盘，绿色接口用于连接鼠标。

⑤ 串行和并行接口。传统的 COM（串行）接口主要用于连接鼠标、外置 Modem 等外部设备，LPT（并行）接口主要用于连接打印机等设备。目前，这两个接口的功能已经基本被 USB 接口所取代。

2. 中央处理器

中央处理器（CPU）是微型计算机系统的核心部件，负责计算机系统中数值运算、逻辑判断、控制分析等核心工作。CPU 性能的高低直接影响微型计算机的性能。图 2-11 为 Intel 公司的酷睿 i7 CPU。

为了提高中央处理器的性能，多核技术和超线程越来越多地应用在不同类型的 CPU 芯片中。多核指的是在一个处理器中集成两个或多个完整的计算内核。在仅支持单

CPU 的主板上,使用多核 CPU 可以明显提升运算速度。

超线程(Hyper Threading,HT)技术就是利用特殊的硬件指令把两个逻辑内核模拟成两个物理芯片,让单个处理器都能使用线程级并行计算,进而兼容多线程操作系统和软件,减少了 CPU 的闲置时间,提高了 CPU 的运行效率。

图 2-11   Intel 酷睿 i7 CPU

3. 存储系统

随着计算机技术的发展,存储器的地位不断得到提升,系统由最初的以运算器为核心逐渐转变为以存储器为核心。这就对存储器技术提出了更高的要求,不仅要使每一类存储器具有更高的性能,而且希望通过硬件、软件或软硬件结合的方式将不同类型的存储器组合在一起,从而获得更高的性价比。这就是存储系统,它和存储器是两个不同的概念。

1) 存储器的分类

存储器分为两类:一类是设在主机中的内存,用于存放正在运行程序和相关数据,属于临时性存储器;另一类是属于计算机外部设备的存储器,即外存,用来存放暂时不用的数据和程序,属于永久性存储器,当需要时应先调入内存。

内存的存储速度较快,容量小。内存直接与 CPU 相连,是计算机中主要的工作存储器,当前运行的程序与数据存放在内存中。

外存的存取速度较慢,但容量很大。外存不能被 CPU 直接访问,计算机执行程序和加工处理数据时,外存中的信息先送入内存后才能使用,即计算机通过外存与内存不断交换数据的方式使用外存中的信息。常见的外存设备有硬盘、光盘等。

2) 存储系统

常见的存储系统有两类:一类是由内存和高速缓冲存储器构成的 Cache 存储系统,另一类是由内存和磁盘存储器构成的虚拟存储系统。前者的主要目标是提高存储器的速度,而后者则主要是为了增加存储器的存储容量。

高速缓冲存储器一般由高速静态存储器组成,存取周期一般为几纳秒,存储容量在几百千字节(KB)至几兆字节(MB)之间,价格较高。内存一般由动态存储器组成,存取周期为几十纳秒,存储容量一般为几百兆字节,价格比高速缓冲存储器便宜。

虚拟存储系统由主存与外存(一般为磁盘存储器)构成。虚拟存储系统在操作系统的支持下将内存和外存看作一个整体,用软硬件相结合的方法进行管理。使程序员能够对内存、外存统一编址,这就形成了一个很大的地址空间,称其为虚拟地址空间,它比实际内存的存储容量大得多。

现代微型计算机的存储系统如图 2-12 所示。整个系统可分为 5 个层次,最上一层是位于微处理器内部的通用寄存器组,用于暂存中间运算结果及特征信息。严格地讲,这一层应该不属于存储器的范畴。第二层是高速缓冲存储器。在目前的微机系统中,高速缓冲存储器通常有两级,都集成在微处理器芯片内部。在如图 2-12 所示的存储器系统中,由上到下容量越来越大,速度越来越慢。

3）内存

内存也称为主存（main memory），用于暂时存放CPU 正在运行的程序及相关数据。内存运行速度较快，容量较小。内存是可以与CPU 直接进行信息交换的存储器。

CPU 对内存的操作有如下两种：

（1）读操作。CPU 将内存单元的内容取到CPU内部。

（2）写操作。CPU 将其内部信息传送到内存单元保存起来。

图 2-12　微型计算机的存储系统

显然，写操作的结果改变了被写单元的内容，而读操作则不改变被读单元的内容。

当要对内存中的内容进行读写操作时，来自地址总线的存储器地址经地址译码器译码后，选中指定的存储单元，而读写控制电路根据读写命令实施对内存的存取操作；数据总线则用来传送写入内存储器或从内存储器读出的信息。内存的读写操作如图 2-13所示。

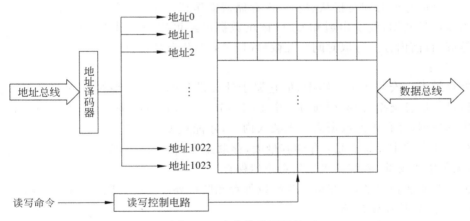

图 2-13　内存的读写操作

内存储器可分为 3 种类型：随机存取存储器、只读存储器和高速缓冲存储器。

（1）随机存取存储器（Random Access Memory，RAM）也称读写存储器。RAM 中存储当前使用的程序、数据、中间结果和与外存交换的数据，CPU 根据需要可以直接读写RAM 中的内容。RAM 有两个主要特点：一是其中的信息随时可以读出，也随时可以写入；二是加电使用时其中的信息完整无缺，而一旦断电（关机或意外掉电），RAM 中存储的数据就会丢失，而且无法恢复。

（2）只读存储器（Read Only Memory，ROM）中的信息只能被CPU 随机读取，不能由CPU 任意写入，也就是只能进行读出操作而不能进行写入操作。ROM 中的信息是在制造时由生产厂家或用户用专门的设备一次写入固化的。ROM 常用来存放固定不变、重复执行的程序，如基本输入输出程序，即 BIOS 程序等。ROM 中存储的内容是永久性的，即使关机或意外掉电也不会消失。随着半导体技术的发展，已经出现了多种形式的

ROM,如可编程只读存储器(Programmable ROM,PROM)、可擦除与可编程的只读存储器(Erasable Programmable ROM,EPROM)以及掩膜型只读存储器(Masked ROM,MROM)等,它们需要特殊的手段改变其中的内容。

（3）高速缓冲存储器(Cache)。Cache 是一种高速、小容量的存储器,集成在 CPU 内部。在 CPU 和内存的信息交换过程中,CPU 的速度很快,而内存的速度相对较慢。为了解决它们之间速度不匹配的问题,现代计算机在 CPU 和内存之间设置了一种可以高速存取信息的存储装置,即 Cache。它的容量一般只有内存的几百分之一,但它的存取速度能与 CPU 匹配。CPU 读取程序和数据时先访问 Cache,若 Cache 中已经存在要访问的程序和数据,则直接高速读取；若没有,再去内存读取。CPU、内存和 Cache 三者之间的访问关系如图 2-14 所示。

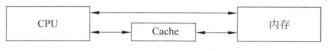

图 2-14　CPU、内存和 Cache 之间的访问关系

存储器的存取时间是指从启动一次存储器操作到完成该操作所经历的时间。一般是从发出读信号开始,到发出通知 CPU 读出数据已经可用的信号为止的时间。存取时间越短越好,目前内存的存取时间为几微秒(10^{-6} s)至几十纳秒(10^{-9} s)。

4）外存

外存虽然也安装在主机箱中,但它属于外部设备的范畴。原因是它与 CPU 之间不能直接进行信息交换,而必须通过一个中间环节——接口电路进行。CPU 只能直接访问内存中的数据,外存中的数据需要先载入内存,才能被 CPU 访问和处理,因此,外存也叫作辅存。外存的主要特点是：存储容量大,存取速度相对内存要慢很多,但存储的信息很稳定,无须电源支撑,系统关机后信息依然保存。

根据介质能否更换,外存可分为联机外存和脱机外存两类。联机外存主要指硬盘,脱机外存指光盘、移动硬盘等。

根据存储原理的不同,外存又分为磁介质存储器(硬磁盘)、光介质存储器(光盘)和半导体存储器(U 盘)。

（1）硬盘。

硬盘是计算机最主要的存储设备,微型计算机安装的硬盘大多属于温彻斯特硬盘,简称温盘。硬盘是由一个或者多个铝制或者玻璃制的盘片组成,盘片外覆有铁磁性材料,利用磁性粒子来记录 0 和 1。硬盘的物理结构如图 2-15(a)所示,主要是由固定的盘片和可移动的磁头组(磁头可以在磁盘径向移动)组成的。

温彻斯特硬盘的主要特点是将盘片、磁头组、电机驱动部件乃至读写电路等做成一个不可随意拆卸的整体,并密封起来,所以防尘性好；可靠性高,对环境要求不高。硬盘有很大的存储容量,在微型计算机中常以 GB 或 TB 为单位。

硬盘的逻辑结构如图 2-15(b)所示。盘片的正反两面都能记录信息,在一张盘片的正反两面都会有一个磁头进行读写。磁头装在磁头支架上,磁头支架在特殊的电机驱动下来回移动,当盘片旋转时,磁头就可以访问整个盘片。盘片在高速旋转时会带动盘表面

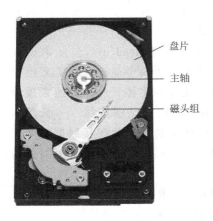

(a) 硬盘的物理结构

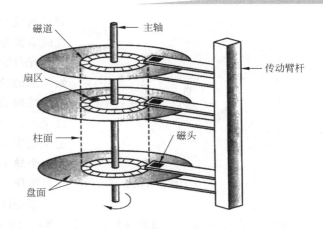

(b) 硬盘的逻辑结构

图 2-15　硬盘的结构

的空气流动,作用在磁头上会产生浮力,使磁头与盘面保持一个极微小的距离,这样既可有效地进行读写,又不会磨损盘面。

　　磁盘在格式化时被划分成许多同心圆,这些同心圆叫作磁道(track)。磁道由外向内从 0 开始按顺序编号。硬盘上的每个磁道被等分成若干段圆弧,一段圆弧叫作一个扇区,扇区从 1 开始编号。硬盘的读写是以柱面的扇区为单位的,柱面也就是整个盘体中所有盘面上编号相同的磁道。硬盘在进行写操作时,先写满一个扇区,再写同一柱面的下一个扇区,直到写满一个柱面,磁头才会移动到别的磁道上。

　　早期的 IDE 硬盘接口为 ATA 接口,它是并行的。2001 年,SATA 1.0 规范发表。SATA 接口采用串行方式传送数据,不仅大大提高了数据传输率,也提高了数据传输的可靠性。SATA 接口还具有结构简单、支持热插拔的优点。SATA 接口技术还在不断发展,目前 SATA 3.0 已经成为主流接口。图 2-16 为 SATA 接口。

图 2-16　SATA 接口

　　(2) 光盘。

　　光盘是用光学的方式进行信息读写的辅助存储器,呈圆盘状,需要与光盘驱动器配合使用。

　　光盘根据性能可分为 3 类。不同种类的光盘,存取原理也有所不同。

　　第 1 类是只读型光盘(Compact Disk Read Only Memory,CD-ROM)。与 ROM 类似,CD-ROM 中的数据是由生产厂家预先写入的,用户只能读取而无法修改其中的数据。

　　第 2 类是一次性写入光盘(Write Once Read Many times,WORM)。用户可以将数据写入这类光盘,但只能写入一次。一旦写入,可多次读取。

　　第 3 类是可擦除型光盘,其存储功能与磁盘相似,用户可以多次对其进行读写。

　　光盘片上有一层可塑材料。写入数据时,用高能激光束照射光盘片,在可塑层上灼出极小的坑,并以小坑的有无表示 0 和 1。当数据全部写入光盘之后,再往可塑层上喷镀一层金属,之后便再也不能写入了。读取时,用低能激光束照射光盘,利用盘表面上的小坑

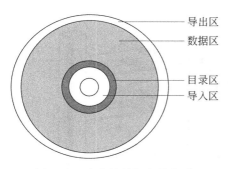

导出区
数据区
目录区
导入区

图 2-17　光盘的数据存放方式

和平面处的不同反射来区分 0 和 1。图 2-17 为光盘的数据存放方式。

光盘的中心是导入区(lead in),显示数据开始记录的位置。然后是目录区,它记载了文档目录及结构的信息。光盘的主体——数据区紧接着目录区,数据轨由中心向外呈螺旋状。一旦数据记录完毕,CD-ROM 压制器就会在其数据区外加上一个导出区(lead out)数据轨,用于结束数据的读写操作。

当要读取数据时,激光读取头会从中心往外移动。首先在目录区中找到文档的位置,然后以正确距离搜寻指定的文档数据。

光盘有 3 个特点:一是光盘不怕磁性干扰,所以光盘比磁盘的记录密度更高,也更可靠;二是光盘的存取速度快;三是光盘价格低廉。但光盘也具有存储容量小、不易携带等缺点。

(3) 闪存盘。

闪存盘俗称 U 盘,是一种半导体移动存储设备,可用于存储任何格式的数据文件,可以在计算机间方便地交换数据。闪存盘采用闪存存储介质和 USB 接口,具有轻巧精致、使用方便、便于携带、容量较大、安全可靠等特点。闪存盘由于采用 USB 接口,故读写速度较快。闪存盘的外观如图 2-18 所示。

目前大部分操作系统都支持闪存盘的即插即用特性,不需要另外安装驱动程序。

(4) 移动硬盘。

移动硬盘是以硬盘为存储介质,强调便携性。移动硬盘大多采用硅氧盘片,这是一种比

图 2-18　闪存盘的外观

铝、磁更为坚固耐用的盘片材质,并且具有更大的存储容量和更好的可靠性。移动硬盘以高速、大容量、轻巧便携等优点赢得了许多用户的青睐。移动硬盘大多采用 USB、IEEE 1394 接口,能以较高的速度与系统进行数据传输。

(5) 固态硬盘。

固态硬盘(solid state drive)简称固盘,是采用固态电子存储芯片阵列制成的硬盘,在接口的规范、功能及使用方法上与传统硬盘完全相同,在产品外形和尺寸上也与传统硬盘一致,但其 I/O 性能相对于传统硬盘大大提升。

与传统硬盘相比,固态硬盘具有如下优点:

① 读写速度快。采用固态电子存储芯片作为存储介质,读取速度比机械式硬盘更快。固态硬盘不用磁头,寻道时间几乎为 0。持续写入的速固态硬盘度非常惊人,固态硬盘厂商大多会宣称其固态硬盘持续读写速度超过 500MB/s。

② 物理特性好。固态硬盘具有低功耗、无噪声、抗震动、低热量、体积小、工作温度范围大的特点。固态硬盘没有机械马达和风扇,工作时噪声值为 0dB。基于固态电子存储芯片的固态硬盘在工作状态下能耗和发热量较低。内部不存在任何机械部件,不会发生机械故障,也不怕碰撞、冲击。典型的硬盘驱动器只能在 5～55℃的温度下工作。而大多

数固态硬盘可在−10～70℃的温度下工作。固态硬盘比相同容量的机械式硬盘体积小、重量轻。

这些优势机械式硬盘都不具备,因此固态硬盘广泛应用于军事、工业、医疗、航空等领域和车载系统中。

4. 输入设备

输入是指利用某种设备将数据转换成计算机可以接收的编码的过程。输入所使用的设备称为输入设备。现在的输入设备种类很多,这里只介绍最常用的键盘和鼠标。

1）键盘

键盘是计算机中最常用的输入设备,它实际上是组装在一起的一组按键矩阵,当按下一个键时,就产生与该键对应的二进制代码,并通过接口送入计算机,同时将按键字符显示在屏幕上。计算机上常用的104键键盘如图2-19所示。

图 2-19 104 键键盘

除标准键盘外,还有各类专用键盘,它们是专门为某种特殊应用而设计的。例如,银行计算机管理系统中供储户使用的键盘,按键较少,只用于输入储户标识码、口令和选择操作。

2）鼠标

鼠标是常用的输入设备,如图2-20所示。鼠标按连接方式可以分为有线鼠标和无线鼠标。传统的有线鼠标采用PS/2接口,目前多采用USB接口;无线鼠标采用蓝牙接口,具有体积小、轻便、携带方便等优点,适合移动办公。鼠标还可以按工原理及内部结构的不同分为普通光电鼠标、激光鼠标、蓝影鼠标等。

图 2-20 鼠标

5. 输出设备

输出设备主要是显示器和打印机。

1）显示器

显示器也称监视器,如图2-21所示,是最常用的输出设备,也是人机交互必不可少的设备。显示器用于计算机或终端,可显示多种不同的信息。

可用于计算机的显示器有许多种,可分为阴极射线管显示器（CRT）、液晶显示器

图 2-21　显示器

(LCD)和发光二极管显示器(LED)。阴极射线管显示器已经逐步被淘汰。LCD 和 LED 为平板式,体积小,重量轻,功耗少,是目前常见的显示器类型。

在选择和使用显示器时,应该注意显示器的以下几个主要特性:

(1)分辨率。屏幕上图像的分辨率或者说清晰度取决于能在屏幕上独立显示的点的直径,这种独立显示的点称为像素(pixel)。目前微型计算机上广泛使用的显示器的像素直径为 0.28mm。一般来讲,在相同的显示面积中,像素越多,分辨率也就越高,性能越好。

整个屏幕上像素的数目(通常用列×行表示)也间接反映了分辨率。通常情况下,显示器分辨率为 640×480、1024×768 和 1280×1024 等。

(2)灰度级。即光点亮度的深浅变化层次,可以用颜色深度表示。灰度级和分辨率决定了显示图像的质量。

(3)尺寸。显示器有多种尺寸。

显卡又称显示适配器,连接在主板上,它将计算机系统的数字信号转换成模拟信号,让显示器显示出来,同时显卡还具有图像处理能力,可协助 CPU 工作,提高整体的运行速度。

显卡分为集成显卡和独立显卡。集成显卡是将显示芯片、显存及其相关电路都集成在主板上,成本较低,其显示效果与性能也较弱,且固化在主板上,不能单独更换。独立显卡是指将显示芯片、显存及其相关电路单独做在一块电路板上,是一块独立的板卡,它需占用主板的扩展插槽。独立显卡具有独立显存,不占用系统内存,在性能上优于集成显卡,也更容易更换,但其功耗较大,成本较高。

常用的显卡有 CGA、EGA、VGA、AVGA 等类型。

2)打印机

打印机用于将计算机系统处理的结果打印在特定介质上。

按打印机所采用的印字方式,可将打印机分为击打式打印机和非击打式打印机两种。击打式打印机利用机械击打动作将输出内容压印在纸上。由于击打式打印机依靠机械动作实现印字,因此工作速度不高,并且工作时噪声较大。非击打式打印机种类繁多,有静电式打印机、热敏式打印机、喷墨式打印机和激光式打印机等,打字过程无机械击打动作,速度快,无噪声。

按字符形成过程的不同,可将打印机分为全字符式打印机和点阵式打印机。全字符式打印机的一个字符通过一次击打形成。点阵式打印机的字符以点阵形式形成,所以点阵式打印机可以打印特殊字符(如汉字)和图形。击打式打印机有全字符打印机和点阵式打印机之分;而非击打式打印机一般均为点阵式打印机,印字质量的高低取决于组成字符的点数。

按工作方式的不同,打印机又可分为串行打印机和行式打印机。所谓串行打印机,是逐字打印成行的。行式打印机则是一次输出一行,故比串行打印机要快。此外,还有具有彩色印刷效果的彩色打印机。

目前使用较多的是针式打印机(击打式点阵打印机)、喷墨打印机和激光打印机。

针式打印机如图 2-22 所示,是利用打印针以点阵形式打印出字符。一个字符可由 $m \times n$ 的点阵组成,例如,字符 P 的点阵如图 2-23 所示。针式打印机常以打印头的针数来命名,常用的有 9 针、24 针打印机。24 针打印机可以打印出质量较高的汉字,是目前使用较多的针式打印机。

图 2-22　针式打印机

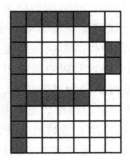

图 2-23　字符 P 的点阵

针式打印机一般应用于办公场合,主要用来打印票据、单据等,较少在家庭中应用。针式打印机的优点是可以打印多联复写纸,对纸张厚度的要求较宽松,维护简单;其缺点是打印速度慢,打印时有较大的噪声,打印精度也较低,使用范围较窄。

喷墨打印机属于非击打式打印机,如图 2-24 所示。工作时,喷嘴向打印纸不断喷出带电的墨水雾点,它们穿过两个带电的偏转板,然后落在打印纸的指定位置上,形成正确的输出内容。喷墨打印机可打印高质量的文本和图形,还能完成彩色打印,而且噪音很低。但喷墨打印机要经常更换墨盒,这增加了日常开支。

激光打印机也属于非击打式打印机,如图 2-25 所示其工作原理与复印机相似,涉及光学、电磁学、化学等方面的知识。简单来说,它将来自计算机的数据转换成光,射向一个充有正电的旋转的鼓上。鼓上被照射的部分便带上负电,并能吸引墨粉。鼓与纸接触时把墨粉印在纸上,并在一定的压力和温度的作用下熔结在纸的表面。

图 2-24　喷墨打印机

图 2-25　激光打印机

激光打印机的特点是打印速度快、印字质量高,常用来打印正式公文及图表。

6. 驱动程序

尽管驱动程序属于软件,但由于它与硬件直接相关,因此在此作简要介绍。

随着各种类型的外部设备不断涌现,为了使计算机系统能够识别这些硬件设备,并保证它们的正常运行,往往需要安装外部设备的驱动程序。驱动程序(driver)即添加到操作系统中的一小块代码,其中包含有关硬件设备的信息。有了此信息,计算机就可以与外部设备进行通信。驱动程序是硬件厂商根据操作系统编写的配置文件,可以说,没有驱动程序,计算机中的硬件就无法工作。驱动程序在系统中所占的地位十分重要,一般当操作系统安装完毕后,就要立即安装硬件设备的驱动程序。不过,大多数情况下,并不需要安装所有硬件设备的驱动程序,例如硬盘、显示器、光驱等不需要安装驱动程序,而显卡、声卡、网卡、打印机等就需要安装驱动程序。

操作系统不同,硬件的驱动程序也不同。各个硬件厂商为了保证硬件的兼容性及增强硬件的功能,会不断地升级驱动程序。

驱动程序一般可以分为以下几类:

(1) 官方正式版驱动程序。是指按照厂商的设计研发出来的、通过官方渠道发布的驱动程序,又名公版驱动。通常官方正式版的发布方式包括官方网站发布及硬件产品附带光盘这两种方式。稳定性和兼容性好是官方正式版驱动程序最大的优点。

(2) 系统内置的通用驱动程序。一般情况下,Windows 能够自动识别并安装绝大多数硬件设备的驱动程序,这些驱动程序是硬件厂商提供的并通过了微软公司的 WHQL (Windows Hardware Quality Lab,Windows 硬件质量实验室)兼容性测试,可以保证与 Windows 的最大兼容性。

(3) 第三方驱动程序。一般是指硬件产品 OEM 厂商发布的基于官方驱动程序优化而成的驱动程序。第三方驱动程序的稳定性、兼容性好,一般比官方正式版拥有更加完善的功能和更好的整体性能。

(4) 测试版驱动程序。指处于测试阶段,还没有正式发布的驱动程序。这样的驱动程序往往存在稳定性不够、与系统的兼容性不够等问题。

2.3.2 微型计算机系统结构

计算机系统各个部件之间以及部件内部要进行数据传输,必须进行有效的连接。目前的各种微型计算机从概念结构上来说都是由微处理器、存储器、输入输出接口及连接它们的总线组成。微型计算机的总线结构如图 2-26 所示。

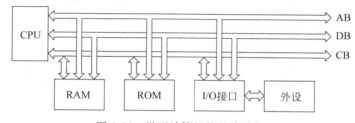

图 2-26 微型计算机的总线结构

1. 总线

总线(bus)由一组导线和相关控制电路组成,是各种公共信号线的集合,用于微机系统各部件之间的信息传递。通常将用于主机系统内部信息传递的总线称为内部总线,将连接主机和外部设备之间的总线称为外部总线。从传送信息的类型上来说,这两类总线都包括用于传送数据的数据总线、传送地址信息的地址总线和传送控制信息的控制总线。

1) 数据总线

数据总线(Data Bus,DB)用来传输数据信息,是双向总线,CPU 既可以通过 DB 从内存或输入设备输入数据,也可以通过 DB 将内部数据送至内存或输出设备。DB 的宽度决定了数据的传送速度。

2) 地址总线

地址总线(Address Bus,AB)用于传送 CPU 发出的地址信息,是单向总线。传送地址信息的目的是指明与 CPU 交换信息的内存单元或 I/O 设备单元。AB 的宽度决定了内存容量,即 CPU 可以直接寻址的内存单元的范围。如果 AB 是 32 位,则可寻址的内存空间为 2^{32} B,即 4GB。

3) 控制总线

控制总线(Control Bus,CB)用来传送控制信号、时序信号、状态信息等。其中有的是CPU 向内存和外设发出的信息,有的则是内存或外设向 CPU 发出的信息。可见,CB 中每一根线的方向是一定的、单向的,但 CB 作为一个整体是双向的。

2. 输入输出接口

输入输出接口也称 I/O(Input/Output)接口。在图 2-26 中,外设并不是直接与 CPU相连,每个外设有着与其对应的 I/O 接口,I/O 接口直接连接在总线上,在这里起着主机与外部设备之间数据通信的桥梁作用。外部设备的种类多种多样,由于速度匹配、信号电平和驱动能力、信号形式匹配、信息格式、时序匹配等问题,使外部设备与 CPU 或内存之间不能直接进行信息交换,而必须通过 I/O 接口来进行。

I/O 接口的种类很多,按照所连接设备的位置,可以分为外部接口和内部接口。外部接口包括显示器接口、网络接口、USB 接口、键盘鼠标接口、串行接口和并行接口;内部接口主要指用于连接硬盘和光驱的 SATA 接口。

2.3.3　微型计算机的性能指标

计算机的性能涉及体系结构、软硬件配置、指令系统等多种因素,一般来说,主要有下列技术指标。

1. 字长

字长是 CPU 一次能同时处理的二进制数据的位数。字长的大小直接反映了计算机的数据处理能力,字长越长,CPU 可同时处理的二进制位数就越多,计算机的运算精度就越高,数据处理能力就越强。早期的微型计算机字长有 8 位、16 位、32 位,目前的微型计算机的字长已达到了 64 位。

2. 运算速度

通常所说的计算机运算速度(平均运算速度)是指计算机每秒所能执行的指令条数,一般用百万(条)指令每秒(Million Instructions Per Second,MIPS)来表示。这个指标能更直观地反映计算机的运算速度。

3. 时钟频率

时钟频率(主频)是指 CPU 内核工作的时钟频率。它在一定程度上决定了计算机的运算速度。CPU 的主频以兆赫兹(MHz)、吉赫兹(GHz)为单位。一般来说,主频越高,速度越快。由于 CPU 发展迅速,微机的主频也在不断提高。现在常用的 CPU 主频可达 $3\sim4\mathrm{GHz}$。

4. 存储容量

存储容量包括内存容量和外存容量。

内存容量反映了内存存储数据的能力。内存容量越大,其处理数据的范围就越广,并且运算速度一般也越快。尤其是当前计算机应用多涉及图像信息处理,要求的内存容量越来越大,没有足够大的内存容量就无法运行某些软件。

外存容量反映了计算机外存容纳信息的能力,所以这是标志计算机处理信息能力强弱的又一项技术指标。微型计算机的外存容量一般指其硬盘、光盘所能容纳的信息量。

5. 外部设备配置

微型计算机作为一个系统,外部设备的性能例如磁盘驱动器的配置、硬盘的接口类型与容量、显示器的分辨率、打印机的型号与速度等,也对其有直接影响。

6. 软件配置

软件也是微型计算机系统不可缺少的重要组成部分,其配置是否齐全直接关系到计算机性能的好坏和效率的高低。例如,是否有功能强、操作简单、又能满足应用要求的操作系统和高级语言,是否有丰富的应用软件等,这些都是在购置计算机系统时需要考虑的。

7. 系统的兼容性

系统的兼容性一般包括硬件的兼容性、数据和文件的兼容性、系统程序和应用程序的兼容性、硬件和软件的兼容性等。对于用户而言,兼容性越好,越便于硬件和软件的维护和使用;对计算机厂商而言,兼容性越好,越有利于计算机的普及和推广。

8. 系统的可靠性和可维护性

系统的可靠性是指软硬件系统在正常条件下不发生故障或失效的概率,一般用平均无故障时间(Mean Time Between Failures,MTBF)来衡量。系统的可维护性指系统出了故障能否尽快恢复,一般用平均修复时间(Mean Time To Repair,MTTR)来衡量。

9. 性能价格比

性能一般指计算机的综合性能,包括硬件、软件等方面;价格指购买整个计算机系统的价格,包括硬件和软件的价格。购买时应该从性能、价格两方面来考虑,性能价格比越高越好。此外,评价计算机的性能时,还要兼顾多媒体处理能力、网络功能、信息处理能力、部件的可升级扩充能力等因素。

2.4 计算机软件系统

软件是用于指挥计算机工作的程序与程序运行时所需要的数据，以及与这些程序和数据有关说明的文档资料。软件分为系统软件和应用软件两大类。软件系统是计算机上可运行的全部程序的总和。只有通过软件系统的支持，计算机硬件系统才能向用户呈现强大的功能和友好的使用界面。

2.4.1 系统软件

系统软件是管理、监控和维护计算机资源的软件，它用来扩大计算机的功能，提高计算机的工作效率，方便用户使用计算机。它包括操作系统、程序设计语言、语言处理程序、数据库管理系统、系统辅助处理程序等。

1. 操作系统

在计算机软件中最重要且最基本的就是操作系统（Operating System，OS）。它是最底层的软件，它控制所有在计算机上运行的程序并管理整个计算机的资源，是计算机裸机与应用程序及用户之间的桥梁。没有操作系统，用户就无法使用各种软件或程序。

操作系统是计算机系统的控制和管理中心，从资源管理的角度来看，它具有处理机、存储器管理、设备管理、文件管理 4 项功能。

操作系统按其提供的功能可分为批处理系统、分时操作系统、实时操作系统、网络操作系统等。

目前微机中常见的操作系统有 Windows、UNIX、Linux 等。

2. 程序设计语言

计算机解决问题的一般过程是：用户用计算机语言编写程序，输入计算机，然后由计算机将其翻译成机器语言，在计算机上运行后输出结果。程序设计语言的发展经历了5 代——机器语言、汇编语言、高级语言、非过程化语言和智能化语言。

（1）机器语言。第 1 代语言，是一种面向机器的语言。机器语言用 0 和 1 的代码序列描述指令和数据，指令是二进制形式，是计算机唯一能够识别和执行的形式。使用机器语言编写程序十分复杂，要求使用者熟悉计算机的所有细节，尤其是硬件，所以一般的工程技术人员很难掌握。其优点是执行效率高、速度快。但其直观性差，可读性不强，给计算机的推广使用带来了极大的困难。

（2）汇编语言。第 2 代语言，是符号化的机器语言，它用助记符来表示指令中的操作码和操作数的指令系统，它比机器语言前进了一步，助记符比较容易记忆，可读性也好。但是汇编语言也是面向机器的，对机器的依赖性特别强，编制程序的效率不高，难度较大，维护较困难，属于低级语言。

（3）高级语言。第 3 代语言，是接近人类自然语言和数学语言的语言。其特点是与计算机的指令系统无关。它从根本上摆脱了语言对计算机的依赖，使之独立于计算机，用户不必了解计算机的内部结构，只需要把解决问题的执行步骤通过程序设计语言输入计算机即可。由于高级语言易学易记,便于书写和维护,因此提高了程序设计效率和可靠性。目前广泛使用的高级语言有几百种,如 Pascal 语言、C 语言等。

(4) 非过程语言。第 4 代语言,使用这种语言,不必关心问题的解法和处理过程的描述,只须说明所要完成的工作目标和工作条件,就能得到所要的结果,而其他工作都由系统来完成。因此,它比第 3 代语言具有更多的优越性。

如果说第 3 代语言要求人们告诉计算机怎么做,那么第 4 代语言只要求人们告诉计算机做什么。因此,人们称第 4 代语言是面向对象的语言,如 Visual C++、Java 等。

(5) 智能化语言。第 5 代语言,它除具有第 4 代语言的基本特征外,还具有一定的智能性。如 Prolog 语言就是第 5 代语言的代表,主要应用于抽象问题求解、数理逻辑、自然语言理解、专家系统和人工智能等领域。

3. 语言处理程序

前面曾经说到计算机只能直接识别和执行机器语言,因此要在计算机上运行高级语言程序就必须配备程序语言翻译程序(以下简称翻译程序)。翻译程序本身是一组程序,不同的高级语言都有相应的翻译程序。

对于高级语言来说,翻译的方法有两种。

一种称为解释。早期的 BASIC 源程序的执行都采用这种方式。它调用计算机配备的 BASIC 解释程序,在运行 BASIC 源程序时,逐条对 BASIC 的源程序语句进行解释和执行,它不保留目标程序代码,即不产生可执行文件。这种方式速度较慢,每次运行都要经过解释,边解释边执行。其执行过程如图 2-27 所示。

图 2-27　源程序解释执行过程

另一种称为编译。它调用相应语言的编译程序,把源程序变成目标程序(以.obj 为扩展名),然后再用连接程序把目标程序与库文件相连接,形成可执行文件。尽管编译的过程复杂一些,但它形成的可执行文件(以.exe 为扩展名)可反复执行,速度较快。图 2-28 为源程序编译执行过程。

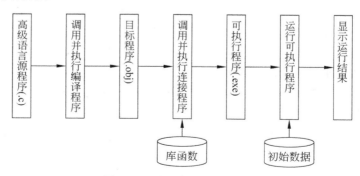

图 2-28　源程序编译执行过程

对源程序进行解释和编译任务的程序分别叫作解释程序和编译程序。BASIC、LISP

等高级语言使用时需要有相应的解释程序,如 FORTRAN、Pascal 和 C 等高级语言使用时需有相应的编译程序。

总之,解释程序和编译程序都属于语言处理系统。

4. 数据库管理系统

数据库管理系统(DataBase Management System,DBMS)是一种操纵和管理数据库的大型软件,用于建立、使用和维护数据库。目前常见的数据库管理系统有 Oracle、Sybase、SQL Server、MySQL 和 Access 等。

5. 系统辅助处理程序

系统辅助处理程序也称为软件研制开发工具、支持软件、软件工具,主要有编辑程序、调试程序、装配和连接程序。

2.4.2 应用软件

应用软件可以分为两类。

第一类是针对某个应用领域的具体问题而开发的程序,它具有很强的实用性、专业性。这些软件可以由计算机专业公司开发,也可以由企业人员自行开发。正是由于这些专用软件的应用,使得计算机日益渗透到社会的各个行业。但是,这类应用软件使用范围小,导致开发成本过高,通用性不强,软件的升级和维护有很大的依赖性。

第二类是一些大型专业软件公司开发的通用应用软件,这些软件功能非常强大,适用性非常好,应用也非常广泛。由于软件的销售量大,因此,相对于第一类应用软件而言,价格便宜很多。由于使用人员较多,因此便于相互交换文档。这类应用软件的缺点是专用性不强,对于某些有特殊要求的用户不适用。

常用的通用应用软件有以下几类。

1. 办公自动化软件

办公自动化软件应用较为广泛的有微软公司开发的 Office 软件,它由几个软件组成,如文字处理软件(Word)、电子表格软件(Excel)等。国内优秀的办公自动化软件有WPS 等。IBM 公司的 Lotus 也是一套非常优秀的办公自动化软件。

2. 多媒体应用软件

多媒体应用软件有图像处理软件 Photoshop、动画设计软件 Flash、音频处理软件Cool Edit、视频处理软件 Premiere、多媒体创作软件 Authorware 等。

3. 辅助设计软件

辅助设计软件有机械、建筑辅助设计软件 AutoCAD、网络拓扑设计软件 Visio、电子电路辅助设计软件 Protel 等。

4. 企业应用软件

企业应用软件有用友财务管理软件等。

5. 网络应用软件

网络应用软件有网页浏览器软件 IE、即时通信软件 QQ、网络文件下载软件

FlashGet 等。

6. 安全防护软件

安全防护软件有瑞星杀毒软件、360 防护软件等。

7. 系统工具软件

系统工具软件有文件压缩与解压缩软件 WinRAR、数据恢复软件 EasyRecovery、系统优化软件 Windows 优化大师、磁盘复制软件 Ghost 等。

8. 娱乐休闲软件

娱乐休闲软件有各种游戏软件、电子杂志、图片、音频、视频等。

2.4.3 计算机用户、硬件系统与软件系统的关系

总结起来,硬件系统是计算机系统看得见摸得着的功能部件的组合,而软件系统是计算机系统的各种程序的集合。计算机系统由硬件系统和软件系统组成,两者缺一不可。而软件系统又由系统软件和应用软件组成,系统软件是人与计算机进行信息交换、通信对话、按人的思想对计算机进行控制和管理的工具。操作系统是系统软件的核心,在每个计算机系统中是必不可少的;其他的系统软件则可以按需配置,如语言处理系统可根据不同用户的需要配置不同程序语言编译系统。不同的用户应用领域可以配置不同的应用软件。

计算机如果没有软件的支持,也就是在没有装入任何程序之前,被称为裸机,裸机是无法实现任何信息处理任务的;反之,软件依赖硬件来运行,没有硬件设备的支持,软件也就失去了其发挥作用的舞台。计算机的软件和硬件是相辅相成的。

用户与计算机软件系统、硬件系统的层次关系如图 2-29 所示。

当然,在计算机系统中并没有一条明确的硬件与软件的界线,软件和硬件之间的界线是任意的和经常变化的。今天的软件可能就是明天的硬件,反之亦然。这是因为任何一个由软件所完成的操作也可以直接由硬件来实现,而任何一条由硬件所执行的命令也能够用软件来完成。从这个意义上说,硬件与软件在逻辑功能上是可以等价的。

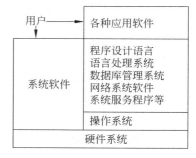

图 2-29 用户与计算机软件系统、硬件系统的层次关系

思考与练习

1. 什么是计算机硬件? 什么是计算机软件? 它们之间有什么关系?
2. 简述计算机系统的组成。
3. 冯·诺依曼思想有哪些主要内容?

4．什么是指令？什么是指令系统？

5．计算机的基本工作原理是什么？

6．计算机的硬件系统由哪几部分组成？

7．中央存储器由哪几部分组成？作用分别是什么？

8．存储容量都有哪些单位？这些单位之间的关系是怎样的？

9．微型计算机的存储系统由哪些部分构成？

10．计算机的内存储器与外存储器有什么特点？

11．什么是随机存储器？什么是只读存储器？

12．什么是总线？总线有哪些类型？

13．微型计算机的主要技术指标是什么？

14．简述计算机语言的发展过程。

15．什么是系统软件？什么是应用软件？

16．计算机用户、硬件系统与软件系统的关系是什么？

第 3 章　操　作　系　统

一个完整的计算机系统由硬件系统和软件系统组成。硬件系统指的是组成计算机的物理设备;软件系统一般分为系统软件和应用软件两大类,其中,系统软件主要指操作系统。

操作系统是最基本的系统软件,是整个计算机系统的管理核心,它负责管理计算机的所有软硬件资源。要熟练地使用计算机,应当从掌握操作系统知识开始。本章内容如下:

- 操作系统概述。
- 操作系统的历史。
- 操作系统的体系结构。
- 操作系统的安全性。
- 中文操作系统 Windows 7。

3.1　操作系统概述

3.1.1　操作系统的概念

操作系统(Operating System,OS)是一组系统程序,它是直接作用于计算机硬件上的第一层软件,用于管理和控制计算机硬件和软件资源。只有在操作系统的支持下,计算机才能运行其他软件。例如,当计算机上的 Windows 7 操作系统不能启动时,就无法操作计算机,包括访问互联网、完成文字处理或运行程序。从用户的角度看,操作系统加上计算机硬件系统才形成完整的计算机系统,它是对计算机硬件功能的扩充。一个完整的计算机系统层次结构如图 3-1 所示。

在计算机系统中,操作系统的功能可以总结为以下两方面:一方面是硬件和软件的接口,它负责管理所有硬件和软件资源,实现资源充分合理利用;另一方面是硬件和用户之间的接口,用户通过操作系统可以方便地使用计算机的所有资源。在计算机的使用层面,操作系统起到了媒介和桥梁的作用。

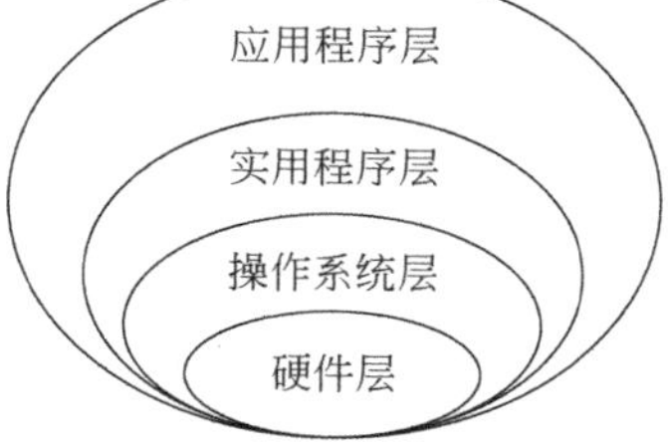

从用户角度,操作系统屏蔽了计算机内部复杂的硬

图 3-1　计算机系统的层次结构

件结构,用户只须通过操作系统提供的一组规范、一组协议来使用计算机即可。操作系统的作用如图 3-2 所示。用户对计算机硬件的使用转化为对操作系统的使用,极大地方便了用户。没有操作系统,就无法使用计算机,从这个意义上讲,如果 PC 上的 Windows 系统瘫痪了,计算机也就无法使用了。

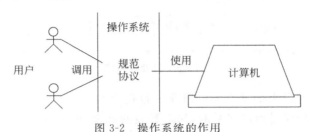

图 3-2　操作系统的作用

因此,操作系统是一组包含许多模块的计算机程序,是完成管理、调度、控制计算机中的硬件和软件资源,合理地组织计算机的工作流程,为用户提供方便使用和可扩展计算机操作环境的重要系统软件。

3.1.2　操作系统的历史

伴随着计算机技术的发展,操作系统也在不断发展,经历了一个从无到有、从简单到复杂的过程,今天的操作系统经过长期的演变已经成为一个大而复杂的软件包。操作系统的发展经历了单用户单任务系统、批处理操作系统、实时操作系统、分时操作系统等阶段。

1. 单用户单任务系统

计算机刚诞生时,操作不是很灵活,效率也不高,往往需要多个用户共享一台计算机。只在分配给一个用户的时间段内,计算机才完全处于该用户的控制之下。这段时间通常是从程序的准备开始,接下来是短时间的程序执行过程。只有在一个用户完成任务后,其他用户才可以开展工作。这是最早期的操作系统。

2. 批处理操作系统

在单用户单任务系统的环境下,操作系统的效率是很低的。于是,操作系统开始作为一个系统致力于简化程序的准备工作,提高任务之间的过渡及处理效率。一种典型的做法是:用户如果需要运行程序,就必须把程序、所需的数据以及有关程序需求的说明提交并输入到计算机的海量存储器,然后由称为操作系统的程序从海量存储器中一次一个地读入并执行程序。这就是批处理(batch processing)的开始——若干个要执行的任务收集到一个批次中,然后执行,而无须与用户发生进一步的交互。

在批处理系统中,驻留在海量存储器中的任务(包括所需的数据)被称为作业,在作业队列(job queue)里等待执行,如图 3-3 所示。队列(queue)是一种存储机构,作业按照先进先出(First In First Out,FIFO)的方式在队列里排队。也就是说,作业的出列顺序和入列顺序一致。实际上,大多数作业队列不是严格遵循 FIFO 结构的,主要是因为大多数操作系统都考虑了作业的优先级,结果就造成了在队列中等待的作业有可能被优先级更高的作业挤掉。

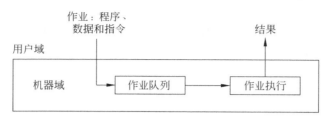

图 3-3   批处理系统

批处理操作系统最大的缺点是：作业一旦提交给操作员，用户就与它无法交互了。这种方法对于某些应用是可以接受的，如工资表的处理，因为在这里，数据与所有的处理决策事先已经建立了。然而，如果在一个程序的执行期间，用户需要与该程序进行交互，这种方法就无法接受了。例如，在预订系统中，预订和取消操作必须及时报告；在字处理系统中，文档是以动态的写入和重写方式生成的；在计算机游戏中，与计算机的交互性是游戏的主要特征。

3. 实时操作系统

为了适应这些需求，开发了新的操作系统，允许一个程序来在执行时通过终端与用户对话，这种特性称为交互式处理（interactive processing），如图 3-4 所示，用户和计算机在程序和数据方面有交互过程。

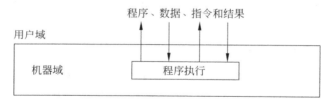

图 3-4   交互式处理

成功的交互式处理的最重要之处在于，计算机的动作更快速，能够协调用户的需求，而不是让用户完全遵循计算机的时间表。从某种意义上说，计算机在一个期限内自动执行任务，这一过程就是众所周知的实时处理（real-time processing），并且动作的完成也是按实时方式发生的。也就是说，计算机以实时的方式完成一个任务就意味着计算机完成任务的速度足以跟上该任务所在的外部（现实世界）环境中的行为。

目前的实时操作系统是一种时间性强、响应快的操作系统。根据应用领域不同，又可将实时操作系统分为两种类型。一类是实时信息处理系统，如航空机票订购系统，在这类系统中，计算机实时接收从远程终端发来的服务请求，并在极短的时间内对用户的请求作出处理，其中很重要的一点是对数据现场的保护。另一类是实时控制系统，这类系统的特点是采集现场数据，并及时对所接收到的信息作出响应和处理。例如，用计算机控制某个生产过程时，传感器将采集到的数据传送到计算机系统，计算机要在很短的时间内分析数据并作出判断处理，其中包括向被控制对象发出控制信息，以实现预期目标。

实时操作系统对响应时间有严格的限制，一般是毫秒级甚至是微秒级的，处理过程应在规定的时间内完成,否则系统会失效。实时系统最大的特点就是要确保对随机发生的事件作出及时的响应。换句话说,对实时系统而言,实时性与可靠性是最重要的。

4. 分时操作系统

在 20 世纪六七十年代,计算机比较昂贵,因此每台计算机不得不服务于多个用户。即工作在终端的若干个用户在同一时间寻求同一台计算机的交互式服务。针对这个问题,解决的方案就是设计能同时给多个用户提供服务的操作系统,这一特点称为分时(time-sharing)。实现分时的一种方法就是应用称为多道程序设计(multi-programming)的技术,其中时间被分割成时间片,每个作业的执行被限制为每次仅使用一个时间片。在每个时间片结束时,当前的作业暂时中止执行,允许另一个作业在下一个时间片里执行。通过这种方法可以快速地在各个作业之间进行切换,形成了若干个作业同时执行的错觉。现在,分时既可用于单用户系统,也可以用于多用户系统,前者通常称为多任务(multitasking),是指同时可以实现多个任务的错觉。

随着多用户的发展,分时操作系统作为一种典型配置被用在大型的中央计算机上,用来连接大量的工作站。通过这些工作站,用户能够从机房外面直接与计算机进行通信。通常把要用到的程序存储在计算机的海量存储设备上,由分时操作系统响应工作站的请求,执行这些程序。

5. 分布式操作系统

用于管理分布式系统资源的操作系统称为分布式操作系统。对于用户,它就像一个普通的集中式操作系统,但它为用户提供了对若干计算机资源的透明访问。分布式操作系统也可以定义为通过通信网络将物理上分布的具有自治功能的数据处理系统或计算机系统互联起来,实现信息交换和资源共享,协作完成任务。

分布式系统要求一个统一的操作系统,实现系统操作的统一性。为了把数据处理系统的多个通用部件合并成一个具有整体功能的系统,必须引入一个高级操作系统。各处理器有自己的操作系统,必须有一个策略使整个系统融为一体,这就是分布式操作系统的任务。

总之,操作系统已经从简单的一次获取和执行一条程序发展为能够分时处理,能够管理计算机的海量存储设备上的程序和数据文件,并能直接回应计算机用户的请求。

但是,计算机操作系统的发展仍在继续。多处理器的发展已经能够让操作系统进行多任务处理,操作系统把不同的任务分配给不同的处理器进行处理,而不再采用分时机制共享单个处理器。操作系统必须处理负载平衡(load balancing,即动态地把任务分配给各个处理器,使得所有的处理器都得到有效的利用)和均分(scaling,即把大的任务划分为若干个子任务,并与可用的处理器数目相适应)问题。

此外,计算机网络的出现使得有必要发展相应的软件系统来规范网络的行为。计算机网络在许多方面拓展了操作系统的功能,其目标是开发一个统一的网络范围的操作系统,而不是一个基于个人操作系统的网络。

操作系统的另一个研究方向是为移动端开发系统。典型的移动端操作系统包括苹果公司开发的 iOS 操作系统和基于 Linux 的 Android 操作系统。

3.2　操作系统的体系结构

为了能够理解一个典型的操作系统的组成,首先应考虑一个典型的计算机系统中软件的分类。

3.2.1　软件概述

计算机软件分为两大类:应用软件(application software)和系统软件(system software),如图 3-5 所示。应用软件是由一些完成计算机的特定任务的程序组成的。应用软件的例子有电子制表软件、数据库系统、桌面出版系统、记账系统、程序开发软件以及游戏等。

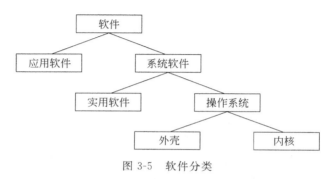

图 3-5　软件分类

相对于应用软件而言,系统软件完成一般的计算机系统都需要完成的任务。在某种意义上,系统软件提供了应用软件所需要的基础架构,这和国家基础设施(政府、道路、公共设施、金融机构等)对社会生活的作用大致相同。

系统软件又可分两类:一类是操作系统本身,另一类是统称为实用软件(utility software)的软件单元。大多数实用软件不包含在操作系统中。从某种意义上说,实用软件是由一些能够扩充(或定制)操作系统功能的软件单元组成的。举例来说,格式化磁盘或将文件从磁盘复制到光盘一般借助于实用软件,而不是在操作系统内部实现的。其他的实用软件还有数据压缩与解压缩软件、多媒体播放软件和处理网络通信的软件。

把某些工作交给实用软件来实现,允许其定制系统软件,这比把它们交给操作系统来执行更适合特定安装的需求。事实上,用户对原先和计算机操作系统一起提供的实用软件进行修改和扩充,已经是很普通的事情了。

遗憾的是,应用软件与实用软件之间的差别已经很模糊。它们的差别在于其是否是计算机软件基础架构的一部分。所以,当一种应用软件变成了一种基础性的工具,那么这个应用软件就很可能成为一种实用软件。例如,当用于因特网的通信软件还在研究阶段时,它被认为是一种应用软件;而当今,像这样的对 PC 应用而言非常基础的工具软件却被定义为实用软件。

实用软件和操作系统的差别同样是模糊的。例如,美国和欧洲的反垄断诉讼案争论的都是这样一个问题：浏览器和媒体播放器这两个组件是微软公司操作系统的一部分，还是微软公司用来压制竞争对手的实用软件。

3.2.2 操作系统组件

操作系统是一个复杂的系统软件包，可以从外壳和内核的角度来认识操作系统的组件。

1. 操作系统的外壳

当今，人们把注意力集中在操作系统领域内的组件上。为了完成计算机用户请求的动作，操作系统必须能够与用户进行通信，操作系统处理通信的这一部分通常称为外壳（shell），这里的外壳一般指的是命令解释程序。目前，外壳可以被认为是借助图形用户界面（Graphical User Interface，GUI）来实现与用户之间的通信。利用图形用户界面，文件和程序这样的操作对象可以用图标的形式形象地在显示器上显示出来，允许用户使用鼠标并通过指向、单击图标来发出命令。

虽然操作系统的外壳在实现计算机的功能上扮演了重要的角色，但是，外壳仅仅是用户与操作系统内核之间的一个接口而已，如图 3-6 所示。外壳与操作系统内核的划分是基于这样一个事实，即一些操作系统允许特定用户从各种外壳中选择最合适的接口为自己服务。例如，UNIX 操作系统的用户就可以选择不同的外壳，包括 Born 外壳、C 外壳和 Korn 外壳等。而且，微软公司的 Windows 操作系统的早期版本本质上就是替换了基于文本的外壳，其底层仍然保留有 MS-DOS。

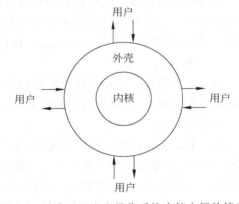

图 3-6 外壳是用户和操作系统内核之间的接口

GUI 外壳中的重要组件是窗口管理程序（window manger），该程序在屏幕上分配若干块被称为窗口的区域，并且跟踪与每个窗口相联系的应用程序。当一个应用程序想在屏幕上显示图像时，它就会通知窗口管理程序，这样，窗口管理程序就会把图像放在分配给该应用程序的窗口里。然后，当用户单击鼠标时，窗口管理程序计算鼠标的位置，并把这个鼠标位置通知给相应的应用程序。

2. 操作系统的内核

与操作系统的外壳相对，我们把操作系统外壳以内的部分称为内核（kernel）。操作系统的内核包含一些完成计算机安装所要求的基本功能的软件组件。内核的基本组件包括处理器管理程序、内存管理程序、设备管理程序、文件管理程序。下面从操作系统功能的角度逐一介绍。

3.2.3 操作系统功能

计算机系统资源通常被分为 4 类，即中央处理器、存储器、外部设备、由程序和数据组成的文件。操作系统的功能可以归纳为处理器管理、存储器管理、设备管理与文件管理。

1. 处理器管理

处理器管理的主要任务是对处理器(CPU)的分配和运行实施有效的管理。处理器分配资源的基本单位是进程。进程是一个具有一定独立功能的程序在一个数据集合上的一次动态执行过程。简单地说,进程就是正在执行的程序,进程的执行需要数据。在操作系统中,程序及程序执行时所需数据的一次动态执行过程就是作业。一个算法的执行、一次文档的打印都是作业。操作系统对进入系统的所有作业进行组织和管理,因此,对处理器的管理可归结为对作业进程的管理。进程管理可实现下面的功能。

1)进程控制

当有作业要运行时,要为该作业建立一个或多个进程,为它分配除处理机以外的所有资源并将它们放入进程就绪队列中等待运行。当该作业进程运行完成时,立即撤销该进程,及时释放作业进程所占用的全部资源。作业进程控制的基本功能就是创建和撤销作业进程以及控制作业进程状态的转换。

2)进程同步

该功能是指系统对同时执行的作业进程进行监控和管理。最基本的作业进程同步方式是使作业进程以互相排斥的方式访问临界资源。对于相互合作共同完成任务的各个作业进程,系统对它们的运行速度则加以协调。

3)进程通信

相互合作的多个进程在运行时往往要交换一定的信息。这种进程之间所进行的信息交换称为进程通信,进程通信由操作系统负责。

4)进程调度

当一个正在执行的进程已经完成,或因某事件而无法继续执行时,系统应进行作业进程调度,重新分配处理机。进程调度是指按一定算法(如最高优先权算法)从进程就绪队列中选出一个进程,把处理器分配给它,为该进程设置运行环境并运行该进程。

2. 存储器管理

存储器管理主要是指内存管理,负责这一任务的具体组件就是内存管理程序(memory manager),它主要担负着协调和管理计算机所使用的内存的任务。在计算机一次执行一个任务的环境中,这些工作比较简单。在这种情况下,执行当前任务的程序放在内存中已经定义好的位置上执行,然后用执行下一个任务的程序替换它。然而,在多用户和多任务的环境下,要求计算机在同一时刻能够处理多个需求,内存管理程序的职责就扩展了。在这种情况下,许多程序和数据块必须同时驻留在内存里,因此,内存管理程序必须找到并给这些需求分配内存空间,还要保证每个程序只能限制在程序所分配的内存空间内运行。而且,随着不同的活动的需求进出内存,内存管理程序必须能跟踪那些不再被占用的内存区域。

当所需的总内存空间超过该计算机实际所能提供的可用内存空间时,内存管理程序的任务要复杂得多。在这种情况下,内存管理程序在内存与外存之间来回切换程序和数据块,称为页面调度(paging),这样就造成了有额外的内存空间的假象。例如,假设需要一块 1024MB 的内存空间,但是计算机所能提供的只有 512MB。为了造成具有更大内存的假象,内存管理程序在磁盘上预留了 1024MB 的存储空间。在这块存储区域里,将记录 1024MB 内存容量需要存储的位模式。这块数据区被分成大小一致的存储单元,该存储单元称为页面(page),典型的页面大小只有几千字节。于是,内存管理程序就在主存和海量存储器之间来回切换这些页面。这样,在任何给定的时间内,程序所需的页面都会出现在 512MB 的内存之中,最后的结果是计算机能够像确实拥有 1024MB 内存一样工作。这块由分页技术所产生的大的"内存空间"被称作虚拟内存(virtual memory)。

3. 设备管理

设备管理的主要任务是对计算机系统内的所有设备实施有效的管理,使用户方便灵活地使用设备。设备管理应实现下面的功能。

1) 设备分配

系统根据请求的外部设备类型和采用的分配算法对外部设备进行分配,将未获得所需设备的作业进程放入相应的设备等待队列中。

2) 设备处理

启动指定的外部设备,完成规定的输入输出操作,对由外部设备发出的中断请求进行及时响应,根据中断类型进行相应的处理。

3) 缓冲管理

因为 CPU 的运行速度比外部设备的运行速度要快得多,外部设备与 CPU 在进行信息交换时,就要利用缓冲来缓和 CPU 与外部设备间速度不匹配的矛盾,避免 CPU 因等待速度慢的外部设备而浪费时间。缓冲管理负责协调设备与设备之间的并行操作,以提高 CPU 和外部设备的利用率。在系统中设置了许多类型的缓冲,系统必须对它们进行有效的管理。

4) 设备驱动

设备驱动程序(device driver)是内核的一个重要组件。负责与控制器(有时直接与外部设备)通信,以实现对连接到计算机的外部设备的操作的软件组件。每个设备驱动程序是专门为特定类型的设备(如打印机、光盘驱动器和显示器等)设计的,它把一般的请求翻译为这种设备(分配给这个驱动程序的)的操作步骤。例如,打印机驱动程序包含的软件能够读取和解码特定打印机的状态字,而且还能够处理其他一些信息交换的细节。这样,其他软件组件就没有必要为了打印一个文件而去处理这些技术细节,而只需要利用设备驱动程序完成打印文件的任务即可,技术细节交由设备驱动程序去处理。按照这种方式,其他软件组件的设计可以独立于具体设备特有的特征。这样做的结果是,一个普通的操作系统能够使用各种特殊的外部设备,只需安装合适的设备驱动程序即可。

4. 文件管理

文件管理程序(file manager)的工作是协调计算机与外存的使用。更准确地说,文件管理程序保存了存储在外存上的所有文件的记录,包括每个文件的位置、哪些用户有权进行访问以及外存的哪部分可以用来建立新文件或扩充现有文件。这些记录被存放在外存的一个单独的区域中,这样,每次外存启动时,文件管理程序就能够检索相关的文件,进而就能知道特定的外存中存放的是什么。

为了方便计算机用户,大多数文件管理程序都允许把若干个文件组织在一起,放在目录(directory)或文件夹(folder)里。这种方法允许用户将自己的文件依据用途划分,把相关的文件放在同一个目录里。而且,一个目录可以包含称为子目录的其他目录,这样就可以构建层次化的目录结构。

例如,用户可以创建一个名为 MyRecords 的目录,它又可包含名为 FinancialRecords、MedicalRecords 和 HouseHoldRecords 的 3 个子目录,每个子目录中都会有属于该子目录的文件。Windows 操作系统的用户能通过执行 Windows 资源管理器程序,让文件管理程序显示当前的目录结构。一条由目录和子目录所组成的链称为目录路径(directory path),路径通常是这样表示的:列出沿该路径的目录,然后用反斜杠分隔它们。例如,路径 animals\prehistoric\dinosaurs 表示的是:该路径从名为 animals 的目录开始的,经过名为 prehistoric 的子目录,终止于名为 dinosaurs 的子目录(该子目录是相对于 prehistoric 目录而言的)。

其他软件对文件的任何访问都是由文件管理程序来实现的。该访问过程是这样开始的:先通过一个称为打开文件的过程来请求文件管理程序授权访问该文件,如果文件管理程序批准了该访问请求,那么它就会提供查找和操纵该文件所需的信息。这些信息存储在存储器中的一个称为文件描述符(file descriptor)的区域里。对文件的各种操作都是通过引用这个文件描述符里的信息完成的。

另外,在操作系统内核中还有调度程序(scheduler)和分派程序(dispatcher)等组件,这里不再详细介绍。

3.2.4 系统启动

可以看出,操作系统提供了其他软件组件所需的软件基础架构。但是,操作系统本身是如何启动的呢? 它是通过一个称为引导(boot strapping,简称为 booting)的过程实现的,这个过程是由计算机在每次启动的时候完成的。正是这个过程把操作系统从外存(操作系统永久存放的地方)传送到内存中(在开机时,内存实际上是空的)。为了理解启动过程和必须有启动过程的原因,我们从了解计算机的 CPU 和 ROM 开始。

1. CPU

每次 CPU 启动时,它的程序计数器从事先确定的特定地址开始。CPU 从这个地址找到程序要执行的第一条指令。从概念上讲,要完成系统启动,就要在这个地址存储操作系统。然而,基于经济和效率的考虑,计算机的内存是采用易失性技术制造的,当计算机关闭时,也就意味着存储在内存中的数据会丢失。这样,在每次重启计算机的时候,就需要找到一种重新充满内存的方法。

简言之,当计算机首次打开时,需要在内存中提交一个程序(引导操作系统启动),但是每次关机后,内存中的内容都要被清除。为了解决这个问题,计算机的一小部分内存采用非易失性记忆体的特殊单元建造,而这正是 CPU 找到引导程序的地方。这就是 ROM。

2. ROM

ROM 的内容可以读取,但不可以改变,因而被称为只读存储器。在一般的计算机中,引导(bootstrap)程序是永久存储在计算机的 ROM 中的。存储在 ROM 中的程序被称为固件(firmware),反映出这样一个事实,即它是由永久记录在硬件中的软件组成的。这样,在计算机开机的时候将首先执行引导程序。引导程序的任务是引导 CPU 把操作系统从外存中预先定义的位置调入内存的易失存储区,如图 3-7 所示。一旦操作系统被调入内存,引导程序就引导 CPU 执行跳转指令,转到该存储区。这时,操作系统接管并开始控制计算机的活动。引导和开始运行操作系统的整个过程称作启动计算机。

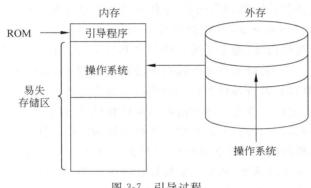

图 3-7 引导过程

3. 启动过程

当计算机开机时,引导过程装入并激活操作系统。然后用户向操作系统提出请求,执行实用软件和应用程序。当实用软件或应用程序终止时,用户切断与操作系统的联系,这时用户能提出另一个请求。

除了引导程序外,ROM 中还包括一组例行程序,用于实现基本的输入输出操作,如从键盘上接收信息,把信息显示在计算机的屏幕上,以及从外存读数据等。因为存放在 ROM 里,所以这些例行程序可以被引导程序使用,以便在操作系统开始工作前能完成 I/O 操作。例如,它们会在引导过程真正开始前与计算机用户通信,并在引导期间提交错误报告。这些例行程序组成了基本输入输出系统(BIOS)。BIOS 这个术语最初仅仅指的是计算机的 ROM 中的一部分软件;而在今天,这个术语泛指存放在 ROM 中的整个软件组,有时候也指 ROM 本身。

3.3 操作系统的安全性

由于操作系统管理着计算机的活动,很自然,它也在维护安全性方面起到了重要的作用。从完整意义上说,安全性自身也有多种表现形式,可靠性就是其中一种。如果文件管理程序的缺陷使得一个文件的一部分丢失了,那么这个文件就是不安全的。如果操作系统的缺陷导致系统故障(通常称为系统崩溃),使得一小时有价值的工作成果丢失了,那么操作系统就是不安全的。因此,要保证计算机系统的安全性,需要一个设计完美的可信赖的操作系统。

3.3.1   操作系统对外部攻击的防范

操作系统的一个重要的任务就是保护计算机的资源,防止受到非授权用户的访问。在不同的人使用计算机的时候,操作系统一般通过为不同的授权用户建立账户的方法来标记不同权限的用户。账户实际上是包含了诸如用户名、登录密码和用户的权限等条目的记录。操作系统在每个登录(login)过程(登录过程是一系列事务活动,在这个过程中,用户建立与计算机操作系统的初步联系)中使用这些信息控制它们对系统的访问权限。

账户由超级用户(super user)或管理员(administrator)创建。在登录过程中通过了操作系统的管理员身份验证(通常是通过用户名和密码)的用户将享有很高的访问权限。这种联系一旦建立,管理员就可以更改操作系统的内部设置,修改关键的软件包,调整其他用户访问系统的权限,进行各种各样一般用户不能进行的活动。

通过这种"高级地位",管理员用户能够监视计算机系统的行为,检测到恶意或偶然的破坏行为。为了实现这个目的,人们开发了大量的称为审计软件(auditing software)的实用程序来记录和分析发生在计算机系统中的行为。特别地,审计软件可以确定许多试图用错误的密码登录系统的活动,指示出非授权用户试图获得计算机访问权的行为。

设计审计软件的另一个目的是为了检测嗅探软件(sniffing software)的存在。嗅探软件能够记录一个正在运行的计算机的行为,并稍后将之报告给潜在的入侵者。例如,如果一个程序能够模拟操作系统的登录过程,那么这个程序就能被用来欺骗操作系统的授权用户,使用户认为自己是在和操作系统通信。然而,实际上用户是在和一个冒名顶替者通信,并将自己的用户名和密码提供给冒名顶替者。

在所有与计算机安全相关的复杂技术问题中,让人感到吃惊的是,计算机系统安全领域中的主要问题之一就是用户自己的安全意识薄弱。例如,用户选择的密码比较容易猜(如名字和生日等);多个软件共享密码;没有定时更换密码;将自己的存储设备在计算机间来回转移,这样就潜在地降低了系统的安全性;在计算机系统中安装未经证实的软件,从而有可能破坏系统的安全性。对于上述问题,大多数计算机系统都采用强制的策略,将用户的需求和职责严格地分离开来。

3.3.2   操作系统对内部攻击的防范

一旦入侵者(或者可能是怀有恶意目的的授权用户)获得了系统的访问权限,那么,它们下一步的工作通常是浏览系统,寻找其感兴趣的信息或者是能够插入带有破坏目的的软件的地方。如果一个入侵者获得了系统的管理员账户,那么上述过程的发生就很自然了。这也是必须严格保护好管理员密码的原因。然而,如果是通过普通账户进行访问,那么,入侵者必然会欺骗操作系统,允许其获得超过授予该用户的权限。例如,入侵者会尝试欺骗内存管理程序,让一个进程访问分配给它的存储区以外的内存区域;或者欺骗文件管理程序,访问本应该拒绝该用户访问的文件。

当今,CPU 在设计时已经加强了一些功能特征,能够阻止上面谈到的攻击尝试。举例来说,可以考虑这样一个需求:通过内存管理程序将进程限制在内存给它分配的区域内。如果没有这样的限制,一个进程就能够从内存中覆盖操作系统,从而接管对计算机的控制。考虑这样的一种威胁:为多任务系统设计的 CPU 通常包括若干个专用寄存器,操作系统可以在这些寄存器中保存分配给一个进程的内存区域的上界(即起始地址)。于是,当执行该进程时,CPU 把每个存储器引用与这些寄存器中的值进行比较,以保证该引用在指定的界限之内。如果发现这个引用在该进程指定的内存区域之外,CPU 将自动把控制权交还给操作系统(借助于中断处理),这样操作系统可以作出合理的处理。

这个方案中存在一个很重要的问题。如果没有进一步的安全措施,一个进程还是能够访问指定内存区域以外的内存单元,只要改变含有内存区域上界的专用寄存器的值即可。也就是说,一个进程想要访问更多的内存区域,它只需要增加存放上界的寄存器的值,不需要得到操作系统的批准,就可以使用这些额外的内存区域。

为了防止这种恶意的活动,将多任务处理的 CPU 设计为工作在两种特权级(privilege level)之一的模式下。其中之一称为有特权模式,而另一个称为无特权模式。当处在有特权模式下时,CPU 能够用自己的机器语言处理所有的指令;然而,当处在无特权模式下时,能够接受的指令就是有限的。这种仅能在有特权模式下可用的指令称为特权指令(privileged instruction)。典型的特权指令包括改变内存上界寄存器的内容的指令和改变 CPU 当前的特权模式的指令等。当 CPU 处于无特权模式时,任何执行特权指令的企图都将引起中断。这个中断将 CPU 转变为有特权模式,并将控制权交给操作系统内部的中断处理程序。

当开机时,CPU 处于有特权模式,这样,操作系统在引导过程后开始启动时,所有的指令都可以执行。然而,每当操作系统允许一个进程开始执行它的时间片时,就通过执行改变特权模式的指令,将 CPU 切换到无特权模式。于是,如果一个进程试图执行特权指令,操作系统就会得到通知。这样,操作系统就起到了维护计算机系统完整性的作用。

有特权指令和控制特权级别是操作系统维护安全性可用的一个主要工具。然而,使用这些工具,对操作系统设计而言,是一项复杂的任务。在当前的操作系统中,错误还不断在出现。因此,在特权级别控制中,任何一点疏忽都可能给灾难打开大门,不论是恶意程序引起的,还是无意中的程序设计错误造成的。如果允许一个进程更改控制分时系统的计时器,那么这个进程能够延长它自己的时间片,甚至控制整个系统。如果允许一个进程直接访问外部设备,那么它就能不受系统文件管理程序的监管而读取文件。如果允许一个进程访问分配给它的内存区域之外的内存单元,那么它就能访问甚至更改其他进程正在使用的数据。因此,维护计算机的安全性既是管理员的一个重要的任务,也是操作系统设计的一个目标。

3.3.3　操作系统的存储安全

计算机普遍使用磁存储设备保存数据。一旦存储设备出现故障,数据丢失或损害所带来的损失将会是无法估计的。任何重要信息都面临着存储设备故障导致数据破坏的问题。

为解决这样的问题,可采取冗余数据存储的方案。所谓冗余数据存储,就是指数据同时被存放在两个或两个以上的存储设备中,该方案的实现可以由操作系统完成,也可以由一些系统工具完成。由于这些存储设备同时被损坏的可能性很小,因此即使发生存储设备故障,数据总能够从没有出现故障的存储设备中恢复,从而保证了数据的安全。

冗余数据存储安全技术不同于普通的数据定时备份。采取普通的数据定时备份方案,一旦存储设备出现故障,会丢失没有及时备份的数据,并不能确保数据的完整性。因此,为了保障信息的可靠存储,需要动态地实现数据备份,即重要数据需要同时被存储在两个或两个以上的存储设备中,冗余存储设备中的数据需要保持高度的一致性。

实现数据动态冗余存储的技术一般分为磁盘镜像技术、磁盘双工技术和双机热备份技术 3 种。

1. 磁盘镜像技术

磁盘镜像的原理是:系统产生的每个 I/O 操作都在两块磁盘上执行,两块磁盘串行交替工作,当一块磁盘出现故障时,另一块磁盘仍然正常工作,从而保证了数据的正确性。

磁盘镜像的原理如图 3-8 所示。首先安装两块容量和分区一致的磁盘。在操作系统的控制下,只要对磁盘 A 进行写操作,就同时对磁盘 B 也进行同样的写操作。如果磁盘 A 损坏,数据可以从磁盘 B 中恢复;反之,如果磁盘 B 损坏,数据在磁盘 A 中仍然被完好保存着。由于采用了磁盘镜像技术,两块磁盘上存储的数据高度一致,因此实现了数据的动态冗余备份。

Windows 7 操作系统中配备了支持磁盘镜像的软件。只需要在数据服务器上安装两块磁盘,通过对操作系统进行相关的配置,就可以实现磁盘镜像技术。

磁盘镜像技术也会带来一些问题,如备份数据占用存储空间、浪费磁盘资源、降低服务器的运行速度等问题。

2. 磁盘双工技术

磁盘双工技术与磁盘镜像技术类似,会同时在两块或两块以上的磁盘中保存数据,磁盘双工技术的原理如图 3-9 所示。在磁盘镜像技术中,两块磁盘共用一个磁盘控制器;而在磁盘双工技术中,则需要使用两个磁盘控制器,分别驱动两块磁盘。

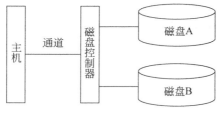

图 3-8　磁盘镜像技术原理

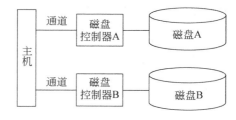

图 3-9　磁盘双工技术原理

每块硬盘都有独立的磁盘驱动控制器,可以减少软件控制及复写操作的时间消耗。操作系统在执行磁盘写操作时,同时向两个磁盘驱动器发出写命令,输出写数据,因此大大提高了数据存储的速度。由此可见,磁盘双工技术与磁盘镜像技术一样能够完成冗余数据存储的任务,同时又使数据服务器速度降低的问题得到了解决。

磁盘双工技术相对于磁盘镜像技术的优势是：磁盘镜像技术中两块互为备份的磁盘共用一个磁盘控制器，磁盘控制器的故障会使两块磁盘同时失去工作能力；而磁盘双工技术则为每块磁盘单独配置各自的磁盘控制器，这样，即使一个磁盘控制器出现故障，由于另一个磁盘控制器和磁盘仍然在工作，因此数据服务器对用户的数据存储服务也不会终止。可见，磁盘双工技术不仅保护了数据的完整性，还提供了一定的数据可用性支持。

3. 双机热备份技术

双机热备份就是同时使用两台计算机，一台作为工作机(primary server)，另一台作为备份机(standby server)。在系统正常的情况下，工作机为系统提供支持，备份机监视工作机的运行情况(工作机同时监视备份机是否工作正常)。当工作机出现异常时，备份机主动接管工作机的工作，继续支持运行，从而保障信息系统能够不间断地运行。待工作机修复正常后，系统管理员通过系统命令或自动方式将备份机的工作切换回工作机。双机热备份技术原理如图 3-10 所示。

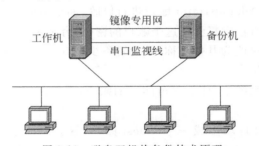

图 3-10　磁盘双机热备份技术原理

对于特别重要的数据，不仅需要同时将数据存储在不同的存储设备中，还需要将不同的存储设备远距离分开放置，以避免火灾、地震这样的意外破坏。双机热备份技术的优势是工作机和备份机之间的距离可以很远，充分满足数据安全的要求。

双机热备份技术还可以保证当工作机出现故障时备份机能够迅速及时地启动，替代工作机，承担起数据提供的任务。由于大型网络中的服务器故障会造成直接的经济损失，带来严重的后果，因此双机热备份技术承担了保障数据可靠性的重要任务。

3.3.4　Windows 操作系统安全

Windows 是个人计算机中最常用的操作系统，它的安全防范是计算机信息安全的重要内容之一。

1. 操作系统的漏洞

计算机操作系统是一个庞大的软件程序集合，由于其设计开发过程复杂，操作系统开发人员必然存在认知局限，使得操作系统发布后仍然存在弱点和缺陷的情况无法避免，即操作系统存在安全漏洞。这是计算机系统不安全的重要原因之一。

操作系统安全隐患一般分为两部分：一是设计缺陷，包括网络协议、网络服务、共享等方面的缺陷；二是使用不当导致的隐患，主要表现为系统资源或用户账户权限设置不当。

操作系统的设计漏洞可以由开发商发布漏洞补丁程序来进行系统修复。而用户在使用操作系统过程中也应注意自身操作方式的安全性问题。

微软公司的 Windows 7 操作系统在安全性方面比 Windows XP 系统有更好的表现，但即便如此，Windows 7 势必还会存在一些安全瑕疵。微软公司自 Windows 7 发布以来不断发布安全补丁，以修补操作系统自身存在的各种安全漏洞。及时下载并安装这些安全补丁可以保证操作系统具有更好的安全性。

2. Windows 操作系统安全设置

计算机操作系统安全设置包括以下 4 个方面。

1）系统管理员安全

Windows 安装时默认的超级管理员名称为 Administrator，该账户具有最高的系统权限，是系统安全防范的重点之一。黑客入侵的常用手段之一就是获取 Administrator 账户的密码，然后控制计算机。

在应用中，应当对 Administrator 账户进行修改，如果不更改，攻击者就会免除试探超级管理员用户名称，而直接重复尝试这个账户的密码（穷举法）。因此，安装完操作系统后应该将 Administrator 更改为其他名称，并设置不少于 8 位的管理员密码。

2）账户和密码安全

在 Windows 操作系统中，建立尽可能少的账户，多余的账户一律删除。多一个账户就多一分安全隐患。

Windows 安装时会自动生成一个 Guest 账户，这是一个公开账户。默认情况下，Guest 账户是不启用的。若启用该账户，应该给它设置一个比较复杂的密码。

创建新账户时，要限制用户的权利，只给用户真正需要的权利，权限最小化原则是安全的重要保障。

密码安全对于信息安全是非常重要的。很多管理员创建账号时使用简单的用户名和密码，甚至使用默认的用户名和密码，这是系统的安全隐患之一。

在设置密码时应遵循以下原则：密码的长度至少应是 8 位，避免使用生日、电话号码等简单数字或英文单词作为密码；尽量采用大小写字母混合、数字和字母混合的形式。另外，保持密码安全还包括不要将密码存于计算机文件中；不要在不同应用系统上使用同一密码；定期改变密码，至少 6 个月要改变一次。按上述要求，计算机遭受黑客攻击的风险会降低到一定限度之内。

3）共享安全

共享目录和磁盘是影响操作系统安全的重要因素之一，系统的默认共享对操作系统安全构成了巨大威胁。应关闭一些不必要的共享，实现方法如下。

（1）查看本地共享资源。在 Windows 7"开始"菜单的"搜索程序和文件"文本框中输入 cmd 命令并按 Enter 键，打开命令窗口。

在命令窗口的命令提示符下输入 net share，查看共享情况，如图 3-11 所示。这里有 IPC 通道、文档以及打印机的共享，默认系统中可能还会包含硬盘的共享。如果发现有异常的共享，应该将其关闭。被关闭的共享如果在下次开机的时候又出现了，那么说明计算机很可能已经被黑客所控制，或者被病毒感染。

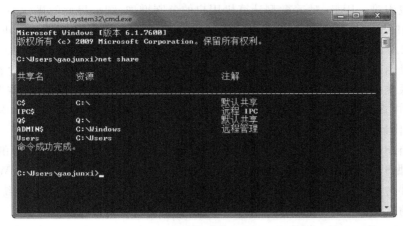

图 3-11　查看共享

（2）删除共享。在命令窗口中输入下列命令可以删除共享：

```
net share ipc$/delete        （删除 IPC 共享）
net share c$/delete          （删除 C 盘共享）
```

4）其他安全

（1）取消自动登录设置。在安装 Windows 时，如果设置了自动登录，则每当计算机系统启动时都不会要求用户输入用户名和密码，而是自动利用用户上次登录使用过的用户名和密码进行登录。这种做法很容易让非法用户进入计算机，因此应取消自动登录设置。

（2）使用 NTFS 分区。最好将所有分区都改成 NTFS 格式。NTFS 文件系统要比 FAT、FAT32 文件系统更为安全。

（3）进行资料备份。一旦系统资料被破坏，备份盘将是恢复资料的唯一途径。备份完资料后，将备份盘放在安全的地方。另外，注意不要将资料备份在同一台计算机上，避免备份文件的损坏。

（4）及时升级操作系统。一定要给操作系统及时打补丁，安装最新的升级包。微软公司的补丁一般会在发现漏洞半个月后发布。系统升级是保证操作系统安全的基础。

3.4　典型操作系统介绍

3.4.1　Windows 操作系统

1. Windows 的产生与发展

1981 年 8 月 12 日，IBM 公司推出带有微软公司 16 位操作系统 MS-DOS 1.0 的个人计算机，由于 DOS 操作系统的设计和开发都是以 20 世纪 70 年代末期的计算机为基础的，随着计算机硬件技术的不断发展，DOS 在技术上的局限性也随之显现出来。DOS 只能支持 640KB 的基本内存；另外，在使用上，DOS 的命令行方式枯燥、抽象，一般用户掌握起来比较困难。因此,随着微型计算机用户的急剧增加,图形界面的操作系统就应运而生了。在1985年和1987年,微软公司尝试推出了图形界面操作系统 Windows 1.0 和 Windows 2.0,但是,此时推出的 Windows 产品还很不成熟,功能也不多。1990年5月,微软公司推出了 Windows 3.0,这是一个有着良好用户界面和强大功能,建立在新的概念上的操作系统,它以形象生动的图形代替了 DOS 命令,用户操作十分方便,许多操作由鼠标实现,用户真实地感受到使用 Windows 操作系统的优越性,因而 Windows 3.0 成为20世纪90年代最流行的微型计算机操作系统。

1995年8月24日,微软公司推出了 Windows 95,这是一个独立的、完备的32位操作系统,完全抛开了 DOS 的支持,独立引导计算机并帮助用户完成各种操作。Windows 95 支持长文件名,支持多任务、多线程操作,通过文件和文件夹方式管理文件系统,用户可以利用鼠标的拖动,方便地实现对文件的打印、删除及复制等基本操作。

1998年6月25日,微软公司推出了 Windows 98 操作系统。Windows 98 是在 Windows 95 强大功能的基础上演变而来的,在许多方面与 Windows 95 非常相似,但是增加了一些新的功能。Windows 98 易用性更强,性能更加可靠,运行速度更快,访问 Internet 更加容易和方便,并且具有更强的娱乐性。

2000年2月17日,微软公司推出了 Windows 2000 操作系统。Windows 2000 集 Windows 98 和 Windows NT 的很多优良功能和性能于一身,加强或新增了分布式文件系统、用户配额、加密文件系统、磁盘碎片整理和索引服务等特性,实现了数据安全性、企业间通信的安全性、企业和 Internet 的单点安全登录,以及易用和良好的扩展性的安全管理。

2001年10月25日,微软公司推出了 Window XP 操作系统。其中,XP 是英文 Experience 的缩写,表示新版本是一个丰富的全新体验。微软公司对 Window XP 操作系统一直极为重视,比尔·盖茨甚至说 Window XP 是微软公司自发布 Windows 软件以来所推出的意义最为重大的操作系统软件。

2005年7月22日,微软公司推出了 Window Vista 操作系统。与 Window XP 相比,Window Vista 在界面、安全性和软件驱动集成性上有了很大的改进。

2009年10月22日,微软公司推出了 Window 7 操作系统。该系统旨在让计算机操作更加简单和快捷,为人们提供高效易行的工作环境。

2012年10月26日,微软公司正式推出 Windows 8 操作系统。Windows 8 支持 PC 和平板计算机,提供了更佳的屏幕触控支持。

2015年7月29日,微软公司推出最后一个独立的 Windows 版本——Windows 10。

2. 图形用户界面

计算机应用之所以能够如此迅速地进入各行各业、千家万户,各种媒体信息之所以能够方便、快捷地获取、加工和传递,得益于计算机、网络、多媒体等技术的发展,其中具有图形界面的操作环境起了很大的作用,它以直观方便的图形界面呈现在用户面前,用户无须在提示符后面输入具体命令,而是通过鼠标来告诉计算机做什么。图形用户界面技术的特点体现在以下3个方面。

1)多窗口技术

在 Windows 环境中,计算机屏幕显示为一个工作台,用户的主工作区域就是桌面。

工作台将用户的工作显示在称为窗口的矩形区域内,用户可以在窗口中对应用程序和文件进行操作。

2）菜单技术

用户在使用某个软件时,通常是借助于该软件提供的命令来完成所需的操作。软件功能越强大,它所提供的命令越丰富,需要用户记住的命令也就越多。菜单就是为了解决这个问题而提出的一种界面技术。

菜单把用户可在当前使用的一切命令全部显示在屏幕上,以便用户根据需要选择。从用户使用的角度来看,菜单带来了两大好处:一是减轻了用户对命令的记忆负担,二是避免了键盘命令输入过程中的人为错误。

3）联机帮助技术

联机帮助技术为初学者提供了一条使用新软件的捷径。借助它,用户可以在上机过程中随时查看有关信息,代替了书面用户手册。联机帮助还可以对用户操作给予步骤提示与引导。

3.4.2　UNIX 操作系统

UNIX 操作系统是美国电报电话公司的贝尔实验室开发的,它是唯一在微型计算机、小型计算机到大型计算机上都能使用的操作系统,也是当今世界使用比较广泛的多用户、多任务操作系统。

UNIX 的功能特性主要表现在以下几个方面。

（1）多用户,多任务。

UNIX 是一个多用户、多任务的操作系统,每个用户可以同时运行多个任务,进程的数目在逻辑上不受任何限制。UNIX 支持多个用户同时登录,使用系统的资源。

（2）具有开放性和可移植性。

UNIX 的发展源自它的开放性。所谓开放性,是指系统的设计、开发遵循国际标准,能很好地兼容其他操作系统,能很方便地实现互联。由于 UNIX 内核的大部分程序是采用 C 语言编写的,因此具有良好的可移植性,可以很容易地移植到其他计算机上运行,也方便其他人阅读、修改。

（3）能保证数据安全性。

UNIX 提供了保证数据安全的特性,可以有效防止内部和外部用户的非法入侵,是企业级应用信息技术体系框架首选的操作系统。

（4）规模小,效能高。

UNIX 内核小,仅有 1 万多行代码,但其强大的系统功能和实现效率却是公认的。

（5）用户界面友好。

UNIX 提供了功能强大的 Shell 编程语言,还为用户提供了丰富的系统调用功能。用户界面具有简洁、高效的特点。

（6）具有设备独立性。

UNIX 把所有外部设备统一作为文件来处理,只要安装了这些设备的驱动程序,使用时便可将它们作为文件进行操作,因此系统具有很强的适应性。

3.4.3 Linux 操作系统

Linux 是 20 世纪 90 年代推出的多用户、多任务操作系统。它最初是由 Linus Torvalds 在 1991 年编写的,其源程序在 Internet 上公布后,得到全世界计算机爱好者的关注。由于其源代码是开放的,使其在很多高级应用中占有一定市场,这也被业界视为打破微软公司垄断微型计算机操作系统局面的希望。

Linux 是一种免费的操作系统,用户可以免费获得其源代码,并能够随意修改。Linux 还是一类 UNIX 系统,具有许多 UNIX 系统的功能和特点,能够兼容 UNIX,但无须支付 UNIX 高额的费用。例如,一个 UNIX 程序员在单位可以在 UNIX 系统上进行工作,回到家里在 Linux 系统上也能完成同样的工作,而不必重新购买 UNIX。实际上 UNIX 的价格比常见的 Windows 高出若干倍。

Linux 的功能主要表现在以下几个方面。

(1) 多用户,多任务。

Linux 是一个多用户、多任务的操作系统,也是具有高效性和稳定性的操作系统。

(2) 具有开放性。

Linux 遵循国际标准,与使用此标准开发的软件和硬件具有很好的兼容性,并可以很方便地实现互联。

(3) 具有完善的网络功能。

Linux 具备完善的网络功能,在通信和网络功能方面优于其他操作系统。

(4) 用户界面友好。

Linux 可以提供 3 种命令界面,即命令行方式界面、系统调用界面和图形用户界面。

(5) 系统内核小,对硬件要求低。

Linux 可以运行在低档的 PC 上。

Linux 版本众多,很多厂商基于 Linux 的内核开发了各种版本的 Linux,其中包括许多中文的 Linux 系统。目前常用的 Linux 系统主要有 Red Hat Linux 和 Turbo Linux。

3.4.4 手持设备操作系统

1. Android

Android 是一种基于 Linux 的开放源代码的操作系统,主要使用于便携设备,如智能手机和平板计算机。Android 操作系统最初由 Andy Rubin 开发,主要支持手机。2005 年由 Google 收购注资,并组建开放手机联盟,随后,逐渐扩展到平板计算机及其他领域上。2008 年 10 月,第一部 Android 智能手机发布。2014 年年末的 IDC 数据显示,Android 占据全球智能手机操作系统市场接近 82% 的份额。

2. 苹果 iOS

苹果 iOS 是由苹果公司开发的手持设备操作系统。苹果公司最早于 2007 年 1 月 9 日的 Macworld 大会上公布这个系统,最初是设计给 iPhone 使用的,后来陆续应用到 iPod Touch、iPad 及 Apple TV 等产品上。iOS 与苹果的 Mac OS X 操作系统一样,是以

Darwin 为基础的,因此同样属于类 UNIX 的商业操作系统。原本这个系统名为 iPhone OS,在 2010 年 6 月 7 日 WWDC 大会上改为 iOS。2014 年年末的 IDC 数据显示,iOS 占据全球智能手机操作系统市场接近 15% 的份额。

3. Windows Phone

Windows Phone 是微软公司发布的一款手机操作系统,它将微软公司旗下的 Xbox Live 游戏、Zune 音乐与独特的视频体验整合至手机中。2010 年 10 月 11 日,微软公司正式发布了智能手机操作系统 Windows Phone,同时将谷歌公司的 Android 和苹果的 iOS 列为主要竞争对手。目前,微软公司正式发布最新手机操作系统 Windows Phone 10。

4. BlackBerry OS

BlackBerry OS 是由 Research In Motion 为其智能手机产品 BlackBerry 开发的专用操作系统。这一操作系统具有多任务处理能力,并支持特定的输入装置,如滚轮、轨迹球、触摸板及触摸屏等。BlackBerry 平台最著名的莫过于它处理邮件的能力。该平台通过 MIDP 1.0 以及 MIDP 2.0 的子集,在与 BlackBerry Enterprise Server 连接时,以无线的方式激活并与 Microsoft Exchange、Lotus Domino 或 Novell GroupWise 同步邮件、任务、日程、备忘录和联系人信息。该操作系统还支持 WAP 1.2。BlackBerry 操作系统的最新版本是 BlackBerry 10。

3.5　中文操作系统 Windows 7

3.5.1　Windows 7 操作系统特点

Windows 7 是微软公司开发的新一代操作系统,具有多层安全保护,可以有效抵御病毒、间谍软件等的威胁。Windows 7 在功能方面既保留了 Windows XP/Vista 的大多数强大功能,同时也把一些华而不实的东西删掉或简化了,如 Windows Vista 中的绚丽图片浏览器、影片制作软件等,使 Windows 7 变得更简洁实用,让人们能更方便地在个人计算机上做想做的事,Windows 7 将会使搜索和实用信息更加简单,包括本地网络和互联网搜索功能,用户体验更加直观。

Windows 7 操作系统包括 Windows 7 Starter(简易版)、Windows 7 Home Basic(家庭基本版)、Windows 7 Home Premium(家庭高级版)、Windows 7 Professional(专业版)、Windows 7 Enterprise(企业版)、Windows 7 Ultimate(旗舰版)。Windows 7 的特点如下:

(1) 更快的速度和性能。

微软公司在开发 Windows 7 的过程中,始终将性能放在首要的位置。Windows 7 不仅在系统启动时间上有了大幅度的改进,并且对从休眠模式唤醒系统这样的细节也进行了改善。使 Windows 7 成为一款反应更快速、令人感觉清爽的操作系统。

(2) 更个性化的桌面。

在 Windows 7 中,用户能对自己的桌面进行更多的操作和个性化设置。首先,

Windows 中原有的侧边栏被取消,而原来依附在侧边栏中的各种小插件现在可以由用户自由放置在桌面的各个角落,不仅释放了更多的桌面空间,视觉效果也更加直观和个性化。此外,Windows 7 中内置主题包带来的不仅是局部的变化,比如用户喜欢的桌面壁纸有很多,不用再为选哪一张而烦恼。用户可以同时选择多个壁纸,让它们在桌面上像幻灯片一样播放,还可以设置播放的速度。同时,用户可以根据需要设置个性化主题包,包括自己喜欢的壁纸、颜色、声音和屏保。

(3) 更强大的多媒体功能。

Windows 7 具有远程媒体流控制功能,能够帮助用户解决多媒体文件共享的问题。它支持家庭以外的 Windows 7 个人计算机安全地从远程互联网访问家里 Windows 7 系统中的数字媒体中心,随心所欲地欣赏保存在家里计算机中的任何数字娱乐内容。有了这样的创新功能,用户可以随时随地享受自己的多媒体文件。而 Windows 7 中强大的综合娱乐平台和媒体库 Windows Media Center 不仅可以让用户轻松管理计算机硬盘上的音乐、图片和视频,更是一款可定制化的个人电视。只要将计算机与网络连接或插上一块电视卡,就可以随时随地享受 Windows Media Center 上丰富多彩的互联网视频内容或者高清数字电视节目。同时也可以将 Windows 7 Media Center 与电视连接,给电视端的用户也带来全新的使用体验。

(4) Windows 7 Touch 带来极致触摸操控体验。

Windows 7 操作系统支持通过触摸屏来控制计算机。在配有触摸屏的硬件上,用户可以通过自己的指尖来实现许多的功能。

(5) Libraries 和 Homegroups 简化了局域网共享。

Windows 7 通过图书馆(Libraries)和家庭组(Homegroups)两大新功能对 Windows 网络进行了改进。图书馆是一种对相似文件进行分组的方式,即使这些文件被放在不同的文件夹中。例如,用户的视频库可以包括电视文件夹、电影文件夹、DVD 文件夹及 Home Movies 文件夹。可以创建一个家庭组,它会让这些图书馆更容易地在各个家庭组用户之间共享。

(6) 全面革新的用户安全机制。

用户账户控制这个概念由 Windows Vista 首先引入,虽然它能够提供更高级别的安全保障,但是频繁出现的提示窗口让一些用户感到不便。在 Windows 7 中,对这项安全功能进行了革新,不仅大幅降低提示窗口出现的频率,用户在设置方面还拥有了更大的自由度。Windows 7 自带的 Internet Explorer 8 也在安全性方面较之前的版本提升不少,诸如 SmartScreen Filter、InPrivate Browsing 和域名高亮显示等新功能让用户在互联网上能够更有效地保障自己的安全。

(7) 超强的硬件兼容性。

微软公司是全球 IT 产业链中重要的一环,Windows 7 的诞生便意味着整个信息生态系统将面临全面升级,硬件制造商也将迎来更多的商业机会。共有来自10 000 多家公司的 32 000 多人参与到围绕 Windows 7 的测试计划当中,其中包括5000 个硬件合作伙伴和 5716 个软件合作伙伴。全球知名的厂商(如 Sony、ATI、NVIDIA 等)都表示能够确保各自产品对 Windows 7 正式版的兼容性能。据统计,目前适用于 Windows Vista SP1

的驱动程序中有超过 99％的驱动程序已经能够运行于 Windows 7 中。

（8）革命性的工具栏设计。

进入 Windows 7 操作系统，用户会在第一时间注意到屏幕最下方经过全新设计的工具栏。这条工具栏从 Windows 95 时代沿用至今，终于在 Windows 7 中有了革命性的变化。工具栏上所有的应用程序都不再有文字说明，只剩下一个图标，而且同一个程序的不同窗口将自动组成群组。将鼠标移到图标上时会出现已打开窗口的缩略图，单击便会打开该窗口。在任何一个程序图标上右击，会出现一个显示相关选项的选单，微软公司称之为 Jump List。在这个选单中除了更多的操作选项之外，还增加了一些强化功能，可以让用户更轻松地实现精确导航并找到搜索目标。

3.5.2　Windows 7 操作系统的文件管理

操作系统作为计算机最重要的系统软件，其提供的基本功能为数据存储、数据处理及数据管理等。数据存储通常以文件的形式存放在磁盘或其他外存上，数据处理的对象是文件，数据管理是通过文件管理完成的。文件系统实现对文件的存取、处理和管理等操作，因此文件系统在操作系统中占有非常重要的地位。本节主要介绍与文件系统相关的概念。

文件是计算机中的一个很重要的概念，是操作系统用来存储和管理信息的基本单位。文件可以用来保存各种信息，用文字处理软件制作的文档、用计算机语言编写的程序及进入计算机的各种多媒体信息都是以文件的方式存放的。文件的物理存储介质通常是磁盘、光盘、闪存盘等。

1. 文件系统

文件是一组相关信息的集合，可以是程序、数据或其他信息，如一篇文章或一张表格等。

1）文件名

每个文件都有一个文件名，使用文件名是为了区别不同的文件，为存放在磁盘上的文件赋予一个标志。每个文件都有一个确定的名字，这样用户就不必关心文件的存储方法、物理位置及访问方式，直接以按名存取的方式来使用文件即可。文件名由两部分组成，即文件名和扩展名，两者之间用点隔开，格式如下：

```
[D:]filename[.ext]
```

其全名由驱动器号、文件名、扩展名 3 部分组成，其中"[ ]"符号表示该项内容是可选的。

D:表示驱动器号。硬盘驱动器号或光盘驱动器号为 C:、D:等，最后一个表示光盘驱动器。

filename 表示文件名。文件名（包括扩展名）中可用的字符为 A～Z、0～9、!、@、♯、$、%、& 等，不能使用以下字符：\、/、?、:、*、"、>、<、|。通常，用户所取的文件名应具有一定的意义，以便于记忆。Windows 7 支持长文件名，其长度（包括扩展名）可达 255 个字符，一个汉字相当于两个字符。长文件名显示出更强的描述能力，也更容易被人理解。

.ext 表示扩展名，由 3 或 4 个字符组成，表示文件所属的类型。

同一个文件夹中的文件和子文件夹不能同名。

2）文件类型

通常用扩展名来区分文件的不同类型。常用文件类型及扩展名如表 3-1 所示。

表 3-1　常用文件类型及扩展名

文 件 类 型	扩 展 名	文 件 类 型	扩 展 名
可执行的程序文件	.exe、.com	系统文件	.sys
批处理文件	.bat	数据库表文件	.dbf
文本文件	.txt	压缩格式文件	.zip、.rar
备份文件	.bak	帮助文件	.hlp
便携式文档格式	.pdf	Word 文档	.docx
带格式的文本文件	.rtf	Excel 文档	.xlsx

2. 文件属性

文件属性包括两部分内容：一部分是文件所包含的数据，称为文件数据；另一部分是关于文件本身的说明信息或属性信息，称为文件属性。文件属性主要包括创建日期、文件长度、访问权限等，这些信息主要被文件系统用来管理文件。不同的文件系统通常有不同种类和数量的文件属性。

3. 文件夹

无论是操作系统的文件，还是用户自己生成的文件，其数量和种类都是非常多的。为了便于对文件进行存取和管理，系统引入了文件夹，文件夹是从 Windows 95 开始提出的名称，它实际上是 DOS 中目录的概念。

文件夹的命名规则与文件的命名规则一样，只是文件夹的扩展名不用作类型标识。每一个文件夹中还可以再创建文件夹（称为子文件夹），以便更细致地分类存储文件。

4. 库

在以往的 Windows 操作系统中，总以树状结构的方式来组织和管理计算机上的文件和文件夹，往往根据文件的内容或者类型的不同，将它们分别保存在不同的目录下，从而一层一层嵌套形成树状结构。但是，随着硬盘容量越来越大，计算机上的文件数量越来越多，这种组织文件的方式有时影响文件的使用效率。

单一的树状结构的分类方式无法满足文件之间复杂的联系。例如，在准备一份计划书的时候，将文档保存在文档相关的目录下，同时将文档中的各种插图保存在图片相关的目录下，在这种情况下，当要查看、修改文档中的某张图片时，需要在文档目录和图片目录之间跳转切换，为工作带来了很多不便。如果将很多电影按照树状结构分类存放在硬盘上的各个分区，要想找到某部电影，就需要在各个分区、各个目录之间查找，费时费力。

为了帮助用户更加有效地对硬盘上的文件进行管理，微软公司在 Windows 7 中提供了新的文件管理方式——库。作为访问用户数据的首要入口，库在 Windows 7 中是用户指定的特定内容集合，和文件夹管理方式是相互独立的，分散在硬盘上不同物理位置的数据可以从逻辑上集合在一起，查看和使用都更方便。

库用于管理文档、音乐、图片和其他类型文件的位置,可以使用与在文件夹中相同的操作方式浏览文件,也可以查看按属性(如日期、类型和作者)排列的文件。在某些方面,库类似于文件夹。例如,打开库时将看到一个或多个文件。但与文件夹不同的是,库可以收集存储在多个位置中的文件,这是一个细微但重要的差异。库实际上不存储项目,它监视包含项目的文件夹,并允许以不同的方式访问和排列这些项目。例如,如果在本地硬盘和外部驱动器上的文件夹中有音乐文件,则可以使用音乐库同时访问所有音乐文件。

3.5.3 Windows 7 操作系统的程序管理

Windows 7 只是一个操作系统,虽然它为应用提供了一个很好的工作环境,但是要完成大量的日常工作仍需要各种应用程序作为工具。Windows 7 出色地完成了操作系统的工作,为其他各种各样的应用程序提供了一个基础工作环境,负责完成程序和硬件之间的通信、内存管理等基本功能。

程序以文件的形式存放,是能够实现某种功能的一类文件。通常把这类文件称为可执行文件(.exe)。常用的应用程序及其文件名如表 3-2 所示。

表 3-2 常用的应用程序及其文件名

常用应用程序	文 件 名	常用应用程序	文 件 名
Windows 资源管理器	Explorer.exe	Windows Media Player	Wmplayer.exe
记事本	Notepad.exe	Internet Explorer	Iexplore.exe
写字板	Wordpad.exe	Outlook Express	Msimn.exe
画图	Mspaint.exe	剪贴板查看器	Clipbrd.exe
命令提示符	Cmd.exe	Microsoft Word	Winword.exe

在 Windows 7 中,"开始"按钮可以起到管理程序的作用。可以把各种类型的快捷方式(不是程序文件本身)分门别类地存放在"开始"菜单的"所有程序"选项中的不同文件夹内,以便于从"开始"菜单中运行程序。也可以按照自己的意愿把一些经常使用的程序的快捷图标放在桌面上,或放在某一个文件夹中。

3.5.4 Windows 7 操作系统磁盘管理

通过 Windows 资源管理器可实现对磁盘的管理,主要包括格式化磁盘、查看磁盘信息等。

1. 磁盘格式化

磁盘在首次使用之前,一般要经过格式化,通过格式化为磁盘划分磁道、扇区,建立目录区,并且检查磁盘中有无损坏的磁道、扇区。当磁盘感染病毒,用杀毒软件无法杀毒时,可以使用格式化操作,将磁盘上的所有信息清除。但是,格式化操作将删除磁盘上的所有数据,因此在格式化时一定要特别慎重,更不要随便格式化。

2. 磁盘清理

使用磁盘清理程序可以帮助用户释放硬盘驱动器空间,删除临时文件、Internet 缓存文件及其他不需要的文件,腾出它们占用的系统资源,以提高系统性能。

3. 磁盘碎片整理

磁盘经过长时间的使用后,难免会出现很多零散的空间,称为磁盘碎片。一个文件可能会被分别存放在不同的磁盘空间中,这样在访问该文件时系统需要到不同的磁盘空间中去寻找该文件的不同部分,从而影响了运行的速度。同时由于磁盘中的可用空间是零散的,创建新文件或文件夹的速度也会降低。使用磁盘碎片整理程序可以重新安排文件在磁盘中的存储位置,将文件整理到一起,同时合并可用空间,以实现提高运行速度的目的。

4. 磁盘信息查看与差错

1)信息查看

磁盘信息主要是指磁盘的卷标、容量、已用空间、可用空间等信息。

2)磁盘查错

经常进行文件的移动、复制、删除和程序的安装、删除等操作,可能会出现坏的磁盘扇区,这时可运行磁盘查错程序来修复文件系统的错误并恢复坏扇区等。

3.5.5 Windows 7 操作系统的控制面板

控制面板是用来对 Windows 系统进行设置的工具集,用户可以根据个人爱好更改显示器、鼠标、桌面等的设置。

1. 桌面背景及屏幕保护

Windows 7 桌面背景(也称为壁纸)是打开计算机进入 Windows 7 操作系统后出现的屏幕背景颜色或图片,它可以是个人收集的数字图片、Windows 7 提供的图片、纯色或带有颜色框架的图片,也可以选择一个图像作为桌面背景,或者显示幻灯片图片。

屏幕保护程序是指在一段指定的时间内没有鼠标或键盘操作时,在计算机屏幕上会出现移动的图片或图案。当用户离开计算机一段时间时,屏幕显示会始终固定在同一个画面上,即电子束长期轰击荧光层的相同区域,长时间下去,会因为显示屏荧光层的疲劳效应导致屏幕老化,甚至是显像管被击穿。因此,可设置屏幕保护程序,显示动态的画面来保护屏幕不受损坏;还可以给屏幕保护程序设置密码,这样既可以防止在离开时别人看到工作屏,同时也可以防止别人未经授权使用计算机。

2. 桌面小工具

Windows 7 包含称为"小工具"的小程序,这些小程序可以提供即时信息以及可轻松访问常用工具的途径。例如,可以使用小工具显示图片幻灯片,查看不断更新的标题或查找联系人。可以将计算机上安装的任何小工具添加到桌面上,如果有需要,也可以添加小工具的多个实例。例如,如果要同时看两个时区的时间,可以添加时钟小工具的两个实例,并相应地设置每个实例的时区。

3. Windows Aero 界面

Windows 7 提供了绚丽多彩的 Aero 界面,可以使用户体验窗口的透明玻璃效果、任务栏缩略图预览、窗口切换缩略图、Aero Snap、Aero Peek、Aero Shake 及 Flip3D 等全新的功能。

以下版本的 Windows 7 包含 Aero：Windows 7 企业版、Windows 7 家庭高级版、Windows 7 专业版、Windows 7 旗舰版。

Windows 7 家庭普通版或 Windows 7 简易版中不包含 Aero。打开"控制面板"中的"系统"可以看到计算机上安装的是哪个 Windows 7 版本。

4. 账户设置

Windows 7 操作系统支持多用户账户，可以为不同的账户设置不同的权限，它们之间互不干扰，独立完成各自的工作。

Windows 7 操作系统新增了家长控制功能，通过此功能可以对儿童使用计算机的方式进行管理，限制儿童使用计算机的时段、可以玩的游戏类型以及可以运行的程序等。

当通过家长控制功能阻止了对某个游戏或程序的访问时，将显示一个通知，声明已阻止该程序。儿童可以单击通知中的链接来请求获得该游戏或程序的访问权限，家长可以通过输入账户信息来允许其访问。

5. Windows 防火墙

杀毒软件只能查杀病毒和监视读入内存的病毒，并不能监视连接到 Internet 的计算机是否受到网络上其他计算机的攻击。因此需要一种专门监视网络的工具来监测、限制、更改跨越防火墙的数据流，尽可能地对外部屏蔽网络内部的信息、结构和运行状况，这种工具就是防火墙。

防火墙是一种计算机硬件和软件的组合，在 Internet 与内部网之间建立一个安全网关，设置一道屏障，是网络之间的一种特殊的访问控制设施，可以防止恶意程序和黑客攻击计算机或内部网络，其布局如图 3-12 所示。防火墙提供信息安全服务，是实现网络和信息安全的基础设施。使用防火墙是确保网络安全的方法之一。

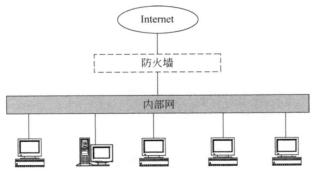

图 3-12　防火墙的布局

防火墙有硬件防火墙和软件防火墙，一般所说的都是软件防火墙。硬件防火墙具有更高的安全性。常见的软件防火墙有诺顿防火墙、金山网镖、瑞星防火墙、天网防火墙、360 木马防火墙等，Windows 7 也自带防火墙。

从 Windows XP 系统开始，微软公司就在其开发的操作系统中加入了防火墙工具。

在 Windows 7 系统中,防火墙的功能更加完善,这也使得系统的安全性更强。

3.5.6 信息交换与共享

应用程序之间的信息交换与共享通常是指用某种应用程序编辑的文档可以插入来自其他文档的内容,这样,不仅可以减少编辑人员的工作量,还可以使文档内容丰富多彩。

Windows 系统为应用程序之间的信息交换与共享提供了两种办法:剪贴板(clipboard)和对象的嵌入与链接(Object Linking and Embedding,OLE)。

剪贴板是内存中的一个临时存储区,不仅可以存储文字,还可以存储图像、声音等其他信息。通过剪贴板可以将各种文件的文字、图像、声音组织在一起,形成一个图文并茂、有声有色的文档。剪贴板的使用步骤是:先将信息复制或剪切到剪贴板上,然后在目标文档中将插入点定位在需要插入信息的位置,再单击应用程序"编辑"菜单中的"粘贴"命令,将剪贴板中的信息传递到目标文档中。

思 考 与 练 习

1. 什么是操作系统?它的主要功能是什么?
2. 实时操作系统与分时操作系统的区别是什么?
3. 分时处理与多任务处理的区别是什么?
4. 应用软件与实用软件的区别是什么?
5. 列举 5 种以上文件类型,并说明启动这些类型的文件所需的程序。
6. Windows 7 操作系统的文件管理使用了库,说明库的概念和特点。
7. 简述软件的分类。
8. 操作系统采取哪些方式防范来自系统外部和系统内部的攻击?

第4章 数据库技术与数据处理

数据库技术是计算机应用技术的一个重要分支,也是计算机技术中发展最快、应用最广的技术之一。作为数据管理的主流技术,数据库技术已经广泛应用于工业、农业、医疗、教育、金融、商业、军事等各个社会领域。从某种意义上说,数据库的建设规模、数据库信息量的大小和使用频度已成为衡量一个国家信息化程度的重要标志。随着大数据时代的到来,研究的热点已经从计算速度转向大数据处理能力,从以编程开发为主转变为以数据处理为中心。本章介绍数据库技术及数据处理的基础知识,主要内容如下:

- 数据库系统概述。
- 数据模型。
- 关系运算。
- 数据库设计。
- 常见的数据库管理系统简介。
- 数据处理。
- 用 Excel 处理数据。

4.1 数据库系统概述

4.1.1 数据库技术的发展

数据库系统的产生和发展与数据库技术的发展是相辅相成的。数据库技术就是数据管理技术,是对数据的分类、组织、编码、存储、检索和维护的技术。数据管理方式随着计算机硬件(尤其是外存)、软件技术和计算机应用范围的发展而不断发展,大致经历了 3 个基本阶段:人工管理阶段、文件系统阶段和数据库系统阶段。

1. 人工管理阶段

20 世纪 50 年代中期以前,计算机主要用于科学计算。外存只有磁带、卡片和纸带,没有磁盘等直接存取的存储设备。软件只有汇编语言,没有操作系统,没有管理数据的软件。这个阶段数据管理的基本特点是:数据不保存在计算机内,无专门软件对数据进行管理,数据不共享(冗余度大),数据完全依赖于程序不具有独立性,如图 4-1 所示。

2. 文件系统阶段

从 20 世纪 50 年代后期到 20 世纪 60 年代中期,计算机硬件和软件都有了一定的发

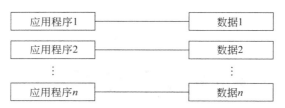

图 4-1　人工管理阶段应用程序与数据之间的关系

展。计算机不仅用于科学计算,还用于管理。这时硬件方面已经有了磁盘、磁鼓等直接存取的存储设备。在软件方面,操作系统中已经有了数据管理软件,称为文件系统。这个阶段数据管理的基本特点是:数据可以长期保存,由文件系统管理数据,程序与数据有一定的独立性,但数据文件依赖于对应的程序,不能被多个程序所共享,如图 4-2 所示。

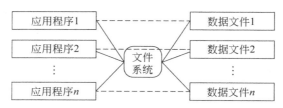

图 4-2　文件系统阶段应用程序与数据之间的关系

3. 数据库系统阶段

从 20 世纪 60 年代中期至今,随着计算机硬件和软件技术的飞速发展,计算机用于管理的规模更为庞大,应用越来越广泛,数据量急剧增长,数据的共享要求越来越高,数据库技术应运而生。数据库技术能有效地管理和存取大量的数据资源,提高数据的共享性,使多个用户能并发存取数据库中的数据,减小数据的冗余度,提高数据的一致性和完整性,实现数据和应用程序的独立性,减少应用程序的维护代价,如图 4-3 所示。

图 4-3　数据库系统阶段应用程序与数据之间的关系

与文件系统相比,数据库系统具有以下特点:

(1) 实现了数据的结构化。数据的结构化是数据库的主要特征之一,是与文件系统的根本区别。数据库中的数据是按照一定的数据结构组织起来的,能表示出数据之间所存在的有机关联,从而反映现实世界事物之间的联系。

(2) 实现数据共享,减少数据冗余。在数据库系统中,对数据的定义和描述已经从应用程序中分离出来,通过数据库管理系统统一管理。在数据库中存放整个系统的综合性数据,可以被多个应用程序共享使用,这样可以大大减少数据冗余,节省存储空间,又能够避免数据之间的不相容性和不一致性。

（3）数据具有较高的独立性。数据独立性具有两个含义：物理数据独立性和逻辑数据独立性。物理数据独立性是指数据库物理结构（包括数据的组织、存储、存取方法、外部存储设备等）发生改变时，不会影响到逻辑结构，而用户使用的是逻辑数据，所以不必改动程序。逻辑数据独立性是指数据库全局逻辑发生改变时，用户也不需改动程序。

（4）数据的统一管理和控制。数据库为多个用户和应用程序所共享，对数据的存取往往是并发的，数据库管理系统可提供3个方面的数据控制功能：数据的安全性控制、数据的完整性控制及数据的并发控制，从而保障多个用户对数据库中数据的共享。

目前，数据库技术与其他信息技术一样不断迅速进步，并与其他计算机分支结合，向更高级的数据库技术发展，主要有以下一些分支。

（1）分布式数据库技术。

对于集中式数据库系统来说，所有的工作都由一台计算机完成。数据集中管理减少了数据冗余。但随着数据库应用规模的不断扩大，集中式数据库也有不便之处。

分布式数据库技术是在集中式数据库技术的基础上发展起来的。物理上分布在计算机网络的不同结点在逻辑上属于同一系统的数据集合。网络上每个结点的数据库都有自治能力，能执行局部应用。同时，每个结点也能通过网络通信执行全局应用。

（2）面向对象数据库技术。

面向对象数据库系统是面向对象技术与数据库技术有机结合而形成的新型数据库系统。首先它是一个数据库系统，具有传统数据库系统的基本功能；其次它又是一个面向对象系统，充分支持完整的面向对象的概念和机制。

（3）其他新型的数据库技术。

数据库技术是计算机软件领域的一个重要分支，已形成相当成熟的理论体系和实用技术。数据库技术的研究一直在不断发展，并出现许多新的分支，如演绎数据库、主动数据库、基于逻辑的数据库、模糊数据库、并行数据库、多媒体数据库、内存数据库、联邦数据库、工作流数据库、工程数据库、地理数据库等。

4.1.2 数据库系统的基本概念

1. 数据库

数据库（DataBase，DB）是长期存储在计算机内的、有组织的、可共享的数据集合。数据库中的数据按一定的数据模型来组织、描述和存储，具有较小的冗余度。

2. 数据库管理系统

数据库管理系统（DataBase Management System，DBMS）是位于用户与操作系统之间的数据管理软件，它为用户或应用程序提供访问数据库的方法，包括数据库的建立、查询、更新及各种数据控制。它的基本功能包括以下几个方面。

1）数据定义功能

DBMS提供数据定义语言（Data Definition Language，DDL），通过它可以方便地对数据库中的数据对象进行定义，例如 CREATE DATABASE 是创建数据库命令，CREATE

TABLE 是创建数据表的命令等。

2）数据操纵功能

DBMS 还提供数据操纵语言（Data Manipulation Language，DML），可以使用 DML 操纵数据，实现对数据的基本操作，如查询、插入、删除和修改。

3）数据库的运行管理功能

数据库在建立、运行和维护时由数据库管理系统统一管理和控制，以保证数据的安全性、完整性、多用户对数据的并发使用及发生故障后的系统恢复。

4）数据库的建立和维护功能

它包括数据库初始数据的输入、转换功能，数据库的转储、恢复功能、数据库的重组织功能和性能监视、分析功能等。这些功能通常是由一些实用程序完成的。

数据库管理系统是数据库系统的一个重要组成部分。

3. 数据库系统

数据库系统（DataBase System，DBS）是指在计算机系统中引入数据库后构成的系统，一般由数据库、数据库管理系统、数据库管理员、数据库应用系统和用户组成。数据库系统不是仅仅指数据库和数据库管理系统，而是指带有数据库的整个计算机系统。数据库系统的组成如图 4-4 所示。

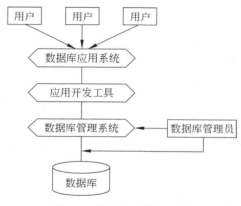

图 4-4　数据库系统的组成

4. 数据库管理员

数据库管理员（DataBase Administrator，DBA）是负责建立、维护和管理数据库系统的专业人员。为保证数据库能高效、正常地运行，大型数据库系统都需要专人管理和维护。

5. 数据库应用系统

数据库应用系统（DataBase Application System，DBAS）是为了在某一领域应用而开发的数据库系统。

4.1.3 数据库系统的内部结构

数据库系统在其内部具有三级模式和两级映射。三级模式分别是概念模式、外模式和内模式;两级映射则分别是概念模式到内模式的映射以及外模式到概念模式的映射。

1. 数据库系统的三级模式

1) 概念模式

概念模式是数据库系统中全局数据逻辑结构的描述,是全体用户(应用)的公共数据视图。此种描述是一种抽象的描述,它不涉及具体的硬件环境与平台,也与具体的软件环境无关。一个数据库只有一个概念模式。

概念模式是所有概念记录类型的定义,是对数据库中所有记录类型的整体描述。概念模式还要描述记录之间的联系,以及记录之间的一些语义约束。

概念模式的描述可以用 DBMS 中的 DDL 定义。

2) 外模式

外模式也称为子模式或用户模式,它是用户与数据库系统的接口。它是用户的数据视图,也就是用户所见到的数据模式,它由概念模式推导而出。概念模式给出了系统全局的数据描述,而外模式则给出了每个用户的局部数据描述。一个概念模式可以有若干个外模式,每个用户只关心与自身有关的模式,这样不仅可以屏蔽大量无关信息,而且有利于数据保护。DBMS 提供外模式数据描述语言(外模式 DDL)来定义外模式。

3) 内模式

内模式又称物理模式。它给出了数据库物理存储结构与物理存取方法,如数据存储的文件结构、索引、集簇及散列等。内模式对一般用户是透明的,但它的设计直接影响数据库的性能。DBMS 提供内模式数据描述语言(内模式 DDL)来定义内模式。

数据模式给出了数据库的数据框架结构。数据是数据库中的真正实体,但这些数据必须按框架所描述的结构组织,以概念模式为框架所组成的数据库称为概念数据库,以外模式为框架组成的数据库称为用户数据库,以内模式为框架组成的数据库称为物理数据库。这 3 种数据库中只有物理数据库是真实存在于计算机外存中的,其他两种数据库并不真正存在于计算机中,而是通过两级映射与物理数据库相联系。

2. 数据库系统的两级映射

数据库系统通过两级映射建立了模式之间的联系与转换,使得概念模式与外模式虽然并不具备物理存在,但是也能通过映射而获得其实体。此外,两级映射也保证了数据库系统中数据的独立性,即数据的物理组织改变与逻辑概念改变相互独立,只需调整映射方式而不必改变用户模式。

1) 概念模式到内模式的映射

该映射给出了概念模式中数据的全局逻辑结构到数据的物理存储结构间的对应关系。该映射一般由 DBMS 实现。

当数据库的存储结构发生变化时,通过修改相应的概念模式到内模式的映射,使得数据库的概念模式不变,其外模式不变,应用程序不必修改,从而保证数据具有较高的物理独立性。

2）外模式到概念模式的映射

概念模式是全局模式，而外模式是用户的局部模式。在概念模式中可以定义多个外模式，而每个外模式是概念模式的一个基本视图。外模式到概念模式的映射给出了外模式与概念模式的对应关系，这种映射一般也是由 DBMS 实现的。

当概念模式发生变化时，通过修改相应的外模式到概念模式的映射，使得用户所使用的那部分外模式不变，应用程序不必修改，从而保证数据具有较高的逻辑独立性，如图 4-5 所示。

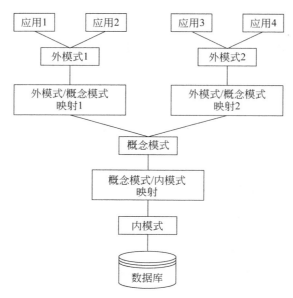

图 4-5　数据库的三级模式、两级映射的关系

4.2　数据模型

如何将现实世界的事物以及事物之间的联系在数据库中存储和处理，是数据库技术首先要解决的一个问题。数据模型是现实世界中数据特征的抽象，是一组严格定义的模型元素的集合。数据模型是数据库系统中用于数据表示和操作的一组概念和定义。各种数据库管理系统都是基于某种数据模型的。

数据模型按不同的应用层次分成概念数据模型、逻辑数据模型和物理数据模型 3 种类型。

概念数据模型又称概念模型，是一种面向客观世界、面向用户的模型，与具体的数据库管理系统和具体的计算机平台无关。概念模型是整个数据模型的基础。概念数据模型中最常用的是 E-R 模型、扩充的 E-R 模型、面向对象模型及谓词模型。

逻辑数据模型又称逻辑模型，是一种面向数据库系统的模型，该模型着重于在数据库系统一级的实现。概念模型只有在转换成逻辑模型后才能在数据库中表示。常用的逻辑模型有层次模型、网状模型、关系模型和面向对象模型等。

物理数据模型又称物理模型，是一种面向计算机物理表示的模型，该模型给出了数据模型在计算机上的物理结构表示，与具体的 DBMS、操作系统和硬件均有关。

4.2.1　E-R 模型

概念模型是面向现实世界的，它可以有效和自然地模拟现实世界，给出数据的概念化结构。长期以来被广泛使用的概念模型是 E-R 模型（Entity-Relation model，实体-联系模型），它于 1976 年由 Peter Chen 首先提出。该模型将现实世界的要求转化成实体、属性、联系等几个基本概念以及它们间的连接关系，并且可以用 E-R 图非常直观地表示出来。

1. E-R 模型的基本概念

实体：现实世界中的事物可以抽象为实体，实体是概念世界中的基本单位，它们是客观存在且又能相互区别的事物。有共性的实体可组成一个称为实体集的集合，如小王是一个学生实体，全体学生就是一个实体集。

属性：现实世界中的事物均有一些特性，这些特性在 E-R 模型中可以用属性来表示。属性刻画了实体的特征。一个实体往往可以有若干个属性。每个属性可以有属性值，例如，小王的年龄取值为 17，小赵为 19。一个属性的取值范围称为该属性的值域或值集。

联系：现实世界中事物间的关联称为联系。在概念世界中联系反映了实体集间的一定关系，如工人与设备之间的操作关系、上下级之间的领导关系、生产者与消费者之间的供求关系等。

联系可分为多种。一种是实体集内部的联系，它反映了实体集不同属性之间的联系；另一种是实体集之间的联系。两个实体集之间的联系实际上是实体间的函数关系，两个实体集之间的联系可以分为一对一联系、一对多联系、多对多联系 3 种。

一对一联系简记为 $1:1$。如果对于实体集 A 中的每一个实体，实体集 B 中至多只有一个实体与之联系，反之亦然，则称实体集 A 与实体集 B 具有一对一联系。例如，一个学校与一个校长相互一一对应，因此学校与校长间具有一对一联系。

一对多联系简记为 $1:n$。如果对于实体集 A 中的每一个实体，实体集 B 中有 n 个实体（$n \geqslant 0$）与之联系，反之，对于实体集 B 中的每一个实体，实体集 A 中至多只有一个实体与之联系，则称实体集 A 与实体集 B 具有一对多联系。例如，一个班级中有多名学生，而一个学生只属于一个班级，则班级与学生之间具有一对多联系。

多对多联系简记为 $m:n$。如果对于实体集 A 中的每一个实体，实体集 B 中有 $n(n \geqslant 0)$ 个实体与之联系，反之，对于实体集 B 中的每一个实体，实体集 A 中有 $m(m \geqslant 0)$ 个实体与之联系，则称实体集 A 与实体集 B 具有多对多联系。例如，一个教师可以教多个学生，而一个学生可以受教于多个教师，则教师与学生之间具有多对多联系。

2. 实体、联系和属性之间的关系

组成 E-R 模型的 3 个基本概念——实体、属性、联系结合起来才能表示现实世界。

（1）实体（联系）与属性之间的连接关系。实体是概念世界中的基本单位，属性附属于实体，它本身并不构成独立单位。一个实体可以有若干个属性，实体及它的所有属性构成了实体的一个完整描述。例如,在学生档案中,每个学生(实体)可以有学号、姓名、年龄、籍贯、政治面貌等若干属性,这些属性组成了该学生(实体)的完整描述。

　　一个实体的所有属性的值组成了一个值集,称为元组。在概念世界中,可以用元组表示实体,也可以用它区别不同的实体。例如,在如表 4-1 所示的学生档案表中,每一行表示一个实体,这个实体可以用一组属性值表示,如(201110012,李洪亮,男,18,计算机)、(201110013,刘刚,男,19,会计)这两个元组表示两个不同的实体。

表 4-1　学生档案表

学　　号	姓　名	性　别	年　龄	专　业
201110012	李洪亮	男	18	计算机
201110013	刘刚	男	19	会计
201110014	赵美	女	18	数学

　　实体有型与值之别,一个实体的所有属性构成了这个实体的型,如学生档案表中的实体型由学号、姓名、性别、年龄、专业 5 个属性组成,而实体中属性值的集合(即元组)则构成了这个实体的值。相同型的实体构成了实体集。

　　联系也可以有附属属性,联系和它的所有属性构成了联系的一个完整描述。因此,联系与属性间也有连接关系。例如,教师与学生两个实体集间的教与学的联系,该联系可以有附属属性"教室号"。

　　(2) 实体(集)与联系之间的连接关系。实体集间可通过联系建立连接关系,实体集间无法建立直接的连接关系,而只能通过联系才能建立连接关系。例如,教师与学生之间无法直接建立连接关系,只有通过"教与学"的联系才能建立连接关系。

3. E-R 模型的图示法

　　E-R 模型可以用一种非常直观的图的形式表示,这种图称为 E-R 图。在 E-R 图中分别用下面 3 种几何图形表示 E-R 模型中的 3 个概念。

　　(1) 实体集在 E-R 图中用矩形表示,在矩形内写上该实体集的名称,如学生实体集可用如图 4-6 所示的方法表示。

　　(2) 属性在 E-R 图中用椭圆形表示,在椭圆形内写上该属性的名称,如学生有属性学号、姓名,可用如图 4-7 所示的方法表示。

　　(3) 联系在 E-R 图中用菱形表示,在菱形内写上联系的名称,如学生与课程间的联系为选修,可用如图 4-8 所示的方法表示。

图 4-6　实体
图 4-7　属性
图 4-8　联系

　　3 个基本概念分别用 3 种几何图形表示,它们之间的连接关系也可用图形表示。

　　(4) 实体集(联系)与属性间的连接关系。在 E-R 图中,实体集与属性之间的连接关系可用连接这两个图形的无向线段表示。例如,学生实体集有学号、姓名、性别 3 个属性,如图 4-9 所示。

联系与属性间的连接关系也可用无向线段表示。例如,联系选修可与学生的成绩属性建立连接,如图 4-10 所示。

图 4-9　实体集与属性间的连接　　　　图 4-10　联系与属性间的连接

(5) 实体集与联系之间的连接关系。在 E-R 图中,实体集与联系间的连接关系可用连接这两个图形的无向线段表示。例如,实体集学生与联系选修间有连接关系,实体集课程与联系选修间也有连接关系,因此它们之间可用无向线段表示,如图 4-11 所示。

图 4-11　实体集与联系之间的连接

学生和课程两个实体集及其属性、这两个实体集间的联系选修以及选修的属性成绩构成了一个学生选修课程的 E-R 模型,如图 4-12 所示。

图 4-12　学生选修课程的 E-R 模型

4.2.2　常用的数据模型

常用的数据模型主要有层次模型、网状模型、关系模型等。

1. 层次模型

层次模型是用树形结构来表示实体及实体间联系的数据模型。这样的树由结点和连线组成,结点表示实体集,连线表示相连实体之间的关系。现实世界中有很多这样的层次关系。

图 4-13 是学校实体的层次模型。

层次模型的基本特点如下:

(1) 有且仅有一个结点无父结点,此结点是根结点。

(2) 其他结点有且仅有一个父结点。

支持层次模型的数据库管理系统称为层次数据库管理系统。

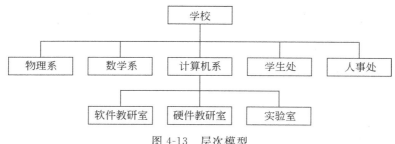

图 4-13　层次模型

2. 网状模型

网状模型是用网状结构表示实体及实体间联系的数据模型。网状模型突破了层次模型的两点限制,允许结点有多于一个的父结点,可以有一个以上的结点没有父结点。

图 4-14 为教师授课和学生选课的网状模型。

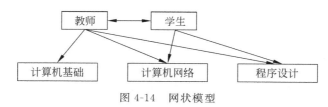

图 4-14　网状模型

支持网状模型的数据库管理系统称为网状数据库管理系统。

3. 关系模型

关系模型对数据库的理论和实践产生了很大的影响,它与层次模型和网状模型相比有明显的优点,是目前使用最广泛的数据模型。

1)关系的数据结构

关系模型是用二维表来表示实体及实体间联系的数据模型。表 4-2 所示的学生登记表就是一个关系模型。表中的行称为元组,表中的列称为属性。

表 4-2　学生登记表

学　　号	姓名	性别	出生日期	所在系
050120007	张从	男	1989-12-12	计算机系
050120008	陈平	女	1989-01-02	物理系
050120009	袁敏	女	1988-06-30	数学系

二维表一般满足以下 7 个性质:

(1)二维表中元组的个数是有限的——元组个数有限性。

(2)二维表中元组各不相同——元组的唯一性。

(3)二维表中元组的次序可以任意交换——元组的次序无关性。

(4)二维表中元组的分量是不可分割的基本数据项——元组分量的原子性。

(5)二维表中属性名各不相同——属性名的唯一性。

（6）二维表中属性与次序无关，可任意交换——属性的次序无关性。

（7）二维表中属性的分量具有与该属性相同的值域——分量值域的同一性。

满足以上 7 个性质的二维表称为关系（relation），以二维表为基本结构所建立的模型称为关系模型。

关系模型中一个重要的概念是键（key）或码。键具有标识元组、建立元组间联系等重要作用。在二维表中能唯一标识元组的最小属性集称为该表的键或码。二维表中可能有若干个键，它们称为该表的候选键（candidate key）或候选码。从所有候选键中选取一个作为用户使用的键，称为主键（primary key）或主码，一般主键也简称键或码。若表 A 中的某属性集是某表 B 的键，则称该属性集为 A 的外键（foreign key）或外码。

2）关系操纵

关系模型的关系操纵是建立在关系上的数据操纵，一般有查询、插入、删除及修改 4 种操作。

（1）数据查询。用户可以查询关系数据库中的数据，它包括一个关系内的查询以及多个关系间的查询。

对一个关系内查询的基本单元是元组分量，其基本过程是先定位后操作。所谓定位，包括纵向定位与横向定位两部分，纵向定位即指定关系中的一些属性（称列指定），横向定位即选择满足某些逻辑条件的元组（称行选择）。通过纵向与横向定位，一个关系中的元组分量即可确定。在定位后即可进行查询操作，就是将定位的数据从关系数据库中取出并放入指定的内存。

（2）数据插入。数据插入仅对一个关系而言，其功能是在指定关系中插入一个或多个元组。在数据插入中无须定位，仅需做关系中元组插入操作，因此数据插入只有一个基本操作。

（3）数据删除。数据删除的基本单位是一个关系内的元组，它的功能是将指定关系内的指定元组删除。它也分为定位与操作两部分，其中定位部分只要横向定位而无须纵向定位，定位后即执行删除操作。因此，数据删除可以分解为一个关系内的元组选择与关系中元组删除两个基本操作。

（4）数据修改。数据修改是在一个关系中修改指定的元组与属性。数据修改不是一个基本操作，它可以分解为删除需修改的元组与插入修改后的元组两个基本操作。

3）关系中的数据约束

关系模型允许定义 3 类数据约束，它们是实体完整性约束、参照完整性约束以及用户定义的完整性约束，其中前两种完整性约束由关系数据库自动支持。对于用户定义的完整性约束，则由关系数据库系统提供完整性约束语言，用户利用该语言写出约束条件，运行时由系统自动检查。

（1）实体完整性约束（entity integrity constraint）。该约束要求关系的主键中属性值不能为空值，这是数据库完整性的最基本要求，因为主键是唯一决定元组的，如为空值，其唯一性就成为不可能了。

（2）参照完整性约束（reference integrity constraint）。该约束是关系之间相关联的基本约束，它不允许关系引用不存在的元组，即关系中的外键要么是所有关联关系中实际存在的元组,要么就是空值。

（3）用户定义的完整性约束(user define integrity constraint)。这是针对具体数据环境与应用环境由用户具体设置的约束,它反映了具体应用中数据的语义要求。

实体完整性约束和参照完整性约束是关系数据库必须遵守的规则,在任何一个关系数据库系统中均由系统自动支持。

4.3　关　系　运　算

关系运算采用集合操作方式,即操作的对象和结果都是集合。关系模型中常用的关系运算包括两种:一种是传统的集合运算,主要包括并(union)、差(difference)、交(intersection)等;另一种是专门的关系运算,主要包括选择(select)、投影(project)、连接(join)、除(divide)、插入(insert)、删除(delete)、修改(update)等。在使用过程中,一些查询工作通常需要组合几个基本运算,并经过若干步骤才能完成。

4.3.1　传统的集合运算

进行并、差、交集合运算的关系必须具有相同的关系模式。设两个关系 R 和 S 具有相同的结构。

1. 并运算

R 和 S 的并是由属于 R 或属于 S 的元组组成的集合,即并运算的结果是把关系 R 与关系 S 合并到一起,去掉重复元组。运算符为 $\cup$,记为 $R \cup S$。

2. 差运算

关系 R 和 S 的差是由属于 R 但不属于 S 的元组组成的集合,即差运算的结果是从 R 中去掉 S 中也有的元组。运算符为 $-$,记为 $R-S$。

3. 交运算

关系 R 和 S 的交是由既属于 R 又属于 S 的元组组成的集合,即运算结果是 R 和 S 的共同元组。运算符为 $\cap$,记为 $R \cap S$。

4. 笛卡儿积运算

关系 R 和 S 的笛卡儿积是由 R 中每个元组与 S 中每个元组组合生成的新关系,即新关系的每个元组左侧是关系 R 的元组,右侧是关系 S 的元组。运算符为 $\times$,记为 $R \times S$。

4.3.2　专门的关系运算

专门的关系运算包括选择、投影和连接运算。这类运算将关系看作元组的集合,其运算不仅涉及关系的水平方向(表中的行),而且也涉及关系的垂直方向(表中的列)。

1. 选择运算

选择运算是从关系 R 中找出满足给定条件的元组组成新的关系。选择的条件以逻辑表达式给出,使逻辑表达式的值为真的元组将被选取,记为 $\delta_F(R)$。其中 F 是选择条件,它是一个逻辑表达式,由逻辑运算符($\wedge$ 或 $\vee$)和比较运算符($>$、$>=$、$<$、$<=$、$<>$)组成。

选择运算是一元关系运算,选择运算的结果中元组个数一般比原来关系中元组个数少,它是原关系的一个子集,但关系模式不变。

2. 投影运算

投影运算是选择关系 R 中的若干属性组成新的关系,并去掉重复元组,是对关系的属性进行筛选,记为 $\Pi_A(R)$。其中 A 为关系的属性列表,各属性间用逗号分隔。

投影运算是一元关系运算,相当于对关系进行垂直分解。一般其结果中关系属性个数比原来关系中属性个数少,或者属性的排列顺序不同。投影运算的结果不仅取消了原来关系中的某些列,而且还可能取消某些元组(去掉重复元组)。

3. 连接运算

连接运算是依据给定的条件从两个已知关系 R 和 S 的笛卡儿积中选取满足连接条件(属性之间)的若干元组组成新的关系。记为 $(R) \bowtie (S)$。

连接运算是笛卡儿积导出的,相当于把两个关系 R 和 S 的笛卡儿积做一次选择运算,从笛卡儿积的全部元组中选择满足条件的元组。

连接运算与笛卡儿积的区别是:笛卡儿积是关系 R 和 S 所有元组的组合,而连接只是满足条件的元组的组合。

连接运算的结果中元组、属性个数一般比两个关系中元组、属性总数少,比其中任意一个关系的元组、属性个数多。

连接运算分为条件连接、等值连接、自然连接、外连接等。

(1)条件连接:从两个关系的笛卡儿积中选取属性间满足一定条件的元组。

(2)等值连接:从关系 R 和 S 的笛卡儿积中选取属性间满足等值条件的元组。

(3)自然连接:也是等值连接,从两个关系的笛卡儿积中选取公共属性满足等值条件的元组,但新关系不包含重复的属性。

(4)外连接:分为左外部连接和右外部连接。关系 R 和 S 的左外部连接结果是先将 R 中的所有元组都保留在新关系中,包括公共属性不满足等值条件的元组,新关系中与 S 相对应的非公共属性的值均为空。关系 R 和 S 的右外部连接结果是先将 S 中的所有元组都保留在新关系中,包括公共属性不满足等值条件的元组,新关系中与 R 相对应的非公共属性的值均为空。

4.4　数据库设计

数据库设计是开发数据库及其应用系统的技术,数据库应用系统是以数据库为核心和基础的,所以数据库设计的好坏直接影响整个系统的效率和质量。只有设计出高质量的数据库,才能开发出高质量的数据库应用系统。数据库设计包括需求分析、概念结构设计、逻辑结构设计、物理结构设计、数据库实施、数据库运行和维护 6 个阶段。

1. 需求分析

需求分析是数据库设计的第一阶段,这一阶段是设计概念结构的基础。而要设计好概念结构,就必须在需求分析阶段用系统的观点来考虑问题,收集和分析数据,并对其进行处理。

需求分析阶段的任务是通过详细调查现实世界要处理的对象(组织、部门、企业等),充分了解原系统的工作概况,明确用户的各种需求,然后在此基础上确定新系统的功能。新系统必须充分考虑今后可能的扩充和改变,不能仅按当前应用需求来设计数据库。

2. 概念结构设计

概念结构设计是整个数据库设计的关键,它通过对用户需求进行综合、归纳与抽象,形成一个独立于具体 DBMS 的概念模型。概念模型能够真实地反映现实世界信息需求,包括实体及实体间的联系,同时又易于向关系、网状、层次等各种数据模型转换。概念模型便于和不熟悉计算机专业知识的用户进行交流。当应用环境和用户需求发生改变时,概念模型又可以很容易地做相应调整。描述概念模型的有效工具是 E-R 图。

3. 逻辑结构设计

逻辑结构设计是将概念结构设计阶段设计好的概念模型(用 E-R 图描述)转换为选定的 DBMS 产品所支持的数据模型,并使其在功能、性能、完整性、一致性和可扩充性等方面均满足用户的需求。逻辑结构设计要分两步进行:

(1) 将概念模型转换为关系模型,并对关系模型进行优化。

(2) 将优化的关系模型向特定的 RDBMS(关系型数据库管理系统)产品支持下的数据模型转换,就是将一般的关系模型转换为符合某一具体的能被计算机接受的 RDBMS 模型(如 Oracle、SQL Server 等)。

4. 物理结构设计

数据库的物理结构是指数据库在物理设备上的存储结构与存储方法。物理结构设计是为逻辑数据模型选取一个最适合应用环境的物理结构,即利用选定的 RDBMS 提供的方法和技术,以合理的存储结构设计一个高效的、可行的数据库物理结构。

5. 数据库实施

数据库实施阶段的任务就是根据逻辑结构设计和物理结构设计的结果,在实际选定的 RDBMS 上建立数据库。通常要做以下两项工作:

(1) 建立数据库的结构。利用 RDBMS 提供的数据定义语言将逻辑结构设计和物理结构设计结果描述为源程序,调试通过后就完成了数据库结构的建立。

(2) 输入模拟数据并调试应用程序。

6. 数据库运行和维护

数据库试运行合格后,数据库设计工作就基本完成,即可投入正式运行。在数据库运行阶段,对数据库的维护工作主要由数据库管理员完成,主要的工作包括数据库的转储和恢复、数据库的安全性和完整性控制、数据库性能的监督和分析、数据库的重组织与重构造等。

4.5　常见的数据库管理系统

当前流行的数据库管理系统产品主要有 SQL Server、Oracle、DB2、Sybase 等。

1. SQL Server

SQL Server 是微软公司开发的一种关系数据库管理系统。它采用二级安全验证、登录验证及数据库用户账号和角色的许可验证。它支持两种身份验证模式：Windows NT 身份验证和 SQL Server 身份验证。SQL Server 可以在不同的操作平台上运行，支持多种不同类型的网络协议，如 TCP/IP、IPX/SPX 等。

2000 年 4 月，微软公司推出了 SQL Server 2000 Beta2 版，又于同年 8 月推出了 SQL Server 2000 正式版，其中包括企业版、标准版、开发版和个人版。目前最新的版本是 SQL Server 2019。

2. Oracle

Oracle 是 Oracle 公司开发的大型关系数据库系统。Oracle 数据库系统支持多种系统平台（如 Linux、SunOS、Windows NT 等）。1997 年 Oracle 公司推出了 Oracle 8，1999 年又推出了 Oracle 8i，它是世界上第一个全面支持 Internet 的数据库，是唯一具有集成式 Web 信息管理工具的数据库，也是世界上第一个具有内置 Java 引擎的可扩展的企业级数据库平台。它具有在一个易于管理的服务器中同时支持数千个用户的能力，可以帮助企业充分利用 Java，以满足其迅速增长的 Internet 应用需求。

3. DB2

IBM 公司的 DB2 家族产品适合于各种硬件平台，可移植性好，能满足不同用户的需求。DB2 产品可分为 5 类：DB2 数据库服务器、网关、数据复制、数据库管理系统和客户机产品。

DB2 通用数据库 7. x 版可以运行于 UNIX、Linux 及 Windows 等 20 余种通用平台之上，并成为业界第一个将 Internet 检索与关系数据库的可扩展性和可用性有效集成的数据库管理系统。

4. Sybase

美国 Sybase 公司促进了客户/服务器结构的迅猛发展。它的产品有 Sybase SQL Server 是一个面向联机事务处理的可编程服务器；Sybase Navigation Server 是导航服务器，它允许多个 SQL Server 在分布环境中共同工作，对所有查询和事务提供并行处理。

4.6　数据处理

大数据时代对人们的数据驾驭能力提出了新的挑战，也为人们获得更为深刻、全面的洞察能力提供了前所未有的空间与潜力。在商业、经济、医疗和科学计算等各个领域中，将日益基于数据和分析来做出决策，而并非基于经验和直觉。

4.6.1　数据处理概述

1. 数据获取

数据获取是指对于日常学习、工作或生活中所看到的、听到的或者发生的一切事物，通过各种方式或利用各种电子设备捕获其相关数据。

数据获取方法非常广泛，主要有两种。第一种是利用计算机的专用程序直接将数据由输入设备录入到计算机中，并以文件的形式存储在计算机的存储设备中，例如，利用计算机应用程序创建用户文件，直接通过键盘录入产生的工作报告、论文、作业等；第二种是利用各种电子设备直接获取，如数码相机、手机、摄像机、录音笔、扫描仪、RFID（射频辨识系统）等。这些电子设备都有与计算机的连接接口，一般为 USB 接口，通过数据线或读卡器连接，可以将数据导入到计算机中，然后再经过转换，变成计算机可以识别并存储的数据文件。

2. 数据处理

获取的各种数据都是有价值或珍贵的原始资料，若想长期记录与保存下来或者是再利用，就需要将这些数据以文件的形式存储在计算机的存储设备中，再经过计算机的加工处理，以各种数据文件方式呈现出来，如形成一个电子照片、一个电子文档、一个演示文稿或一份数据分析统计报告与实验结果文件等。

数据处理的方式也是各种各样，主要方法有两种：一是利用各种应用程序创建数据文档文件，包括文字文档、表格文档、图形图像文档、音频和视频文档等；二是利用计算机语言编写程序，开发出各种数据处理的应用程序，最典型的应用就是人事管理系统、财务管理系统、学籍管理系统等。经过计算机应用程序的加工处理后，这些数据文件就可以长期保存，也可以再利用。

4.6.2　常用的数据处理应用

1. 文字处理应用程序

文字处理是指对文字信息进行组织加工处理的过程，而文字处理软件正是为实现文字处理功能而开发的应用程序。应用程序一般分为基本应用和高级应用两类。基本应用主要包括文档的建立、编辑与打印；高级应用则包括对文档进行格式设置，如图、文、表混排技术，添加艺术字，文档页面格式设置与排版打印等功能。不同的文字处理软件提供的功能是有区别的，但基本操作大同小异。在应用中，要根据实际需要选择相应的文字处理软件。例如，如果要建立一篇纯中文或英文的文档，这时选择 Windows 下的记事本程序就可以了；如果要创建的文档包含有图形、表格或数据图表，这时就不能选择记事本程序了，因为它本身不支持图形或表格数据，需要选择 Word 或 WPS，都可以实现并满足要求。

常用的文字处理软件有 Windows 系统下的记事本、写字板，Office 中的 Word，金山公司的 WPS，UNIX 下的 Vi，Mac OS 下的 Apple Works 等。

记事本是一个纯 ASCII 码格式的文字处理应用程序，文件扩展名为 .txt，也可以认为它是各类文字处理应用程序的接口软件。Word、WPS 都是运行在 Windows 环境下的集文字、图形、表格、打印技术为一体的文字处理软件,具有功能强、操作简单等特点,尤其是排版功能更为突出,是办公自动化的理想工具。Vi 是 UNIX 系统中一个纯英文的文字处理程序。Apple Works 则是 Mac OS 下的办公软件,是苹果公司开发的集文档处理、页面设计、图形、表格、资料库与简报等多种功能组合而成的一个办公应用软件。

2. 表处理应用程序

表处理是指对大量有规律的数据进行处理、计算、汇总与打印的过程。计算机的表处理方式通常分为如下 3 类:

第一类,嵌入在某个应用程序中,直接在该应用程序中实现表处理功能,如 Word、WPS 都是具有表格处理功能的文字处理程序。

第二类,具有独立表数据处理应用的程序,如 Excel 程序就是一个专门用于表数据处理的应用程序,且功能强大。可以说有了 Excel 程序,不用编程即可实现财务计算的大多数功能,是办公数据处理与财务计算的得力帮手。

第三类,基于数据库应用层面的、专门用于大量数据处理的软件,其主要特点就是处理的数据量大且数据类型复杂,具有多复合、多交叉的数据类型与结构,尤其是对海量数据的管理与处理更为方便,如 Access、Oracle、MySQL、Sybase 等都是常用的数据库管理软件。

3. PDF 阅读器

PDF(Portable Document Format,便携文档格式)阅读器是专门用于阅读和转换 PDF 文件的工具。目前,PDF 文件已经成为数字化信息事实上的一个工业标准,具有许多其他电子文档格式无法比拟的优点。其一,PDF 文件可以将文字、字型、格式、颜色及独立于设备和分辨率的图形图像等封装在一个文件中;其二,PDF 文件支持长文档文件,且文件集成度和安全可靠性都很高;其三,PDF 文件使用了工业标准的压缩算法,文件小,易于传输与存储,尤其适合在网络中传输。正是由于 PDF 文件的种种优点,它已成为出版业的新宠。

目前,Adobe 及 Foxit 公司都提供多个版本的 PDF 阅读器,且版本不断更新,功能越来越强。其中 Adobe Reader 是美国 Adobe 公司开发的一款优秀的 PDF 文件阅读软件,具有良好的跨平台性。PDF 文件可以运行在 Windows、UNIX 甚至苹果公司的 Mac OS 操作系统平台上。这一特点使其成为在 Internet 上进行电子文档发行和数字化信息传播的理想文件格式,越来越多的电子图书、公司文告、网络资料及电子邮件都开始使用 PDF 文件。Foxit Reader 是一款针对 Linux 平台开发的免费的 PDF 文档阅读器和打印器。克克 PDF 阅读器则是一款优秀的国产 PDF 阅读器。

4.7　用 Excel 处理数据

Excel 是 Office 组件中的电子表格软件,集电子表格、图表、数据管理于一体,支持文本和图形编辑,具有功能丰富、用户界面良好等特点。利用 Excel 提供的函数计算功能,用户很容易完成数据计算、排序、分类汇总及报表等。

4.7.1　Excel 2010 窗口

在 Windows 7 环境下,执行"开始"→Microsoft Office→Microsoft Office Excel 2010 命令,可以打开 Excel 2010 应用程序窗口,同时系统自动创建文档编辑窗口,并用"工作簿1"命名,每创建一个文档便打开一个独立的窗口。

Excel 2010 窗口由标题栏、快速访问工具栏、功能区、数据编辑区、状态栏等组成,如图 4-15 所示。

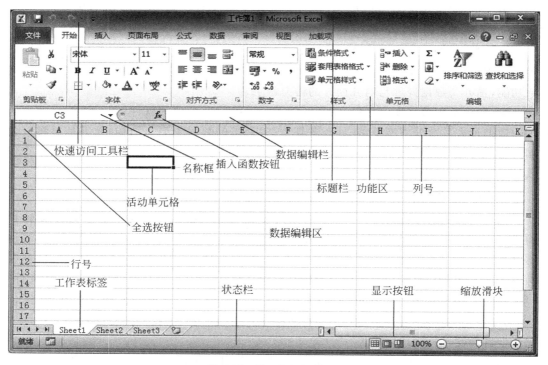

图 4-15　Excel 2010 窗口

1. 标题栏

标题栏位于窗口的顶端,它显示了当前编辑的文档名称、文档是否为兼容模式,还包括最小化、最大化和关闭按钮。

2. 快速访问工具栏

快速访问工具栏位于标题栏左侧。用户可以在快速访问工具栏中放置一些最常用的命令,例如新建、保存、撤销、打印等。

3. 功能区

Excel 2010 的功能区包括"开始""插入""页面布局""公式""数据""审阅""视图"等面板,这些面板中集成了 Excel 的操作命令,每个功能区根据操作对象的不同又分为若干个组,每个组集成了功能相近的命令。

4. 数据编辑区

数据编辑区位于功能区下方,是 Excel 与 Office 其他应用程序窗口的主要区别之一,主要用来输入、编辑单元格或图表的数据,也可以显示活动单元格中的数据或公式。数据编辑区的顶部有名称框、插入函数按钮和数据编辑栏。名称框用于显示当前活动单元格的地址或单元格区域名;插入函数按钮用来在公式中使用函数;数据编辑栏显示活动单元格的数据或公式。

工作表位于工作簿窗口的中央区域,Excel 中的大部分操作都是在工作表中进行的。位于工作表左侧的灰色编号为各行的行号,位于工作表上方的灰色字母区域为各列的列号。每张工作表由列和行交叉所构成的单元格组成。在 Excel 中,每张工作表最多可以有 1 048 576 行、16 384 列,工作表的名称默认用 Sheet1、Sheet2 等标识,双击或右击工作表标签可以重命名。

在 Excel 中,由列和行所构成的单元格组成了工作表。输入的所有数据都显示在单元格中,这些数据可以是一个字符串、一组数字、一个公式、一个图形或声音文件等。

每个单元格都有其固定的地址,如 A 列、第 3 行的单元格的地址是 A3。同样,一个地址也唯一地表示一个单元格,如 B5 指的是 B 列与第 5 行交叉位置上的单元格。当前正在使用的单元格称为活动单元格,输入的数据会被保存在该单元格中。

5. 状态栏

窗口最下方是状态栏,主要实现当前状态显示、常用视图切换和显示比例调节等功能。

4.7.2　建立和编辑文档

1. 建立文档

启动 Excel 2010 后,会自动建立一个新文档,也可以执行"文件"→"新建"命令或单击快速访问工具栏中的"新建"按钮来创建文档。Excel 文档也称为工作簿,是用来存储并处理数据的一个或多个工作表的集合。新建的文档默认名为"工作簿 1"。Excel 文档以 .xlsx 为文件扩展名。

2. 管理工作簿

一个 Excel 文档(即一个工作簿)包括若干工作表。新建的工作簿包含 3 个工作表,若需要改变默认工作表数,可通过"文件"菜单中的"选项"打开"Excel 选项"对话框进行设置。

当前活动窗口为第一个工作表(Sheet1)。单击工作表标签,可在不同工作表之间切换。双击工作表标签可实现重命名。右击工作表标签可实现工作表的插入、删除和重命名等。

3. 保存工作簿

需要保存工作簿到指定的磁盘中时,可按如下步骤操作:

(1)执行"文件"→"保存"命令或单击快速访问工具栏"保存"按钮,弹出如图 4-16 所示的"另存为"对话框。

图 4-16   "另存为"对话框

（2）在文件夹窗格中，选择文件的保存位置，在"文件名"文本框中输入新文件名，单击"保存"按钮，完成文档保存操作。

Excel 2010 提供了自动保存功能来防止断电或死机等意外事故的发生。通过执行"文件"→"选项"命令，在打开的"Excel 选项"对话框中，选择"保存"选项来指定自动保存时间间隔，系统默认为 10min。

执行"文件"→"另存为"命令，在打开的"另存为"对话框中选择文件夹并输入新的文件名，可将该文档另存为备份，这样就在原来文档的基础上产生了一个新文档。

4. 关闭文档

执行"文件"→"关闭"命令，或单击 Excel 窗口右上角的"关闭"按钮，或按快捷键 Alt＋F4，即可关闭文档。

4.7.3   输入数据

Excel 的工作表中可以存储不同类型的数据，如数字、文本、日期时间、公式等。在工作表中，信息存储在单元格中。用 Excel 来组织、计算和分析数据，必须首先将原始数据输入工作表中。

1. 选定单元格或单元格区域

在编辑 Excel 工作表中的数据之前，要先确定操作的对象。对象可以是一个单元格或一个单元格区域。若选定一个单元格，它会被粗框线包围；若选定单元格区域，这个区域会以高亮方式显示。选定的单元格就是活动单元格，也就是当前正在使用的单元格，它能接收键盘的输入或进行单元格的复制、移动、删除等操作。选定单元格或单元格区域的方法如表 4-3 所示。

表 4-3 选定单元格或单元格区域的方法

选 定 对 象	执 行 操 作
相邻的单元格区域	选定该区域的第一个单元格，拖动鼠标至最后一个单元格
不相邻的单元格区域	选定第一个单元格，按 Ctrl 键选择其他单元格
整行	单击行号
整列	单击列号
相邻的行或列	沿行号或列号拖动鼠标
不相邻的行或列	先选定第一行或第一列，然后按住 Ctrl 键再选定其他行或列
工作表中所有单元格	单击全选按钮

2. 输入数据

向 Excel 当前单元格中输入数据时，数据分为文本、数值或日期时间 3 种类型。输入数据时，首先应选定单元格，然后输入数据，最后按 Enter 键确认。

1）文本数据

文本数据可以是字母、数字、字符（包括大小写字母、数字和符号）的任意组合。Excel 自动识别文本数据，并将文本数据在单元格中左对齐。如果右边相邻单元格中无数据出现，Excel 允许长文本串覆盖在右边相邻单元格上。如果右边相邻单元格中有数据，当前单元格中过长的文本将被截断显示。

有些数字（如电话号码、邮政编码）由于一般不参加数学运算，常常将其当作文本处理。此时只需在输入数字前加上一个英文的单引号，Excel 就会将把它当作文本处理。

2）数值数据

数值可以是整数、小数、分数或科学记数法形式的数（如 4.09E+13）。在数值中可出现正号、负号、百分号、分数线、指数符号以及货币符号等。如果输入的数值太长，单元格中放不下，Excel 将自动采用科学记数法的形式，但在数据编辑栏中将以完整的数据格式显示。

当输入的数值数据超出单元格长度时，数值数据在单元格中会以＃＃＃＃的形式出现，此时需要人工调整单元格的列宽，以便能看到完整的数值。对任何单元格中的数值，无论 Excel 如何显示它，单元格都是按该数值实际输入值存储的。当一个单元格被选定后，其中的数值即按输入时的形式显示在数据编辑栏中。默认情况下，数值型数据在单元格中右对齐。

3）日期时间数据

Excel 内置了一些日期时间的格式，当输入数据与这些格式相匹配时，Excel 将自动识别它们。Excel 中常见日期时间格式为 mm/dd/yy、hh:mm（AM/PM）、dd-mm-yy 等。

4）数据的自动填充

Excel 的数据自动填充功能为输入有规律的数据提供了很大的方便。有规律的数据是指等差、等比、系统预定义的数据序列及用户自定义的数据序列。

在 Excel 中，被选定的单元是活动单元格，活动单元格右下角的小黑块称作填充柄。

通过鼠标拖动填充柄,可以实现自动填充功能。

实际上,在鼠标拖动的过程中,Excel 预测时自动填充的数据为等差数列。

除了使用鼠标拖动填充数据外,还可以在"开始"面板中,选择"编辑"组中的"填充"命令完成复杂的填充操作。在使用公式计算 Excel 表格中数据的时候,将自动填充功能和公式结合使用,可以很方便地对表格中的数据进行计算。

3. 公式

公式是指一个由数值、单元格引用(名称)、运算符、函数等组成的算式。利用公式可以根据已有的数值计算出一个新值,当公式中相应单元格的值改变时,由公式生成的值也将随之改变。公式是电子表格的核心,也是 Excel 的主要特色之一。

在单元格中输入公式要以=开始,输入完成后按 Enter 键确认,也可以按 Esc 键取消输入的公式。Excel 将公式显示在数据编辑栏中,而在包含该公式的单元格中显示计算结果。

Excel 公式中包括的运算符有引用运算符、算术运算符、文本运算符和关系运算符4 类,如表 4-4 所示。运算符的优先级别为引用运算符最高,其次是算术运算符、文本运算符,最后是关系运算符。

表 4-4   Excel 公式中的运算符

运算符类型	表示形式及含义	实　　例
引用运算符	:、!、,	Sheet2!B5 表示工作表 Sheet2 中的 B5 单元格
算术运算符	+、−、*、/、%、^	3^4 表示 3 的 4 次方,结果为 81
文本运算符	&	"North"&"west"结果为"Northwest"
关系运算符	=、>、<、>=、<=、<>	2>=3 结果为 False

4. 函数

1) 函数的概念

函数是预先定义好的公式,用来进行数学、统计、日期、逻辑运算。Excel 提供了多种功能完备且易于使用的函数。函数调用的语法形式为

函数名(参数 1,参数 2,参数 3,…)

例如,AVERAGE(B2:B5)、SUM(23,56,28)都是合法的函数调用。

函数应包含在单元格的公式中,函数名后面的括号中是函数的参数,括号前后不能有空格。参数可以是数字、文字、逻辑值或单元格的引用,也可以是常量或公式。例如,AVERAGE(B2:B5)是求平均值函数,函数名是 AVERAGE,参数为 B2:B5,共 4 个单元格,该函数的功能是求 B2、B3、B4、B5 这 4 个单元格的平均值。

2) 常用函数

为便于计算、统计、汇总和数据处理,Excel 提供了大量函数。常用函数如表 4-5所示。

表 4-5　常用函数

类　别	函数名	格　式	功　能	实　例
数学函数	ABS	ABS(num1)	计算绝对值	ABS(−2.7)，ABS(D4)
	MOD	MOD(num1,num2)	计算 num1 和 num2 相除的余数	MOD(20,3)，MOD(C2,3)
	SQRT	SQRT(num1)	计算平方根	SQRT(45)，SQRT(A1)
	SUM	SUM(num1,num2,…)	计算所有参数的和	SUM(34,2,5,4.2)
	AVERAGE	AVERAGE(num1,num2,…)	计算所有参数的平均值	AVERAGE(D3:D8)
统计函数	MAX	MAX(num1,num2,…)	计算所有参数的最大值	MAX(D3:D8)
	MIN	MIN(num1,num2,…)	计算所有参数的最小值	MIN(34,−2,5,4.2)
	COUNT	COUNT(num1,num2,…)	计算参数中数值型数据的个数	COUNT(A1:A10)
	COUNTIF	COUNTIF(num1,num2,…)	计算参数中满足条件的数值型数据的个数	COUNTIF(B1:B8,>80)
	RANK	RANK(num1,list)	计算数字 num1 在列表 list 中的排位	RANK(78,C1:C10)
日期函数	TODAY		计算当前日期	TODAY()
	NOW		计算当前日期时间	NOW()
	YEAR	YEAR(d)	计算日期 d 的年份	YEAR(NOW())
	MONTH	MONTH(d)	计算日期 d 的月份	MONTH(NOW())
	DAY	DAY(d)	计算日期 d 的天数	DAY(TODAY())
	DATE	DATE(y,m,d)	返回由 y、m、d 表示的日期	DATE(2010,11,30)
逻辑函数	IF	IF(logical,num1,num2)	如果测试条件 logical 为真，返回 num1,否则返回 num2	E3＝IF(D3>60,80,0)

5. 单元格引用

当某个单元格的数据改变时,公式的值也将随之改变。这种在公式中使用其他单元格数据的方法叫作单元格引用。

在一个公式中可以使用当前工作表中其他单元格的数据,还可以使用同一工作簿中其他工作表中的数据,也可以使用其他工作簿的工作表中的数据。一个单元格引用的是其他单元格的地址。Excel 中公式的关键就是灵活地使用单元格引用。单元格引用包括相对引用、绝对引用和混合引用。

1) 相对引用

相对引用是指当把一个含有单元格地址的公式复制到一个新的位置时,公式中的单元格地址会随之改变,这是 Excel 默认的引用形式。在输入公式时单元格引用和公式所在单元格之间通过它们的相对位置建立了一种联系。当公式被复制到其他位置时,公式中的单元格引用也作相应的调整,使得这些单元格和公式所在的单元格之间的相对位置不变,这就是相对引用。

2) 绝对引用

在单元格引用过程中,如果公式中的单元格地址不随着公式位置变化而发生变化,这种引用就是绝对引用。在列号和行号之前加上符号 $ 就构成了单元格的绝对引用,如 C3、F6 等。

3) 混合引用

在某些情况下,公式复制时,可能只有行或只有列保持不变,这时就需要混合引用,混合引用是指包含相对引用和绝对引用的引用。例如,$A1 表示列的位置是绝对的,行的位置是相对的;而 A$1 表示列的位置是相对的,而行的位置是绝对的。

例如,如果 F3=$C3+D$3,当 F3 单元格复制到 F4 单元格时,F4 单元格的公式是 $C4+E$3。

在 Excel 中还可以引用其他工作表中的内容,方法是在公式中包括工作表引用和单元格引用。例如,当前工作表为 Sheet1,要引用工作表 Sheet3 中的 B18 单元格,可以在公式中输入 Sheet3!B18,用感叹号(!)将工作表引用和单元格引用隔开。另外,还可以引用其他工作簿的工作表中的单元格。例如,[Book5]Sheet2!A5 表示引用工作簿 Book5 中的工作表 Sheet2 中的单元格 A5。

默认情况下,当引用的单元格数据发生变化时,Excel 都会自动进行重新计算。

4.7.4 编辑和格式化工作表

在数据输入的过程中或数据输入完成后,需要对工作表进行编辑修改。最后,还要完成工作表格式化工作,使工作表更美观、实用。

1. 编辑工作表

1) 单元格操作

(1) 修改单元格内容。

单击要修改内容的单元格,输入新数据,输入的数据将覆盖单元格中原来的数据。如果只想修改单元格中的部分数据,可用鼠标在单元格内双击,然后修改。也可以将鼠标指针移至数据编辑栏中,在要修改的地方单击,对单元格内容做修改。

(2) 清除单元格内容。

选定要清除内容的单元格或区域后,按 Delete 键。如果要清除单元格或单元格区域中的格式或批注,应先选定单元格或单元格区域,在"开始"功能区中,执行"编辑"组中的清除命令,根据提示再选择相应的选项。

(3) 插入单元格。

在"开始"功能区中,执行"单元格"组中的"插入"命令可以插入一个或多个单元格、整个行或列。如果将单元格插入已有数据的中间,会引起其他单元格下移或右移。

（4）删除单元格

选定要删除的单元格、行或列，在"开始"功能区中，执行"单元格"组中的"删除"命令，在弹出的"删除"下拉菜单中根据需要进行选择。当删除一行时，下面的行上移以填充空间；当删除一列时，右边的列向左移。

删除命令和清除命令不同。清除命令只能移走单元格的内容，而删除命令将同时移走单元格的内容与空间。Excel 删除行或列后，将其余的行或列按顺序重新编号。

2）工作表操作

（1）插入和删除工作表。

执行"开始"→"单元格"→"插入"命令，在弹出的下拉菜单中选择"插入工作表"选项，可以实现工作表的插入操作。

单击工作簿中的工作表标签，选定要删除的工作表，执行"开始"→"单元格"→"删除"命令，在弹出的下拉菜单中选择"删除工作表"选项，即可将当前工作表删除。

插入和删除工作表也可以通过右键快捷菜单实现。

（2）移动和复制工作表。

通过鼠标拖动或菜单操作这两种方法可以实现移动或复制工作表。

第1种方法是单击要移动的工作表标签并拖动鼠标，工作表标签上方出现一个黑色小三角以指示移动的位置，当黑色小三角出现在指定位置时释放鼠标，就实现了工作表的移动操作。如果想复制工作表，则在拖动的同时按下 Ctrl 键，此时在黑色小三角的右侧出现一个＋表示工作表可进行复制。此方法适用于在同一工作簿中移动或复制工作表。

第2种方法是右击要复制或移动的工作表标签，再选择快捷菜单中的"移动或复制工作表"命令，出现如图 4-17 所示的对话框，之后选择目的工作簿和插入位置，如移动到某个工作表之前或最后，单击"确定"按钮即完成了不同工作簿间工作表的移动。

若选中"建立副本"复选框则为复制操作。此方法适用于在不同工作簿中移动或复制工作表。

图 4-17　"移动或复制工作表"对话框

2．格式化工作表

1）设置单元格格式

设置单元格格式主要包括设置单元格中数字的类型、文本的对齐方式、字体、单元格的边框、图案及单元格的保护等。

选择单元格或单元格区域后，执行"开始"→"单元格"→"格式"命令，弹出设置"格式"的下拉菜单，选择"设置单元格格式"选项，出现如图 4-18 所示的对话框，在此对话框中即可进行单元格格式化。

- 通过"数字"选项卡中的"分类"列表框，可以设置单元格数据的类型。
- 通过"对齐"选项卡可以设置文本的对齐方式、合并单元格、单元格数据的自动换行等。Excel 默认的文本格式是左对齐的，而数字、日期和时间是右对齐的，更改

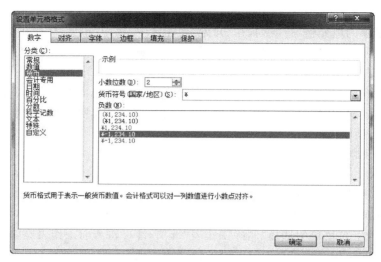

图 4-18　"设置单元格格式"对话框

对齐方式并不会改变数据类型。

- 通过"字体"选项卡可对单元格数据的字体、字形和字号进行设置,操作方法与 Word 相同。需要注意的是,应先选中操作的单元格数据,再执行设置命令。
- 通过"边框"选项卡提供的样式为单元格添加边框,这样能够使打印出的工作表更 加直观清晰。初始创建的工作表表格没有实线,数据编辑区中的格线仅仅是为用 户创建表格数据方便而设置的。要想打印出具有实线的表格,可在该选项卡中进 行设置。
- 通过"图案"选项卡为单元格添加底纹,并可设置单元格底纹的图案。
- 通过"保护"选项卡可以隐藏公式或锁定单元格,但该功能需要在工作表被保护时 才有效。

图 4-19 是工作表数据格式化的一个实例。

	A	B	C	D	E	F
1	原数据格式	-6937.4	345	1月22日	水平和垂直居中	单元格内换行
2	格式化后数据格式	-6,937.40	¥345.00	二〇一一年一月二十二日	水平和垂直居中	单元格内换行
3						
4	说明	设置负数格式	加货币符号	更改日期格式	设置水平和垂直居中	单元格内换行

图 4-19　数据格式化的效果

2）设置行或列

（1）设置行高或列宽。

默认情况下,所有行高相同,所有列宽相同。当处理的数据需要改变行高或列宽时, 主要可以通过以下方式实现。

- 选中需调整的行（列）或该行（列）的单元格,通过执行"开始"功能区中的"单元 格"→"格式"→"行高"（列宽）命令实现。

- 右击需调整的行表头(列表头),通过执行快捷菜单中的"行高(列宽)"命令实现。
- 将鼠标置于需调整行(列)与下一行(列)的分隔线处,当鼠标光标呈现细十字形状时,按住鼠标左键,上下(左右)拖动,可以实现调整行高(列宽)。

（2）插入和删除行或列。

插入和删除行(列),主要有以下几种实现方式。

- 右击需插入或删除的行表头(列表头),执行快捷菜单中的"插入"或"删除"命令。
- 选中需处理的行(列)或该行(列)的单元格,执行"开始"功能区中的"单元格"→"插入"→"插入工作表行(列)"命令。
- 右击相应位置的行(列)的单元格,执行快捷菜单中的"插入"或"删除"命令,选择整行(整列)。

（3）复制和剪切行或列。

复制和剪切行(列),主要有以下几种实现方式。

- 选中相应位置的行(列),执行"开始"功能区中的"剪贴板"→"复制"或"剪切"命令。选中目标行(列),执行"粘贴"命令,将覆盖目标行(列)。
- 右击相应位置的行(列)的单元格,通过快捷菜单中的"复制"或"剪切"和"粘贴"命令实现。若需要插入到目标列前,可以通过"插入复制的单元格"实现。
- 选中相应位置的行(列),将鼠标移动至该行(列)边缘,鼠标光标变成梅花状时,按住鼠标左键拖曳至目标处,松开鼠标将实现移动,拖曳时按住 Ctrl 键为复制。

（4）隐藏和显示行或列。

当某些行(列)不需要显示或打印,但不可删除时,可使用隐藏和显示功能实现,主要实现方式如下。

- 右击需隐藏的行表头(列表头),执行快捷菜单中的"隐藏"命令可实现隐藏;右击包含已隐藏的行(列)的多行(列),执行快捷菜单中的"取消隐藏"命令可实现显示。
- 选中需隐藏的行(列),通过"开始"功能区中的"单元格"→"格式"→"隐藏和取消隐藏"下的相应菜单项实现。

3）套用样式

Excel 2010 预置了很多已经格式化的单元格样式和表格样式供用户直接套用。

（1）套用单元格样式。

选中需要设置的单元格,执行"开始"功能区中的"样式"→"单元格样式"命令,在下拉列表中选择需要的样式即可,如图 4-20 所示。也可以通过"新建单元格样式"命令,新建用户自定义的样式。通过右击某一样式可实现对样式的修改或删除。如果要清除单元格中的样式,可通过"开始"功能区中的"编辑"→"清除"→"清除格式"命令实现。

（2）套用表格样式。

选中需要设置的表格或表格内的单元格,执行"开始"功能区中的"样式"→"套用表格格式"命令,在下拉列表中选择需要的样式,确定设置区域即可。也可以通过"新建表样式"命令新建用户自定义的样式。通过右击某一自定义样式可实现对样式的修改或删除。需要清除单元格样式,可通过"开始"功能区中的"编辑"→"清除"→"清除格式"命令实现。

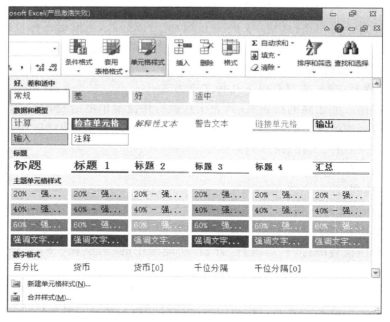

图 4-20 单元格样式下拉列表

实现了表格样式套用的例子如图 4-21 所示。

	A	B	C	D	E	F
1	学生成绩清单					
2	学号	姓名	专业	政治	哲学	总成绩
3	3010	薛采	计算机	87	67	154
4	3011	姜沉鱼	日语	90	78	168
5	3012	曦禾	动画	62	64	126
6	3013	姬婴	计算机	65	71	136
7	3014	昭尹	动画	74	62	136
8	3015	潘方	日语	77	65	142
9	3016	颐非	日语	90	78	168
10						

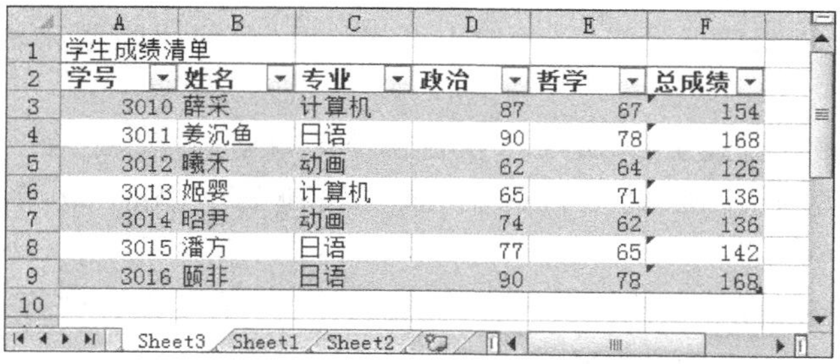

图 4-21 套用表格样式的例子

4）条件格式

条件格式可以实现以特定格式显示符合某些条件的数据。Excel 2010 在 Excel 2007 的基础上对条件格式进行了进一步改进和完善。在“开始”功能区中的“样式”→“条件格式”下拉菜单中，可实现对条件格式的设置、建立、清除和管理等操作，如图 4-22 所示。

(1) 内置快速条件规则。

Excel 2010 内置了一些设置好的条件格式，用户可直接使用。主要有以下 5 类。

- 突出显示单元格规则。可实现对满足数据大于、小于、介于、等于、文本包含、发生日期、重复值等条件的单元格进行格式设置。
- 项目选取规则。可实现对满足最大若干项、最小若干项、高于或低于平均值等条件的单元格进行格式设置。
- 数据条。用彩色数据条的长度表示单元格中数据值的大小。数据条越长，表示数据值越大。

- 色阶。在一个单元格区域中显示双色渐变或三色渐变，颜色的底纹表示单元格中的值。
- 图标集。在每个单元格中显示图标集中的一个图标，每个图标表示单元格的一个值。

（2）自定义条件格式。

在"开始"功能区中的"样式"→"条件格式"下拉菜单中的"新建规则"命令，打开"新建格式规则"对话框，即可实现条件格式的设置。

（3）管理规则。

选中已设置条件格式的单元格，通过"开始"功能区中的"样式"→"条件格式"→"管理规则"命令，打开"条件格式规则管理器"对话框，即可实现对选中的单元格的条件格式规则的新建、编辑、删除和顺序调整，如图 4-23 所示。

图 4-22　条件格式菜单

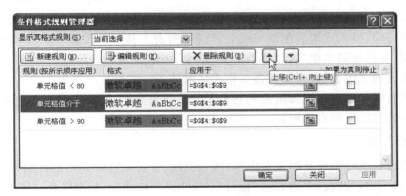

图 4-23　管理条件格式

（4）清除规则。

需要删除条件格式时，使用"开始"功能区中的"样式"→"条件格式"→"清除规则"下的菜单项，可实现清除整个工作表的规则和清除所选单元格的规则。

4.7.5　图表操作

Excel 2010 提供了多种图表类型和格式，可以按柱形图、折线图、饼图、面积图等方式显示用户数据，从而使工作表中的数据可以更形象、直观地表达出来。

1．创建图表

在 Excel 2010 中，可以非常方便地创建图表，步骤如下：

（1）选择要创建图表的数据区域，这个区域可以连续，也可以不连续，但应当是规则区域。

（2）在"插入"功能区中，单击"图表"组的某一种图表类型，图表就可以创建完成。

图 4-24 是一个图表的示例。

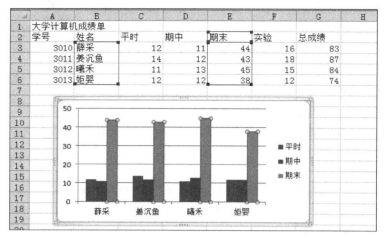

图 4-24　图表示例

用上面这种方法创建的图表一般称为嵌入式图表,数据和图表在同一张工作表上,可同时显示和打印;嵌入式图表创建完成后,选择"图表工具"→"设计"→"移动图表"命令,或右击图表,在快捷菜单中选择"移动图表"命令,可以改变图表所在工作表,也可以将该图表移动成为独立图表,实现在数据工作表之前插入一张单独的图表。

嵌入式图表和独立图表都链接到它表示的工作表数据,所以在改变工作表的数据时,图表中对应的数据项将自动更新。

2. 编辑图表

编辑图表是指对图表及图表对象(如图表标题、分类轴、图例等)进行编辑。选中图表后,出现"图表工具"面板,下面包括"设计"、"布局"、"格式"3 个选项卡,可以通过选项卡中的命令实现图表的编辑操作。也可以通过快捷菜单来编辑或格式化图表。

例如,若在创建图表时没有设置图表标题,可以按下面的步骤操作来添加图表标题。

(1) 单击图表,图表处于选定状态,出现"图表工具"面板。

(2) 单击"布局"选项卡下的"标签"组中的"图表标题"按钮。

(3) 选择一种标题类型,例如"图表上方",在图表中将出现"图表标题"的标签。

(4) 修改"图表标题"标签的内容,完成标题添加工作。

添加数据标志、改变图例等操作类似。编辑处理后的图表的数据显示得更清楚、更有吸引力。

3. 格式化图表

格式化图表是指对图表标题、图例、数值轴和分类轴等图表对象设置格式。方法是将鼠标指针指向欲设置的选项,当选项旁显示该选项的名称时单击鼠标,选中项的周围出现控点,进入编辑状态。然后右击选中项,在弹出的快捷菜单中选择相应的格式设置命令,出现设置格式的对话框,在该对话框中进行设置。

4. 图表的编辑操作

对于嵌入式图表，单击图表区中的任何区域后，图表处于选中状态（四周出现 8 个控点），可进行下列操作：

- 移动。用鼠标拖动图表到任意位置。
- 复制。使用剪贴板中的"复制"和"粘贴"按钮，可将图表复制到其他工作表或工作簿中。
- 调整。用鼠标拖动一个控点来改变图表大小。拖动角控点会同时改变宽度和高度，拖动边控点只改变宽度或高度。
- 删除。按 Delete 键，可删除整个图表。

4.7.6　数据库操作

Excel 2010 提供了丰富的数据库操作功能。Excel 的数据库是由行和列组成的数据记录的集合，又称为数据清单。数据库操作可以对大量复杂数据进行组织，用户通过数据库操作可以方便地完成查询、统计、排序等工作。

1. 建立数据清单

数据清单是指工作表中连续的数据区，每一列包含着相同类型的数据。因此，数据清单是一张有列标题的特殊工作表。数据清单由记录、字段和字段名 3 个部分组成。

数据清单中的一行是一条记录。数据清单中的一列为一个字段，是构成记录的基本数据单元。字段名是数据清单的列标题，它位于数据清单的最上面。字段名标识了字段，Excel 根据字段名进行排序、检索以及分类汇总等。

需要注意的是，在工作表中输入数据并建立数据清单时，在数据清单的第一行创建字段名，字段名所用的文字不能是数字、逻辑值，也不能空白。数据清单与其他数据间至少留出一列或一行空白单元格。

图 4-25 中的工作表包括了两个数据清单。

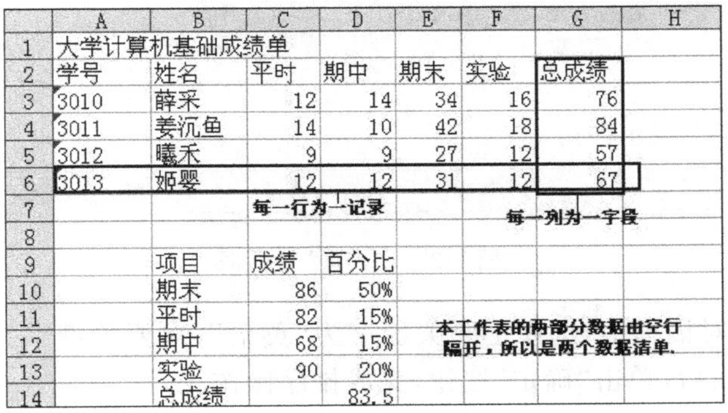

	A	B	C	D	E	F	G	H
1	大学计算机基础成绩单							
2	学号	姓名	平时	期中	期末	实验	总成绩	
3	3010	薛采	12	14	34	16	76	
4	3011	姜沉鱼	14	10	42	18	84	
5	3012	曦禾	9	9	27	12	57	
6	3013	姬婴	12	12	31	12	67	
7								
8								
9		项目	成绩	百分比				
10		期末	86	50%				
11		平时	82	15%				
12		期中	68	15%				
13		实验	90	20%				
14		总成绩		83.5				

图 4-25　数据清单示例

2. 排序

排序是指对数据清单按某个字段名重新组织记录的排列顺序，排序的字段也叫关键字。Excel 允许最多指定 3 个关键字作为组合关键字参加排序,3 个关键字按顺序分别称为主要关键字、次要关键字和第三关键字。当主要关键字相同时,次要关键字才起作用;当主要关键字和次要关键字都相同时,第三关键字才起作用。

实现排序主要经过确定排序的数据区域、指定排序的方式和指定排序关键字 3 个步骤。这些操作都是通过"排序"对话框完成的。

本节及后面的例子(包括排序、筛选、分类汇总和数据透视表)用到的数据清单如图 4-26 所示。

	A	B	C	D	E	F	G	H
1	学生成绩清单							
2	学号	姓名	专业	性别	英语	政治	哲学	总成绩
3	3010	薛采	计算机	男	78	87	67	232
4	3011	姜沉鱼	日语	女	67	90	78	235
5	3012	曦禾	动画	女	63	62	64	189
6	3013	姬婴	计算机	男	89	65	71	225
7	3014	昭尹	动画	男	78	74	62	214
8	3015	潘方	日语	男	56	77	65	198
9	3016	颐非	日语	女	72	90	78	240

图 4-26   数据清单实例

例如,对这个数据清单,将"英语"字段和"政治"字段作为组合关键字进行排序,步骤如下:

(1)选定要排序的数据区域。若是对所有的数据进行排序,则不用全部选中排序数据区,只要将插入点置入要排序的数据清单中,在执行"排序"命令后,系统即可自动选中该数据清单中的所有记录。

(2)在"数据"面板中,单击"排序和筛选"组中的"排序"按钮,出现"排序"对话框,如图 4-27 所示。

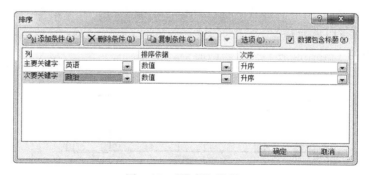

图 4-27   "排序"对话框

(3)在"排序"对话框中,选择主要关键字为"英语",次要关键字为"政治",其他选项保持默认,设置完成后,单击"确定"按钮,完成排序操作。

也可以使用"开始"面板中"编辑"组下面的排序按钮对工作表中的数据进行快速排序。

3. 筛选

筛选是指工作表中只显示符合条件的记录供用户使用和查询,隐藏不符合条件的记录。Excel 提供了自动筛选和高级筛选两种工作方式。自动筛选是按简单条件进行查询，高级筛选是按多种条件组合进行查询。

1）自动筛选

以如图 4-26 所示的数据清单为例，自动筛选出英语成绩高于 70 分的记录，操作步骤如下：

（1）单击数据清单中的任意单元格。在"数据"面板中，单击"排序和筛选"组中的"筛选"按钮，此时每个列标题旁都出现了一个下箭头。

（2）单击已提供筛选条件的标题中的下箭头，出现一个筛选条件列表框，选择"数字筛选"中的相关选项，如图 4-28 所示。

图 4-28　设置自动筛选

（3）在弹出的"自定义自动筛选方式"对话框中，输入设置的条件，单击"确定"按钮，即可将满足条件的数据记录显示在当前工作表中，同时 Excel 会隐藏所有不满足筛选条件的记录。

通过标题旁的下箭头可以设置多个筛选条件。如果数据清单中的记录很多，那么这个功能非常有效。

自动筛选后，再次执行"数据"面板中"排序和筛选"组中的"筛选"按钮，将恢复显示原有工作表的所有记录，退出筛选状态。

2）高级筛选

高级筛选是指按多种条件的组合进行查询的方式。以如图 4-26 所示的数据清单为例，自动筛选出英语成绩高于 70 分并且哲学成绩高于 65 分的记录，操作步骤如下：

（1）选择不影响数据的空白单元格区域 A11：B12，输入条件。

（2）单击数据清单中的任意单元格，或选中 A2：H9。在"数据"面板中，单击"排序和筛选"组中的"高级"按钮,打开"高级筛选"对话框。

（3）在"高级筛选"对话框中,设定列表区域、条件区域,单击"确定"按钮即可筛选出符合条件的结果,如图 4-29 所示。

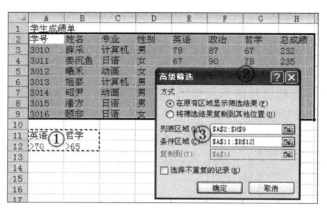

图 4-29　设置高级筛选

4. 分类汇总

分类汇总就是对数据清单中的某一字段进行分类,再按某种方式汇总并显示出来。在按字段进行分类汇总前,必须先对该字段进行排序,以使分类字段值相同的记录排在一起。

对于图 4-26 所示的数据清单,要求使用分类汇总功能计算男生、女生的总成绩和英语的平均分,步骤如下:

（1）按性别排序。将插入点置于数据清单中,执行"数据"→"排序和筛选"→"排序"命令,在"排序"对话框中设置排序关键字为"性别",单击"确定"按钮完成排序。

（2）插入点仍然在数据清单中。在"数据"面板中,单击"分级显示"组中的"分类汇总"按钮,弹出"分类汇总"对话框,设置分类字段为"性别",汇总方式为"平均值",汇总项为"英语"和"总成绩"两个字段,如图 4-30 所示。

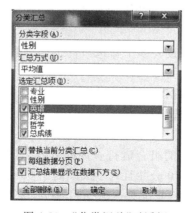

图 4-30　"分类汇总"对话框

（3）单击"确定"按钮，得到分类汇总结果，如图 4-31 所示。单击汇总表左侧的折叠按钮 **−** 或展开按钮 **+** 可得到不同级别的分类结果。

		A	B	C	D	E	F	G	H
	1	学生成绩清单							
	2	学号	姓名	专业	性别	英语	政治	哲学	总成绩
	3	3010	薛采	计算机	男	78	87	67	232
	4	3013	姬婴	计算机	男	89	65	71	225
	5	3014	昭尹	动画	男	78	74	62	214
	6	3015	潘方	日语	男	56	77	65	198
	7				男 平均值	75.25			217.25
	8	3011	姜沉鱼	日语	女	67	90	78	235
	9	3012	曦禾	动画	女	63	62	64	189
	10	3016	颐非	日语	女	72	90	78	240
	11				女 平均值	67.333333			221.3333333
	12				总计平均值	71.857143			219

图 4-31　分类汇总结果

5. 合并计算

合并计算可以将多个格式一致的报表汇总合并起来。如图 4-32 所示，在一个工作簿的前两个工作表中分别存放了学生的平时成绩和卷面成绩。

	A	B	C	D	E	F	G
1			学生平时成绩表				
2	学号	姓名	专业	性别	英语	政治	哲学
3	3010	薛采	计算机	男	25	26	28
4	3011	姜沉鱼	日语	女	22	20	24
5	3012	曦禾	动画	女	27	23	19
6	3013	姬婴	计算机	男	25	26	28
7	3014	昭尹	动画	男	22	20	24
8	3015	潘方	日语	男	27	23	19
9	3016	颐非	日语	女	24	26	29

平时成绩／卷面成绩／总成绩／

图 4-32　合并计算示例工作簿

需要计算学生的总成绩时可以使用合并计算，主要步骤如下：

（1）切换到"总成绩"工作表，选中汇总结果目标区域 E3:E9 或该区域的起始单元格 E3。

（2）执行"数据"→"数据工具"→"合并计算"命令，打开"合并计算"对话框，设置"函数"为求和。

（3）单击"引用位置"右侧的按钮，使对话框折叠为浮动工具条。切换到"平时成绩"工作表，选择对应的数据区域 E3:E9。单击浮动条右侧的按钮返回对话框，单击"添加"按钮，将平时成绩数据区域添加到所有引用位置列表框中。同理，添加"卷面成绩"工作表对应的数据区域。最后，单击"确定"按钮，即可实现合并计算，如图 4-33 所示。

4.7.7　数据保护

Excel 中的数据保护可以分为文件访问权限设置、保护工作簿、保护工作表几种，其中，保护工作表还可以分为保护工作表的所有数据和保护工作表的部分数据两种。

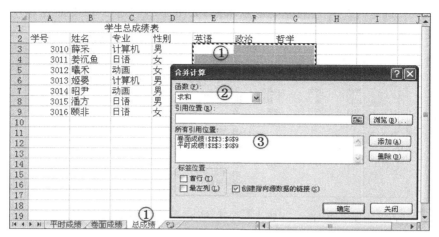

图 4-33   设置合并计算

1. 文件访问权限设置

Excel 和 Word 类似,提供了打开和修改权限的设置功能。通过设置打开和修改权限密码来阻止不具有访问权限的人查看或修改 Excel 文件。设置文件权限的操作如下:

(1) 打开 Excel 文件,执行"文件"→"信息"→"保护工作簿"命令,在出现的下拉菜单中选择"用密码进行加密"命令,弹出"加密文档"对话框,在其中设置打开和修改权限密码,如图 4-34 所示。

(2) 单击"确定"按钮,关闭"加密文档"对话框,保存并关闭文件。再次打开该 Excel 文档时,则要求用户输入密码,否则不可以打开或编辑文件。

2. 保护工作簿

保护工作簿是指保护工作簿中的工作表不可以插入或删除,而不是禁止修改工作表中的数据。保护工作簿的操作如下:

(1) 打开 Excel 文件,执行"文件"→"信息"→"保护工作簿"命令,在弹出的下拉菜单中选择"保护工作簿结构"命令,出现"保护结构和窗口"对话框,如图 4-35 所示。

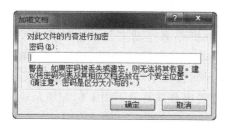

图 4-34   在对话框中设置密码

图 4-35   "保护结构和窗口"对话框

(2) 在该对话框中,输入保护工作簿的密码,单击"确定"按钮后,再重新输入一次即可。

设置保护工作簿后,插入、删除、移动和复制工作表等操作都不能进行,直到撤销工作簿保护为止。

3. 保护工作表

保护工作表是指保护工作表中的数据不被编辑修改,但不能防止工作表被删除。保护工作表的操作方法和保护工作簿类似,在 Excel 文件中,执行"文件"→"信息"→"保护工作簿"命令,在弹出的下拉菜单中选择"保护当前工作表"命令,在出现的"保护工作表"对话框中设置密码即可。

上面的保护功能是保护工作表中的全部数据,但有时需要对工作表的部分数据加以保护,这需要使用工作表的单元格数据保护功能,该功能可以实现对工作表中的部分或全部单元格进行数据保护。

思 考 与 练 习

1. 数据库技术的发展经历了哪些阶段? 各有什么特点?

2. 什么是数据库、数据库管理系统、数据库系统? 数据库管理系统的基本功能有哪些?

3. 数据库系统内部具有的三级模式和二级映射的含义是什么?

4. 数据模型有几种?

5. 关系模型有哪些数据约束?

6. 传统的集合运算和专门的关系运算是什么?

7. 简述工作簿、工作表和单元格的概念。

8. 什么是单元格的引用? 相对引用、绝对引用、混合引用有什么区别? 举例说明。

9. 简述插入图表的过程。

10. 简述高级筛选、分类汇总的过程。

第 5 章　网络技术基础

计算机网络是计算机技术与通信技术高度发展、相互渗透、紧密结合的产物。Internet 的出现彻底改变了人们的工作和生活方式,也改变了企事业单位的运营和管理方式。人们可以在网上进行电子商务、网络会议、远程教学、医疗会诊;世界各地的文献资料片刻间就可以查阅下载;远距离的电子邮件瞬间就可以送达;坐在家里就可以浏览网站提供的各种信息。

计算机网络的基础知识和基本应用技能已经成为现代人学习和生活的必需。本章内容如下:

- 计算机网络概述。
- 计算机网络体系结构。
- 常用的网络互联设备。
- 局域网技术。
- Internet 技术与应用。

5.1　计算机网络概述

5.1.1　计算机网络的定义

计算机网络是现代计算机技术与通信技术密切结合的产物,是随着社会对信息共享和信息传递日益增强的需求而发展起来的,始于 20 世纪 50 年代,60 多年来得到迅猛发展。所谓计算机网络,就是利用通信设备和线路将地理位置不同、功能独立的多个计算机系统互联起来,按照网络协议进行数据通信,由功能完善的网络软件(即网络通信协议、信息交换方式和网络操作系统)实现网络中的资源共享和信息传递的计算机系统。

在计算机网络出现以前,大多数个人计算机只是作为单机独立使用。如今,通过向经过授权的网络用户提供可接入的共享资源——硬件、软件及数据,计算机网络极大地改变了计算机的内涵。计算机网络也为用户构造分布式的网络计算环境提供了基础。计算机网络的功能主要表现在以下几个方面。

1. 数据通信

数据通信或数据传送是计算机网络最基本的功能之一。利用这一功能,地理位置分散的计算机可以通过网络连接起来,人们可以很方便地进行数据传递和信息交换。例如,电子邮件和新闻发布就是典型的数据通信方面的应用。

2. 资源共享

计算机网络中的资源共享包括共享硬件资源、软件资源和数据资源。通过资源共享,可以使网络中各单位的资源互通有无、分工协作,从而大大提高了系统资源的利用率。

3. 提高可靠性与可用性

通过网络,各台计算机可互为后备机,当某台计算机出现故障时,其任务可由其他计算机代理,避免系统瘫痪,从而提高了可靠性。同样,当网络中某台计算机负担过重时,可将其任务的一部分转交给其他空闲的计算机完成,这样就提高了网络中每台计算机的可用性。

4. 易于进行分布式处理

把待处理的任务按一定的算法分散到网络中的各台计算机上,并利用网络环境进行分布式处理和建立分布式数据库系统,达到均衡使用网络资源、实现分布式处理的目的。

5.1.2 计算机网络的发展

计算机网络技术的发展与应用的广泛程度是前人难以预料的,追溯计算机网络的发展历史,可以概括为面向终端的计算机通信网络、计算机-计算机网络、体系结构标准化网络、Internet 与高速网络、物联网 5 个阶段。

1. 面向终端的计算机通信网络

计算机网络产生于 20 世纪 50 年代初期,通常是将一台计算机经过通信线路与若干台终端直接相连。计算机处于主控地位,承担着数据处理和通信控制的工作;而终端一般只具有输入输出功能,处于从属地位。这种具有通信功能的计算机系统构成了第一代计算机网络——面向终端的计算机通信网络,如图 5-1 所示。

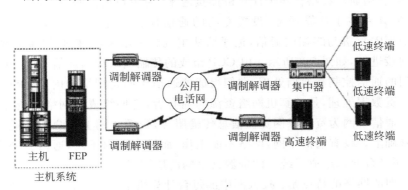

图 5-1 面向终端的计算机通信网络

随着连接终端数目的增多,为减轻承担数据处理的中心计算机负载,在通信线路和中心计算机之间设置了一个前端处理机(Front End Processor,FEP)或通信控制器(Communication Control Unit,CCU),专门负责中心计算机与终端之间的通信控制,从而出现了数据处理和通信控制的分工,更好地发挥了中心计算机的数据处理能力。另外,在终端较集中的地区设置了集中器和多路复用器,它们首先通过低速线路将附近群集的终端连至集中器或复用器,然后通过高速通信线路、实施数字数据和模拟信号之间转换的调制解调器与远程的中心计算机的前端处理机或通信控制器相连,构成如图 5-2 所示的远程联机系统,从而提高了通信线路的利用率,节约了远程通信线路的投资。

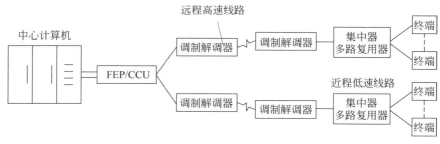

图 5-2　远程联机系统

2. 计算机-计算机网络

20 世纪 60 年代中期,出现了由若干个计算机互联的系统,开创了计算机-计算机通信的时代,并呈现出多处理中心的特点。20 世纪 60 年代后期由 ARPA(现称 DARPA,即 Defense Advanced Research Projects Agency,美国国防部高级研究计划局)提供经费,联合计算机公司和大学共同研制了 ARPA 网,标志着目前所称的计算机网络的兴起。ARPA 网的主要目标是借助通信系统使网内各计算机系统间能够共享资源。ARPA 网是一个成功的系统,它是计算机网络技术发展中的一个里程碑,它在概念、结构和网络设计方面都为后继的计算机网络技术的发展起到了重要的作用,并为 Internet 的形成奠定了基础。

这一时期的计算机网络是将多个单处理机联机终端网络互联,形成了以多处理机为中心的网络,利用通信线路将多个计算机连接起来,为用户提供服务。此外,为了减轻主机的负荷,使其专注于计算任务,设置专门的通信控制处理机(Communication Control Processor,CCP)负责与终端的通信,把通信从主机分离出来,主机间的通信通过 CCP 的中继功能间接进行,如图 5-3 所示。由 CCP 组成的传输网络称为通信子网。CCP 负责网上各主机间的通信控制和通信处理,它们组成的通信子网是网络的内层,或称为骨架层。网上主机负责数据处理,是计算机网络资源的拥有者,它们组成了网络的资源子网,是网络的外层。通信子网为资源子网提供信息传输服务,资源子网上用户间的通信建立在通信子网的基础上。没有通信子网,网络不能工作,而没有资源子网,通信子网的传输也失去了意义,两者合起来组成了统一的资源共享的两层网络。

这一时期的网络的特点是:接入网中的每台计算机本身是一台完整的独立设备。它可以自己独立启动、运行和停机。所有用户都可以共享系统的硬件、软件和数据资源。

此后,计算机网络得到了迅猛发展,各大计算机公司相继推出了自己的网络体系结构和相应的软硬件产品。用户只要购买计算机公司提供的网络产品,就可以通过专用或租用通信线路组建计算机网络,例如 IBM 公司的 SNA(System Network Architecture)和

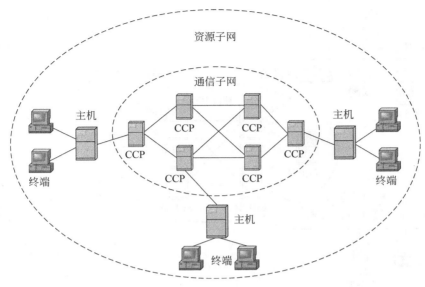

图 5-3 计算机-计算机网络

DEC 公司的 DNA(Digital Network Architecture)。凡是按 SNA 组建的网络都可称为 SNA 网,而凡是按 DNA 组建的网络都可称为 DNA 网或 DECNET。

3. 体系结构标准化网络

经过了 20 世纪 60 年代和 70 年代前期的发展,组网的技术、方法和理论日趋成熟。为了促进网络产品的开发,各大计算机公司纷纷制定自己的网络技术标准,最终促成国际标准的制定。到 20 世纪 70 年代末,国际标准化组织(International Standards Organization,ISO)成立了专门的工作组来研究计算机网络的标准,在研究、吸收各计算机制造厂家的网络体系结构标准化经验的基础上,制定了开放系统互连参考模型(Open System Interconnection Reference Model,OSI/RM),它旨在将异种计算机方便地互联,构成网络。OSI/RM 规定了可以互联的计算机系统之间的通信协议,遵从 OSI 协议的网络通信产品都是所谓的开放系统。今天,几乎所有网络产品厂商都声称自己的产品是开放系统,不遵从国际标准的产品逐渐失去了市场。这种统一、标准化产品互相竞争的市场对网络技术的发展起到了促进作用。图 5-4 为采用标准化体系结构的现代计算机网络。

4. Internet 与高速网络

20 世纪 90 年代,网络技术最富有挑战性的话题是 Internet 与高速通信网络技术、接入网、网络与信息安全技术。Internet 作为世界性的信息网络,正在对当今经济、文化、科学研究、教育与人类社会生活发挥着越来越重要的作用。宽带网络技术的发展为全球信息高速公路的建设提供了技术基础。利用 Internet 实现了全球范围的电子邮件、WWW 信息查询与浏览、电子新闻、文件传输、语音与图像通信服务功能。Internet 对推动世界科学、文化、经济和社会的发展有不可估量的作用。

5. 物联网

进入 21 世纪,网络发展集中在两方面:一方面是基于无线网的蓝牙技术、Wi-Fi 技术

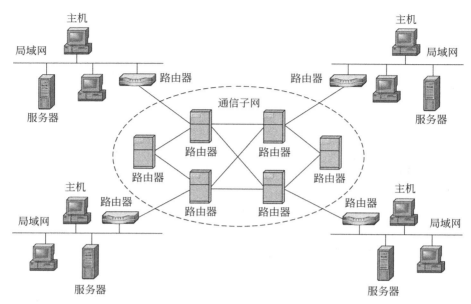

图 5-4　现代计算机网络

的广泛应用,另一方面就是物联网技术。

随着 Internet 的广泛应用与高速网络技术的发展,互联网功能更加深入和延伸。各种联网终端层出不穷,智能手机、个人数字助理(PDA)、平板电脑等迅速普及,催生了一种新型网络——物联网。

物联网是将物品通过射频识别等信息传感设备与 Internet 连接起来,实现智能化识别和管理,其核心在于物与物之间广泛而普遍的互联。上述特点已超越了传统互联网的应用,呈现了设备多样、多网融合、感控结合等特征,具备了物联网的初步形态。物联网技术通过对物理世界的信息化、网络化,实现了物理世界与信息世界的互联与整合。

信息高速公路的服务对象是整个社会,因此它要求网络无处不在,未来的计算机网络将覆盖所有的企业、学校、科研部门、政府及家庭,其覆盖范围甚至要超过目前的电话通信网。为了支持各种信息的传输,网络必须具有足够的带宽、很好的服务质量与完善的安全机制,支持多媒体信息通信,以满足不同的应用需求。为了有效地保护金融、贸易等商业秘密,保护政府机要信息与个人隐私,网络必须具有完善的安全机制,以防止信息遭受非法窃取、破坏与损失,网络系统必须具备高度的可靠性与完善的管理功能,以保证信息传输的安全与畅通。毋庸置疑,计算机网络技术的发展与应用必将对 21 世纪世界经济、军事、科技、教育与文化的发展产生重大的影响。

5.1.3　计算机网络系统的组成

计算机网络是一个非常复杂的系统,网络的组成根据应用范围、目的、规模、结构及采用的技术不同而不尽相同。但计算机网络一般都包括计算机系统、通信线路及通信设备、网络协议和网络软件 4 个部分。

处于不同位置的、具有独立功能和不同资源的计算机系统通过通信设备和线路连接起来，形成计算机网络，在网络协议和软件的支持下实现不同用户对网络资源的共享。在计算机网络中，资源(指计算机系统、软件及数据)通过网络实现共享，无论用户网络的具体配置如何不同，从网络逻辑功能角度来看，都可以将计算机网络分为通信子网和资源子网。

通信子网是网络的内层，由通信控制设备、通信线路等组成，它承担网络的传输、转发等任务。通信子网一般由路由器、交换机、服务器和通信线路等组成。

资源子网也称用户子网，它是网络的外层，它由网络中所有计算机系统、数据终端、网络设备、各种软件资源和信息资源等组成。资源子网负责全网的数据处理，向网络用户提供各种网络资源和网络服务。

计算机网络的基本组成可分为如下 4 个部分。

1. 计算机系统

计算机系统的主要作用是负责数据的收集、处理、存储、传播和提供资源共享。计算机网络连接的计算机可以是巨型机、大型机、微型机及其他数据终端设备。

2. 通信线路及通信设备

通信线路指各种传输介质及其连接部件，包括光纤、双绞线、同轴电缆等；通信设备指网络互联设备，包括网卡、集线器、交换机、路由器及调制解调器等设备。通信线路和通信设备负责控制数据的发送、传输、接收或转发。

3. 网络协议

为了使网络实现正常的数据通信，通信双方之间必须有一套能够互相了解和共同遵守的规则和约定，这些规则和约定称为网络协议。

现代网络大多采用层次结构，网络协议规定了分层原则、层间关系、信号传输的方向等。在网络上通信的双方必须遵守网络协议才能正确地交流信息。

4. 网络软件

网络软件是一种在网络环境下使用或者对网络进行管理的计算机软件。根据软件的功能，网络软件可分为网络系统软件和网络应用软件两大类。

网络系统软件用于控制和管理网络运行，提供网络通信和网络资源分配与共享功能，并为用户提供各种网络服务。网络系统软件主要包括各种网络协议软件、网络服务软件、网络操作系统等。网络操作系统是一组对网络内的资源进行统一管理和调度的程序集合，同时，网络操作系统也是网络用户和网络系统软件之间的接口。无论是什么样的网络环境，都需要网络操作系统的支持。网络操作系统除了一般的操作系统功能外，还包括网络环境下的通信、网络资源管理、网络服务等特定功能。它是计算机网络软件的核心和基础。

网络应用软件是指为某个应用目的而开发的网络软件，如浏览器软件、即时通信软件、下载软件、远程教学软件、电子图书馆软件等。

5.1.4　计算机网络的分类

目前对计算机网络有许多分类方法,常用的是根据网络的覆盖范围和网络的拓扑结构分类。网络也可以按所采用的传输介质分为双绞线网、同轴电缆网、光纤网、无线网,按信道的带宽分为窄带网和宽带网,等等。

1. 按网络覆盖范围分类

1) 局域网

局域网(Local Area Network,LAN)是将小区域内的各种通信设备互联在一起的网络,其分布范围局限在一个办公室、一幢大楼或一个校园内,用于连接微型计算机、工作站和各类外设,以实现资源共享和信息交换。

LAN 具有以下特性:高速传输数据(数据传输率一般为 10Mb/s～1Gb/s);存在于限定的地理区域(一般为几千米范围内);工程费用较低。

2) 广域网

广域网(Wide Area Network,WAN)也称远程网,其分布范围可达数百至数千千米,可覆盖一个地区、一个国家甚至全球。

WAN 具有以下特征:地理范围没有限制;长距离的数据传输容易出现错误;可以连接多种 LAN;工程费用高昂。

3) 城域网

城域网(Metropolitan Area Network,MAN)是介于局域网与广域网之间的一种高速网络,也可以看作局域网技术与广域网技术相结合的一种应用。它可以在一个较大的地理区域,如一组邻近的公司和一个城市内,提供数据、声音和图像的传输。

一般来说,局域网都用在一些局部的、地理位置相近的场合,如一个家庭、一个机房或一幢大楼。而广域网则与局域网相反,它可以用于地理位置相距甚远的场合,如两个国家之间。此外,局域网中包含的计算机数目一般相当有限,而广域网中包含的计算机数目则可高达几百万台。可见局域网与广域网之间在规模和使用范围之间相差较大,但这并不意味着这两种类型的网络之间没有任何联系,恰恰相反,它们之间联系紧密,因为广域网是由多个局域网组成的。

从技术角度来说,广域网和局域网在连接的方式上有所不同。例如,一个局域网通常是在一个单位拥有的建筑物里用本单位所拥有的电缆连接起来的,即网络是属于该单位自己的;而广域网则不同,它通常是租用一些公用的通信服务设施(如公用的无线电通信设备、微波通信线路、光纤通信线路和卫星通信线路等)连接起来的。这些设备可以突破距离的局限性。

2. 按网络拓扑结构分类

网络拓扑结构是指网络结点和链路所构成的网络几何图形。网络中的各种设备称为网络结点,在两个结点之间传输信号的线路称为链路。按网络拓扑结构来分类,计算机网络可以分为星形网、环形网、总线网、树形网、网状网和混合型网。

1）星形网

星形网是最早采用的拓扑结构形式，其每个结点都通过连接电缆与主控机相连，如图 5-5 所示。相关结点之间的通信都由主控机控制，所以要求主控机有很高的可靠性，这种结构采用集中的控制方式。其优点是结构简单，控制处理也较为简便，增加工作结点容易；其缺点是一旦主控机出现故障，将会导致整个系统瘫痪。

2）环形网

环形网中各工作站依次互相连接，组成一个闭合的环形，如图 5-6 所示。信息沿环形线路单向（或双向）传输，由目的结点接收。环形网适合那些数据不需要在中心的主控机上集中处理，而主要在各自结点进行处理的情况。其优点是结构简单、成本低；其缺点是环中任意一点的故障都会引起网络瘫痪，可靠性低。

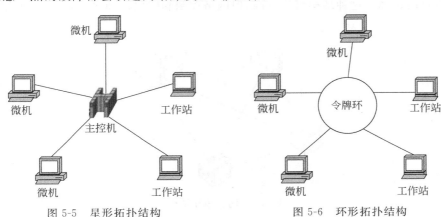

图 5-5　星形拓扑结构　　　　　　　图 5-6　环形拓扑结构

3）总线网

总线网中各个工作站通过一条总线连接，如图 5-7 所示。在总线网中，信息可以在两个结点间双向传输，是目前局域网中普遍采用的网络拓扑结构形式。其优点是工作站接入或从网络中退出都非常方便，系统中某工作站出现故障也不会影响其他结点之间的通信，系统可靠性较高，结构简单，成本低。

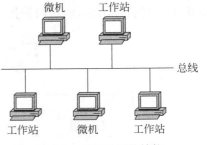

图 5-7　总线型拓扑结构

4）树形网

在树形网中，结点按照层次进行连接，信息交换主要在上下层结点间进行。其形状像一棵倒置的树，顶端为根，从根向下分支，每个分支又可以延伸出多个子分支，一直到树叶，如图 5-8 所示。这种结构易于扩展，但是一个非叶子结点发生故障很容易导致网络分割。

5）网状网

网状网的控制功能分散在网络的各个结点上，网络中的每个结点都有几条线路与网络相连，如图 5-9 所示。即使一条线路出故障，通过其他线路，网络也仍能正常工作，但是

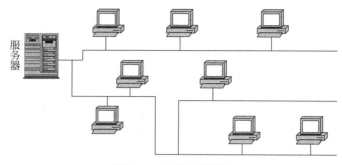

图 5-8　树形拓扑结构

必须进行路由选择。这种结构可靠性高,但网络控制和路由选择比较复杂,一般用在广域网上。

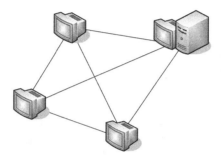

图 5-9　网状拓扑结构

6) 混合型网

将两种或几种网络拓扑结构混合起来构成的网络拓扑结构称为混合型拓扑结构(也有的称之为杂合型拓扑结构)。例如,图 5-10 是将星形拓扑结构和总线型拓扑结构混合起来的一种拓扑结构,取这两种拓扑的优点用于一个系统。

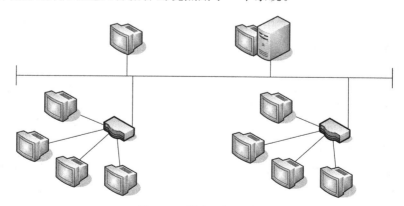

图 5-10　混合型拓扑结构

5.2 计算机网络体系结构

计算机网络体系结构从整体角度抽象地定义了计算机网络的构成及各个网络部件之间的逻辑关系和功能,给出了协调工作的方法和计算机网络必须遵守的规则。

5.2.1 网络体系结构概述

在研究计算机网络时,分层次论述有助于清晰地描述和理解复杂的计算机网络系统。

1. 网络协议

就数据发送方的计算机而言,为了把用户数据转换为能在网络上传送的电信号,需要对用户数据分步骤地进行加工处理,其中每一组相对独立的步骤就可以看作一个"处理层"。用户数据通过多个处理层的加工处理后,就会成为一个个包含对方地址、本地地址、用户数据、数据校验信息等在内的,能在网络上传输的电信号(比特流)。在每一层中怎样加工处理这些数据,把它加工处理成什么形式,作出这些规定的规范就是网络通信协议。

在计算机网络中用于规定信息的格式以及如何发送和接收信息的一套规则、标准或约定称为网络协议,简称协议。协议的组成包括如下3个要素。

1)语义

语义规定了控制信息的具体内容,以及发送主机或接收主机所要完成的工作,它主要解决"讲什么"的问题。

2)语法

语法规定了进行网络通信时数据的传输和存储格式,以及通信中需要哪些控制信息,它解决"怎么讲"的问题。

3)时序

时序规定了计算机操作的执行顺序以及通信过程中的速度匹配,主要解决"顺序和速度"的问题。

2. 网络协议的分层

为了减小网络协议的复杂性,可以把网络通信问题划分为许多小问题,然后为每一个问题设计一个通信协议,这样使得每一个协议的设计、分析、编码和测试都比较容易。协议分层就是按照信息的流动过程,将网络的整体功能划分为多个不同的功能层,每一层都建立在它的下层之上,每一层的目的都是向它的上一层提供一定的服务。

网络系统采用层次化的结构有如下优点:

(1)各层之间相互独立,高层不必关心低层的实现细节,可以做到"各司其职"。

(2)某个网络层次的变化不会对其他层次产生影响,因此每个网络层次的软件或设备可单独升级或改造,利于网络的维护和管理。

(3)分层结构提供了标准接口,使软件开发商和设备生产商易于提供网络软件和网络设备。

(4)分层结构的适应性强,只要服务和接口不变,层内实现方法可任意改变。

3. 网络体系结构

计算机网络层次模型和各层协议的集合定义为网络体系结构。如何划分网络协议的"层",才能使它既便于理论研究又便于工程实施呢?国际上计算机网络理论研究学者和网络工程专家提出了很多种方案,出于各种目的,他们制定和公布了各自的网络体系结构。其中有些网络体系结构得到了理论界的推崇而不断地补充和完善,有些网络体系结构在工程中得到了广泛的应用,还有些网络协议被 ISO 采纳,成为计算机网络的国际标准。常见的计算机网络体系结构有 OSI/RM、TCP/IP 等。

5.2.2　OSI/RM 网络体系结构

由于世界各大计算机厂商纷纷推出各自的网络体系结构,因此 ISO 于 1978 年提出了开放系统互连参考模型(OSI/RM),简称 OSI 参考模型。它将计算机网络体系结构的通信协议规定为 7 层,其内容包括通信双方如何及时访问和分享传输介质,发送方和接收方如何进行联系和同步,指定信息传送的目的地,提供差错的监测和恢复手段,确保通信双方互相理解。

OSI 参考模型从高层到低层依次是应用层、表示层、会话层、传输层、网络层、数据链路层和物理层。OSI 参考模型要求双方通信只能在同级进行,实际通信是自上而下,经过物理层通信,再自下而上送到对等的层次,如图 5-11 所示。

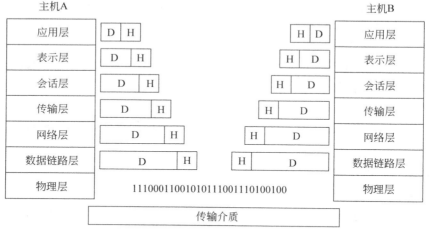

图 5-11　OSI 参考模型

1. 物理层

物理层提供机械、电气、功能和过程特征,使数据链路实体之间建立、保持和终止物理连接。它对通信介质、调制技术、传输速率、插头等具体特性加以说明。

2. 数据链路层

数据链路层实现以帧为单位的数据块交换,包括帧的装配、分解及差错处理的管理,如果数据帧被破坏,则发送端能自动重发。因此帧是两个数据链路实体之间交换的数据单元。

3. 网络层

网络层主要控制两个实体间路径的选择,建立或拆除实体之间的连接。在局域网中,往往两个实体间只有一条通道,不存在路径选择问题,但涉及几个局域网互联时就要选择路径。在网络层中交换的数据单元称为报文组或包。它还具有阻塞控制、信息包顺序控制和网络记账功能。

4. 传输层

传输层提供两个会话实体(又称端-端、主机-主机)之间透明的数据传送,并进行差错恢复、流量控制等,该层实现独立于网络通信的端-端报文交换,为计算机结点之间的连接提供服务。

5. 会话层

会话层在协同操作的情况下保持结点间的交互性活动,包括建立、识别、拆除用户进程间连接,处理某些同步和恢复问题。为建立会话,双方的会话层应该核实对方是否有权参加会话,确定由哪一方支付通信费用,并在选择功能上取得一致。因此该层是用户连接到网络上的接口。

6. 表示层

表示层进行数据转换,提供标准的应用接口和通用的通信服务,使双方均能理解对方数据的含义。如文本压缩、数据编码和加密、文件格式转换等。

7. 应用层

应用层是通信用户之间的窗口。各种应用服务程序(如分布式数据库、分布式文件系统、电子邮件等)在此层通信。

OSI 参考模型对人们研究网络起到了重要的指导作用,但是,OSI 参考模型本身不是网络体系结构的全部内容,这是因为它并未确切地描述用于各层的服务和协议,而仅仅说明了每一层应该做什么。OSI 参考模型已经为各层制定了标准,它们是作为独立的国际标准公布的。

OSI 参考模型从理论上来说是一个试图达到理想标准的网络体系结构,因此一直到20 世纪 90 年代初,整套标准才制定完善。尽管 OSI 参考模型具有层次清晰、便于论述等优点,并因此得到了计算机网络理论界的推崇,但是符合该模型标准的网络却从来没有被实现过。因为网络应用界有人认为,OSI 参考模型实施起来过于繁杂,运行效率太低;还有人认为 OSI 参考模型中层次的划分不够精练,许多功能在不同层中有所重复,且 OSI 参考模型制定的周期过于漫长。因此,另一套实用的 TCP/IP 网络体系结构很快地占领了计算机网络市场,成为了国际标准,并被沿用至今。

5.2.3 TCP/IP 网络体系结构

TCP/IP 是一整套数据通信协议,该协议由传输控制协议(Transmission Control Protocol,TCP)和网际协议(Internet Protocol,IP)组成。TCP/IP 产生于 1969 年,基本的 TCP/IP 就是在 ARPA 网可供使用后开发的。

TCP/IP 是针对网络开发的一种网络互联通信协议,网络中的各种异构网或主机通过 TCP/IP 可以实现相互通信。与其他分层通信协议一样,TCP/IP 将不同的通信功能集成到不同的网络层次,形成了一个具有 4 个层次的体系结构。TCP/IP 模型从高层到低层依次是应用层、传输层、网际层、网络接口层。TCP/IP 模型与 OSI 参考模型的对应关系如图 5-12 所示。

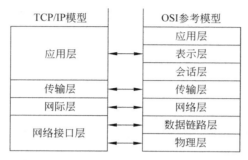

图 5-12　TCP/IP 模型与 OSI 参考模型

TCP/IP 是一组协议,其中包括许多协议,组成了 TCP/IP 协议族,如图 5-13 所示。一般来说,TCP 提供传输层服务,而 IP 提供网络层服务。

Telnet	FTP	SMTP	DNS	RIP	SNMP
TCP			UDP		
IP			ARP/RARP		ICMP
以太网	令牌环		帧中继	异步传输	

图 5-13　TCP/IP 协议族

1. 应用层

应用层是指使用 TCP/IP 进行通信的应用程序。应用层协议可以分为面向连接的以 TCP 为基础的协议、面向无连接的以 UDP 为基础的协议和既是 TCP 也是 UDP 的协议这 3 类。

(1) 以 TCP 为基础的协议主要有文件传输协议(File Transfer Protocol,FTP)、简单邮件传输协议(Simple Mail Transfer Protocol,SMTP)、超文本传输协议(HyperText Transport Protocol,HTTP)和网络终端协议(Telnet)。

① FTP 的功能是实现 Internet 中的交互式文件传输。

② SMTP 的功能是实现 Internet 中的电子邮件传输。

③ HTTP 的功能是实现万维网服务,浏览网页。

④ Telnet 的功能是实现 Internet 中的远程登录。

(2) 以 UDP(User Datagram Protocol,用户数据报协议)为基础的协议主要有简单网络管理协议(Simple Network Management Protocol,SNMP)、简单文件传输协议(Trivial File Transfer Protocol,TFTP)。

① SNMP 的功能是管理网络效能,发现并解决网络问题,以及规划网络增长。

② TFTP 的功能是实现小文件的传送。

（3）既是 TCP 又是 UDP 的协议包含域名服务协议（Domain Name Service，DNS）和路由信息协议（Routing Information Protocol，RIP）。

　　① DNS 的功能是实现网络设备名称到 IP 地址映射的网络服务。

　　② RIP 的功能是实现网络设备之间的交换路由信息服务。

2. 传输层

传输层提供端到端的数据传输，确保数据交换的可靠性，并能同时支持多个应用。在网络中的连接服务被定义成以下 3 种。

1）无连接服务

这种服务实现的是网络之间的不可靠连接，相应的无连接协议也是不可靠连接协议。其优点是实现速度快，缺点是可靠性差。

2）面向连接服务

这种服务实现的是网络之间的可靠连接，相应的协议也是可靠连接的协议。其优点是连接可靠性强，缺点是速度慢。

3）点-点服务

这种服务实现两点之间的直接连接方式的数据传输。其优点是可靠性好而且速度快；其缺点是成本过高，不可能在 Internet 上实现。

传输层的主要协议是 TCP 和 UDP。TCP 提供面向连接的、可靠的数据传输服务，而 UDP 提供的是无连接的、不可靠的基于数据包的服务。在使用 TCP 进行传输的过程中，发送方在被传输数据中增加一些控制数据，数据接收方接到数据后需要返回一个回执，这样可确保数据交换的可靠性。使用 UDP 作为传输层协议的应用应该提供自己的端到端的数据流控制，以保证一定的可靠性，UDP 通常用于需要快速传输的机制。

3. 网际层

IP 协议是网际层中最重要的协议，它是一个无连接的报文分组发送协议，包括处理来自传输层的分组发送请求、路径选择、转发数据报等，但并不具有可靠性，也不提供错误修复等功能。在 TCP/IP 网络上传输的基本信息单元是 IP 数据报（datagram）。网际层的主要协议还包括：地址解析协议/反向地址解析协议（Address Resolution Protocol/Reverse Address Resolution Protocol，ARP/RARP），它介于网络层和低层之间，主要功能是实现网卡的物理地址与 IP 地址的解析；网际控制报文协议（Internet Control Message Protocol，ICMP），它的功能则是实现对 IP 协议的可靠性保障。

4. 网络接口层

网络接口层提供网络硬件设备的接口。这个接口可能提供可靠的传输，也可能提供不可靠的传输；可能是面向数据报的，也可能是面向数据流的。TCP/IP 在这一层并没有规定任何协议，但可以使用绝大多数网络接口。

5.3　网络互联设备

计算机与计算机或客户机与服务器连接时，除了需要传输介质以外，还需要各种网络互联设备，如网卡、调制解调器、交换机、路由器等。下面按 OSI 参考模型的不同层次对网络互联设备进行介绍,并介绍常见的网络传输介质。

5.3.1 物理层网络设备

物理层网络设备的主要功能包括设备的物理连接与电信号匹配,完成比特流的传输。

1. 调制解调器

调制解调器(modem)是一种信号转换设备。在发送数字信号时,调制器将基带数字信号的波形变换成适合模拟信道传输的波形(这并不会改变数据的内容);接收时,解调器将经过调制器变换所形成的模拟信号恢复成原来的数字信号。

按通信接入技术分类,调制解调器有以下几种类型。

1) 调制解调器

一般指音频调制解调器,它利用公用电话网络(Public Switched Telephone Network,PSTN)进行网络通信。最高传输速率为 56kb/s。由于电话线路是普及率最高的通信线路,因此,它对使用环境的要求最低。

2) ADSL 调制解调器

ADSL 调制解调器(非对称数字用户线路调制解调器)利用电话线路进行网络通信,最高传输速率为 8Mb/s,是城市个人用户广泛使用的一种网络接入设备,如图 5-14 所示。由于需要对电信公司设备进行改造,因此它对使用环境有一定的要求。

3) 电缆调制解调器

电缆调制解调器利用有线电视网(Community Antenna Television,CATV)进行网络数据传输,最高传输速率为 10Mb/s,是个人用户使用的一种网络接入设备。

4) 基带调制解调器

基带调制解调器主要用于企业计算机网络,常用于连接企业本地路由器与远程路由器。

2. 中继器

中继器是一种对信号进行放大和整形的网络设备。信号在网络中传输时,因为线材本身的阻抗会使信号越来越弱,导致信号衰减失真,当网线长度超过使用距离时,信号就会衰减到无法识别的程度。中继器的主要功能是将收到的信号重新整理,使其恢复原来的波形和强度,然后继续传送下去,这样信号就会传得更远。中继器如图 5-15 所示。

图 5-14   ADSL 调制解调器   图 5-15   中继器

3. 集线器

集线器(hub)是一种将多台计算机连接在一起,从而构成一个计算机局域网的网络互联设备。集线器实际上是一种多端口中继器,如图 5-16 所示,它采用共享带宽的方式进行数据传输。集线器只对数据的传输起同步、放大和整形的作用,而对数据传输中的缺帧、碎片等现象无法进行有效处理,因此,不能保证数据传输的完整性和正确性。

图 5-16　集线器

集线器主要用于小型局域网,产品有 10Mb/s、100M/ps 等几种。集线器一般有 4、8、16、24 等数量的 RJ-45 接口,通过这些接口连接计算机或网络交换机。

集线器最大的优点是价格便宜。它的不足主要有:用户共享网络带宽;以广播方式传输数据,容易造成网络阻塞。

5.3.2　数据链路层网络设备

1. 网卡

网卡(也称网络适配器)是数据链路层的网络互联设备,如图 5-17 所示。有的计算机的主板上已经集成了网卡设备,因此不需要单独安装网卡。在服务器、路由器、防火墙等设备中,往往有多个网卡。

网卡一般采用 RJ-45 接口,笔记本电脑一般采用 USB 接口,部分服务器网卡采用光纤接口。按数据传输速率有 10Mb/s、100Mb/s、1000Mb/s 的网卡。有许多网卡既可以接到 10Mb/s 的网络上,也可以接到 100Mb/s 的网络上,这种网卡称为自适应网卡。

图 5-17　网卡

网卡应与网络传输介质类型一致。网卡的质量在很大程度上影响了网络的性能,网卡故障可能导致网络阻塞或瘫痪。

服务器网卡应具备较高的数据传输速率、较低的 CPU 占有率,并具有网络管理等功能。

2. 网桥

网桥是一种数据链路层设备,主要用于连接两个同构的相互独立的计算机网络。这里的同构主要指网络的拓扑结构相同、网络协议相同;独立的计算机网络指连接在不同的二层交换设备(如交换机)中的网络。

网桥的主要功能是进行数据帧转发、数据帧过滤和路由选择。网桥的连接方式如

图 5-18 所示。

在中小型计算机网络中,极少有单独的网桥设备,往往利用交换机作为多端口网桥设备。

3. 交换机

交换机从网桥发展而来,我国通信行业标准 YD/T 1099—2013《以太网交换机技术要求》中对以太网交换机的定义是:"以太网交换机实质上是支持以太网接口的多端口网桥。交换机通常使用硬件实现过滤、学习和转发数据帧"。

交换机产品有以太网交换机、ATM 网交换机、电话网程控交换机。计算机网络主要采用以太网交换机,如图 5-19 所示。

图 5-18　网桥的连接方式　　　　　　　图 5-19　以太网交换机

5.3.3　网络层网络设备

1. 网关

网关主要用于连接两个异构的相互独立的网络。网关可以工作在网络模型的不同层次,属于网络层互联设备。在目前的局域网中,很少有单独的网关产品,一般采用路由器作为网关。

2. 路由器

根据我国通信行业标准 YD/T 1156—2001《路由器测试规范——高端路由器》,路由器是工作在 OSI 参考模型第 3 层——网络层的数据包转发设备,如图 5-20 所示,路由器通过转发数据包实现网络互联。虽然路由器支持多种网络协议(如 TCP/IP、IPX/SPX、AppleTalk 等),但是我国绝大多数路由器仅支持 TCP/IP。

路由器的主要功能如下。

1)网络连接功能

路由器可以连接相同的网络或不同的网络,既可以连接两个局域网,也可以连接局域网与广域网,或者连接广域网与广域网。

2)通信协议转换功能

路由器可以实现不同网络之间通信协议的转换,如 TCP/IP、PPP、X.25、FR、ATM 等协议之间的转换。

图 5-20 路由器

3）数据包转发功能

路由器可以在各个端口之间转发数据包。

4）路由信息维护功能

路由器负责运行路由协议并维护路由表。

5）管理控制功能

管理控制功能包括 SNMP 代理、Telnet 服务器、本地管理、远端监控和 RMON 管理、地址分配等功能。

6）安全功能

路由器可以用于实现数据包过滤、地址转换、访问控制、数据加密、防火墙等功能。

5.3.4 传输介质

传输介质是指传送信息的载体，在网络中是连接收发双方的物理线路。传输介质可分为有线传输介质和无线传输介质。有线传输介质可传输模拟信号和数字信号，无线传输介质大多传输模拟信号。

1. 有线传输介质

目前，用于网络传输的有线传输介质主要有双绞线、同轴电缆和光纤。

1）双绞线

双绞线由以螺旋状扭在一起的两根绝缘导线组成，导线对扭在一起可以减少相互间的电磁辐射干扰。双绞线是最常用的传输介质，可用于电话通信中的模拟信号传输，也可用于数字信号的传输，其结构如图 5-21 所示。双绞线一般是铜质的，有良好的传导率。对于模拟信号来说，每 5～6km 需要一个放大器；对于数字信号来说，每 2～3km 需要一个中继器。

双绞线也可用于局域网，如 10BASE-T 和 100BASE-T 总线，可分别提供 10Mb/s 和 100Mb/s 的数据传输速率。通常将多对双绞线封装于一个绝缘套里组成双绞线电缆。局域网中常用的 3 类双绞线和 5 类双绞线均由 4 对双绞线组成，3 类双绞线常用于 10BASE-T 总线局域网，5 类双绞线常用于 100BASE-T 总线局域网。

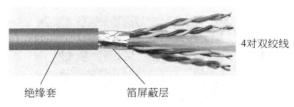

图 5-21　双绞线结构

双绞线普遍适用于点到点的连接,可以很容易地在 15km 或更大范围内提供数据传输。局域网的双绞线主要用于一个建筑物内或几个建筑物间的通信,但在 10Mb/s 和 100Mb/s 传输速率的 10BASE-T 和 100BASE-T 总线局域网中的传输距离都不超过 100m。

双绞线的抗干扰性能不如同轴电缆,但双绞线价格比同轴电缆要便宜。

2)同轴电缆

同轴电缆也像双绞线一样由一对导体组成,但它们是按同轴的形式构成线对的,其最里层是内芯,向外依次为绝缘层、屏蔽层,最外则是起保护作用的护套,内芯和屏蔽层构成一对导体,其结构如图 5-22 所示。

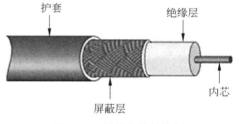

图 5-22　同轴电缆结构图

同轴电缆分为基带同轴电缆和宽带同轴电缆。基带同轴电缆又可以分为粗缆和细缆两种,都用于直接传送数字信号;宽带同轴电缆用于频分多路复用的模拟信号传输,也可用于不使用频分多路复用的高速数据通信和模拟信号的传输。闭路电视所使用的 CATV 电缆就是宽带同轴电缆。

同轴电缆适用于点到点连接和多点连接。基带同轴电缆每段可支持几百台设备,在大型系统中还可以用转接器将各段连接起来;宽带同轴电缆可支持数千台设备,但在高数据传输速率(50Mb/s)下使用宽带电缆时,设备数目限制为 20～30 台。

同轴电缆的传输距离取决于传输信号的形式和传输的速率,典型基带同轴电缆的最大距离限制在几千米内。在相同速率条件下,粗缆传输距离较细缆长。

同轴电缆的抗干扰性能比双绞线好,在价格上比双绞线贵,比光纤便宜。

3)光纤

光纤是光导纤维的简称,它由能传导光波的石英玻璃纤维制成的纤芯外加护套构成,

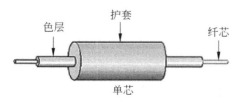

图 5-23　光纤结构

其结构如图 5-23 所示。相对于金属导线来说,光纤具有重量轻、线径细的特点。用光纤传输信号时,在发送端要先将电信号转换成光信号,而在接收端由光检测器将光信号还原成电信号。

光纤在计算机网络中普遍采用点到点连接,从地域范围来看,可以在 6～8km 的距离内不需要中继器,因此光纤适合在几个建筑物之间通过

点到点的链路方式连接局域网。由于光纤具有不受电磁干扰和噪声影响的特征,因此适宜在长距离内保持较高的数据传输率,而且能提供很好的安全性。

2. 无线传输介质

目前,用于通信的无线传输介质有微波、红外线、激光等。

1) 微波

微波通信分为地面微波通信和卫星微波通信两种方式,信号频率为 100MHz～10GHz。

微波通信主要利用地面微波进行。由于微波在空间是直线传播的,而地球表面是一个曲面,其传播距离一般限制在 50km 左右,而且微波不能穿透金属结构,因此,为实现远距离通信,需要建立微波中继站进行"接力"通信,如图 5-24 所示。

卫星微波通信就是利用地球同步卫星作为微波中继站,实现远距离通信。作为微波中继站的卫星带有微波接收和发射装置,地面站将信号发送到卫星,再由卫星将信号转发至另一个地面站。当地球同步卫星位于 36 000km 的高空时,其发射角可以覆盖地球上 1/3 的区域,如图 5-25 所示。

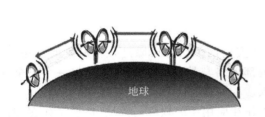

图 5-24 地面微波通信

图 5-25 卫星微波通信

2) 红外线

电视机遥控器采用红外线进行通信,计算机网络也可以使用红外线进行数据通信。红外线一般局限于一个很小的区域(如在一个房间内),并且经常要求发送器直接指向接收器。红外线硬件与其他设备比较相对便宜,并且不需要天线。红外线技术提供了无需天线的无线连接,如图 5-26 所示。

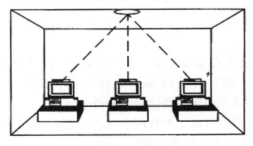

图 5-26 红外线通信图

3) 激光

激光束除了用于光纤通信外,也能在空中传输信号。和微波通信系统相似,激光通信通常由两个基站组成,每个基站都拥有发送和接收装置。基站安装在一个固定的位置,通常在建筑物顶部,并且相互对准,以便使一个基站的发送器将光束直接发送至另一个基站的接收器,如图 5-27 所示。

图 5-27　激光通信

由于激光是直线传输,而且激光光束不能被阻挡、不能穿透植物以及雪雾等,因此,激光传输的应用受到了一定的限制。

5.3.5　其他网络设备

1. 防火墙

防火墙是外部网络与内部网络之间的一个安全网关。防火墙是一种形象的说法,其实它是计算机硬件和软件的组合,它在企业内部网络与外部网络之间建立起一个安全的屏障,从而保护内部网络免受非法用户的侵入。

防火墙可以工作在网络的各个层次,如工作在应用层的软件防火墙,以及工作在传输层和网络层的硬件防火墙。因此,很难将它划分到某个固定的层次。

硬件防火墙与计算机结构类似,包括 CPU、内存、硬盘等基本部件,主板上有南北桥芯片,一般采用机架式结构。防火墙集成了两个以上的以太网卡,因为它需要连接两个以上的内部网络和外部网络;而且防火墙的硬盘中安装了网络操作系统和专业防火墙程序。一些防火墙安装通用的网络操作系统(如 FreeBSD),也有一些防火墙采用专用操作系统(如 ScreenOS)。防火墙程序主要有包过滤程序、代理服务器程序、路由程序等,有些防火墙还把日志也记录在硬盘上。防火墙要求有非常高的稳定性,并且具备较大的系统吞吐率。

2. 网络服务器

"服务器"一词在网络中有双重含义:一个含义是提供某种网络服务的系统软件,如常用的 DNS 服务器、Web 服务器、FTP 服务器、E-mail 服务器等;另一个含义是运行某种网络服务软件的计算机,或称为服务器主机更为合适。

与防火墙一样,服务器也可以工作在网络的各个层次,如工作在应用层、传输层和网络层等,因此,同样很难将它划分到某个固定的层次。

从市场应用看,我国很多网络结点都采用 IA 架构服务器。IA 架构服务器基于 PC 体系结构,采用 Intel CPU 芯片或与之兼容的 CPU 芯片(主要是 AMD 系列 CPU),因此 IA 架构服务器也称为 PC 服务器。

PC 服务器虽然从 PC 发展而来,但在技术上与 PC 有很大差别。PC 服务器的制造工艺复杂,生产难度较大,对数据处理能力、I/O 性能、可靠性、安全性、扩展能力和系统检测等有特殊的严格要求,因此目前只有少数厂商有能力生产中高档 PC 服务器。PC 服务器一般运行 Windows、Linux、FreeBSD 等操作系统,其突出的优势在于性价比高、应用软件丰富、有庞大的 PC 用户群体。

5.4 局域网技术

局域网是在一个较小的范围内(一个企业、一个政府机关、一所学校等单位内),利用网络线路等将多台计算机及外部设备连接起来,达到数据通信和资源共享的目的。局域网技术是当前计算机网络研究和应用的一个热点,也是技术发展最快的领域之一。

5.4.1 局域网概述

1. 局域网的定义

计算机局域网技术是计算机网络技术中的一个正处于飞速发展和广泛应用阶段的独立分支。1975 年美国 Xerox 公司研制的第一个总线争用型实验性以太网(Ethernet)以及 1974 年英国剑桥大学开发的剑桥环网(Cambridge ring)为局域网的理论、方法和实现奠定了基础,对局域网的进一步发展起到了非常重要的作用。

目前流行的局域网产品种类繁多,例如 Novell 公司的 Novell 网、IBM 公司的 IBM Token Ring 网、3COM 公司的 3COM Ethernet、微软公司的 Windows NT 网等。随着计算机技术、网络通信技术及其应用的飞速发展,将会出现更多、更先进的局域网产品。

局域网是一种在局部范围内传递信息和共享资源的网络系统,在广义上可将其理解为一种支持各类数据通信设备间的设备互联、信息交换和资源共享的计算机化的网络系统;在狭义上可将其理解为在有限的距离内(如一幢或一群建筑物内)将计算机、终端及各类外部设备(如大容量硬盘系统、高速打印机等)通过高速传输线路连接而成的通信网络。

美国电气电子工程师学会(Institute of Electrical and Electronics Engineers,IEEE)认为局域网是一个允许诸多彼此独立的设施在适中的地理分布区域内,以适中的传输速率,通过物理信道相互直接沟通的数据通信系统。IEEE 的定义强调了局域网与计算机类型的无关性,并指出在局域网上的任意两台计算机之间都是无界限且可直接互通信息的。

IEEE 在 1980 年 2 月成立了局域网标准化委员会,专门从事局域网的协议制定,形成了一系列的标准,称为 IEEE 802 标准。这些标准根据局域网的多种类型规定了各自的拓扑结构、介质访问控制方法、帧的格式和操作等内容。通常将 IEEE 802 标准作为局域网的同义词来使用。

2. 局域网的特点

区别于一般的广域网,局域网具有以下一些特点:

(1)地理分布范围较小,一般辐射范围为数千米。通常为某个单位所拥有,可以覆盖一幢大楼、一个校园或者一个企业。

（2）数据传输速率高，一般为10～100Mb/s。这是因为局域网内所接结点数有限，较宽的总带宽被所有的结点共享。目前已出现速率达1Gb/s甚至10Gb/s的高速局域网，可用于交换各类数字及非数字（如语音、图像、视频等）信息。

（3）传输时延小，误码率低。这是因为局域网通常采用短距离基带传输，可以使用高性能的传输介质，从而提高数据传输质量。

（4）以PC为主体，包括终端及各种外部设备，网中一般不设中央主机系统，各结点之间互为平等关系，可以进行广播或多播。

（5）局域网体系结构中一般仅包含OSI参考模型中的低层功能，即仅涉及通信子网的内容，而且一般都不单独设置网络层。

（6）局域网的协议简单，结构灵活，建网成本低，周期短，便于管理和扩充。

3. 局域网的主要技术

局域网技术包括拓扑结构、传输介质和介质访问控制协议3个主要方面。

（1）拓扑结构。常见的局域网拓扑结构是总线型拓扑结构，其次为星形、环形和树形拓扑结构。

（2）传输介质。局域网采用的主要传输介质为双绞线、同轴电缆和光纤。

（3）介质访问控制协议。局域网采用的介质访问控制协议有适用于总线型拓扑结构的载波监听多路访问协议、适用于总线型和树形拓扑结构的令牌总线协议和适用于环形拓扑结构的令牌环协议。

5.4.2　局域网体系结构

局域网的体系结构与OSI参考模型有相当大的区别。因为物理连接及比特流的传输都需要物理层，所以物理层显然是需要的。然而局域网不存在路由选择问题，因此可以不需要网络层。由于局域网的种类繁多，其介质访问控制的方法也各不相同，为了使数据链路层不致过于复杂，将局域网的数据链路层划分为两个子层，即介质访问控制（Medium Access Control，MAC）子层和逻辑链路控制（Logical Link Control，LLC）子层，如图5-28所示。

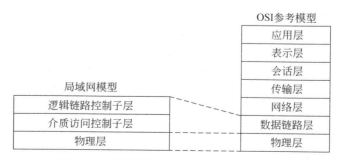

图5-28　局域网模型与OSI参考模型的对比

因此，与OSI参考模型相比，局域网模型只相当于OSI参考模型的最低两层。其中，

MAC 子层负责在物理层的基础上进行无差错的通信和与访问各种传输介质有关的问题,而数据链路层中与传输介质访问无关的部分都集中在 LLC 子层。

5.4.3 以太网

用历史上曾经表示电磁波传播介质的以太(Ether)命名的以太网(Ethernet)是目前应用最广泛的局域网之一。

1975 年,美国 Xerox 公司成功研制了采用无源总线电缆作为传输介质的以太网。此后,Xerox 公司与 DEC 公司、Intel 公司合作,提出了以太网产品规范,并成为 IEEE 802 标准系列中的第一个局域网标准。

以太网所采用的介质访问控制方法就是后来成为 IEEE 802.3 标准的载波监听多路访问/冲突检测(Carrier Sense Multiple Access with Collision Detection,CSMA/CD),所以 IEEE 802.3 标准与以太网标准有很多相似之处。尽管两者也存在一定的差别,例如, IEEE 802.3 标准提供的服务对应于 OSI 参考模型的物理层以及数据链路层中的介质访问控制部分(即 MAC 子层),但当不涉及网络协议的细节时,通常将 IEEE 802.3 标准作为以太网标准的同义词。

CSMA/CD 是一种争用型的介质访问控制协议。它起源于美国夏威夷大学开发的 ALOHA 网所采用的争用型协议,并进行了改进,使之具有比 ALOHA 网的协议更高的介质利用率。它的工作原理如下:发送数据前首先监听信道是否空闲,若空闲,则立即发送数据;在发送数据时,可边发送边继续监听,若监听到冲突,则立即停止发送数据,并发送一个阻塞信号通知其他站点,等待一段随机时间后再重新开始。

1. 以太网的优点

以太网有以下几个优点:

(1) 传输速率较高,为高速信息传输提供了物理基础。

(2) 结构简单、灵活,便于扩充,易于实现。

(3) 工作可靠,单个工作站发生故障不会影响整个网络的检测和诊断,便于维护和故障恢复。

2. 经典以太网

经典以太网是 10Mb/s 的基带总线局域网,它提供对各种协议和计算机平台的支持。组建以太网时,可以使用不同类型的线缆。不同线缆类型允许不同的网络速度和线缆长度。每种线缆都有它特定的使用范围和性能。经典以太网主要使用的线缆有同轴电缆和双绞线。对应不同的实现方法,所用的标准也是不同的。除了选用线缆的标准外,根据传输的速度和性能所制定的标准也不尽相同。

以太网采用的拓扑结构和布线标准如下:

(1) 10BASE-T,双绞线,星形结构,最大单段线缆长度为 100m。

(2) 10BASE-5,同轴电缆,总线型结构,最大单段电缆长度为 500m。

(3) 10BASE-2,同轴电缆(RG-58A/U 型),总线型结构,最大单段电缆长度为 185m。

(4) 10BASE-F,以光缆作为主干,星形结构,最大单段光缆可以达 2km。

上述每种标准都有它自己的优势和局限。10BASE-5 和 10BASE-2 可以提供比 10BASE-T 更远的距离,但它们必须以总线型拓扑进行布线,这种结构和令牌环一样,存在一旦出现线缆故障就将失效的问题。10BASE-T 能在星形的拓扑结构上提供较高的数据传输率,然而它的距离却很有限。10BASE-F 作为校园网络布线方案时,用它进行高速传输数据比其他几个标准成本高。

3. 快速以太网

1993 年,有 40 多家网络产品厂商加入快速以太网联盟(Fast Ethernet Alliance),共同开发 100BASE-T 快速以太网标准,以建立统一的、可以操作的国际标准。100BASE-T 快速以太网是从 10BASE-T 以太网标准发展而来的。它保留了 CSMA/CD 协议,使 10BASE-T 和 100BASE-T 站点间进行数据通信时不需要进行协议转换。这就要求厂商提供成本较低的快速以太网产品,它们既可以在 10Mb/s 网络上应用,也可以在 100Mb/s 网络上应用,可方便地将 100BASE-T 网络与现有的 10BASE-T 网络集成在一起。

随着个人计算机和应用程序功能增强,网络用户日益增多,网络中产生的数据量也越来越大,因此网络带宽就成为了一个瓶颈。100BASE-T 快速以太网则较好地解决了这一问题。快速以太网能显著提高工作站和服务器的传输带宽,从而可以安全地提高网络的负载能力。

1995 年 9 月,IEEE 802 委员会正式批准了快速以太网标准 IEEE 802.3u。IEEE 802.3u 标准在 LLC 子层使用 IEEE 802.2 标准,在 MAC 子层使用 CSMA/CD 协议,只在物理层作了调整,定义了新的物理层标准 100BASE-T。100BASE-T 标准采用介质独立接口(Media Independent Interface,MII),它将 MAC 子层与物理层分隔开来,使得物理层实现 100Mb/s 速率时所使用的传输介质和信号编码方式的变化不会影响 MAC 子层。

4. 千兆位以太网

随着多媒体技术、网络分布计算、视频会议等应用的不断发展,用户对局域网带宽提出了更高的要求。同时,100Mb/s 快速以太网也要求主干网服务器有更高的带宽,虽然快速以太网是高速局域网方案中的首选技术,具有高可靠性、易扩展性、成本低等优点,但带宽受到限制。为了适应日益增多的用户业务对带宽的需求,推出了千兆位以太网。

千兆位以太网技术作为最新的高速以太网技术,给用户带来了提高核心网络的有效解决方案,这种解决方案的最大优点是继承了传统以太网技术价格便宜的优点。千兆技术仍然是以太网技术,采用与 10Mb/s 以太网相同的帧格式、全双工/半双工工作方式以及流控模式。由于该技术不改变传统以太网的帧结构、网络协议、桌面应用、操作系统及布线系统,因此该技术有良好的市场前景。千兆位以太网可与现存的 10Mb/s 或 100Mb/s 以太网设备及电缆基础设施很好地配合工作,并且由于它仍然基于以太网技术,所以升级到千兆位以上的以太网不必改变网络应用程序、网络管理部件和网络操作系统。采用这种自然的升级途径,能够对现有网络设备投资实现最大限度的保护。

千兆位以太网技术有两个标准,即 IEEE 802.3z 和 IEEE 802.3ab。IEEE 802.3z 是光纤和短程铜线连接方案的标准,目前已完成了标准制定工作。IEEE 802.3ab 是 5 类双绞线上较长距离连接方案的标准。开始时,千兆位以太网主要用于提高交换机之间或交换机与服务器之间的连接带宽。在交换机之间增加一个千兆位的连接会立即提升网络的带宽,交换机之间的千兆位连接使网络可以支持更多的交换或共享式的 10Mb/s 或 100Mb/s 的网段。也可以通过在服务器中增加千兆网卡,将服务器与交换机之间的数据传输速度提升到前所未有的水平。千兆位以太网标准被所有主要的网络产品厂商所支持,其中包括 HP、3COM、Cisco 等公司。

5. 以太网的物理地址

在以太网中,每一个网络中的主机都有一个硬件地址,这个硬件地址又称为物理地址或 MAC 地址。IEEE 802.3 标准为局域网规定了一种 48b 的地址,局域网的每台计算机都在网卡中固化了这个 MAC 地址,用以标识局域网内不同的计算机。MAC 地址由 6 字节的数据字符串组成,如 00-17-31-EF-ED-2D。

MAC 地址分为两部分:生产商 ID 和设备 ID。前面 3 字节代表网卡生产厂商,有些生产厂商有几个不同的生产商 ID;后面 3 字节代表生产厂商为具体设备分配的 ID。

在 Windows 系统中,可以利用 ipconfig/all 命令检测本机 MAC 地址,如图 5-29 所示。

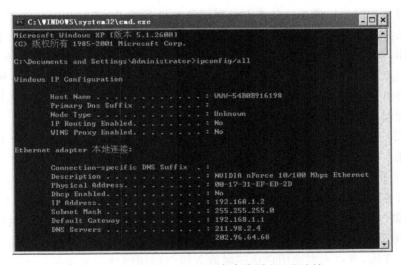

图 5-29 利用 ipconfig/all 命令检测 MAC 地址

5.4.4 网络操作系统

网络操作系统(Network Operating System,NOS)是为网络用户提供所需服务的各种软件和有关规程的集合,使网络中的计算机方便而有效地共享网络资源。所以说,网络操作系统是网络用户和计算机网络的接口,它管理着网络中的硬件和软件资源,为用户提供所需的各种服务,并提供网络系统的安全性服务。

1. 网络操作系统的发展与分类

近十几年来,网络操作系统经历了从对等结构向非对等结构的演变,其演变过程如

图 5-30 所示。图中的变形级结构的操作系统以原有单机操作系统为基础，通过增加网络服务功能构成局域网操作系统。基础级结构的操作系统则是以计算机裸机为基础，根据网络服务的特殊要求，直接利用计算机硬件与少量软件资源进行专门的设计而开发的局域网操作系统，常见的有 NetWare、Windows NT Server 等。

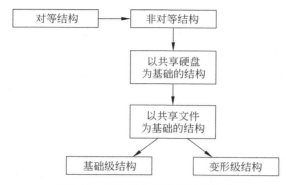

图 5-30　网络操作系统的结构演变

1）对等结构的网络操作系统

对等结构的网络操作系统的特点是联网结点地位平等，安装在网络结点上的局域网操作系统软件是相同的，联网结点资源原则上都是可以共享的。网络中的计算机以后台的方式工作，前台为本地用户提供服务，后台为其他结点的网络用户提供服务。网络中的任何两个结点都可以互相通信。所以对等结构的网络操作系统结构简单，共享资源方便，结点间可自由通信。其缺点是每台计算机既是工作站又是服务器，结点计算机要承担较重的通信管理与资源管理工作，因而随着负载的增加，网络能力将明显下降。例如，早期的 Novell 公司的 Personal NetWare 和微软公司的 Windows for Workgroup 就属于这一类操作系统。

2）非对等结构的网络操作系统

针对对等结构网络操作系统的缺点，人们又提出了非对等结构的网络操作系统，即客户机/服务器(Client/Server，C/S)模式的网络操作系统。在这种模式下，网络结点分为两类，即服务器和工作站。服务器采用高配置(即高性能)的计算机。工作站一般采用配置较低的计算机，重点为本地用户访问本地资源和访问网络资源提供服务。网络操作系统软件分为两部分：一部分运行于服务器上，另一部分运行于工作站上。由于服务器直接管理网络资源和服务，因此它是局域网的中心，所以安装与运行在服务器上的网络操作系统软件的功能与性能直接决定着局域网的服务功能、系统性能及安全性等，是局域网的核心部分。

2. 网络操作系统的功能

网络操作系统是针对计算机应用从大型机向微型机转变的需求而设计的。在这样的系统中，经常是一台或几台高档计算机、工作站或大型机作为局域网服务器，用于管理局域网中的共享资源，提供文件服务、数据库服务、打印服务与通信服务等，同时将很多台用户使用的计算机连入局域网中。尽管不同的计算机公司推出的网络操作系统都有各自的特点,但它们所提供的网络服务功能比较相似。一般来说,网络操作系统都具有如下基本功能。

1) 文件服务

文件服务是最基本和最重要的网络服务功能之一。它以集中方式管理共享文件,网络工作站可以根据规定的权限对文件进行读、写和其他操作,文件服务器为网络用户的文件安全与保密提供必需的控制方法。

2) 打印服务

打印服务也是最基本的网络服务功能之一。它可以通过设置专门的打印服务器来完成,也可以由文件服务器或工作站承担。通过网络打印服务功能,局域网中可以安装一台或多台打印机,网络用户可以远程共享打印机。打印服务可实现对用户打印请求的接收、打印格式的说明、打印机配置、打印队列的管理等功能。

3) 数据库服务

选择适当的数据库服务软件,可以优化局域网系统的操作模式,有效改善局域网的性能。通常数据库服务采用 C/S 工作模式,开发出客户端与服务器端数据库应用程序,客户端可以通过结构化查询语言向数据库服务器发出请求,服务器将查询结果返回客户端。

4) 通信服务

局域网提供的通信服务主要有工作站之间的对等通信以及工作站与服务器之间的通信。

5) 信息服务

局域网通信可以通过存储转发方式或对等通信方式完成,网络操作系统可提供这样的多媒体信息服务。

6) 分布式服务

网络操作系统为支持分布式服务,提出了一种新的网络资源管理机制,即分布式目录服务。分布式目录服务将分布在不同地理位置的网络资源(比如用户、软件、硬件等),组织在一个全局性的、可复制的分布式数据库中,网络中的其他多台服务器可以有该数据库的副本。用户在一个工作站上注册,便可以与多个服务器连接。对于用户来说,利用单点登录就可以透明地访问网络系统中分布在不同位置的资源。

7) 网络管理服务

网络操作系统提供了丰富的网络管理工具,可以提供用户管理、网络性能分析、网络状态监控、存储管理等多种管理服务。

8) Internet/Intranet 服务

为了适应 Internet/Intranet 应用,网络操作系统一般都支持 TCP/IP,提供各种 Internet/Intranet 服务,支持 Java 应用开发工具,使局域网服务器很容易成为 Web 服务器,全面支持 Internet/Intranet 访问。

3. 局域网中的几类网络操作系统

1) Windows 类

Windows 是微软公司开发的网络操作系统。在局域网中,微软公司的网络操作系统主要有 Windows 2003 Server/Advance Server 等,工作站系统可以采用 Windows 或非

Windows 操作系统,包括单机操作系统,如 Windows XP、Windows 7 等。

2)NetWare 类

NetWare 类操作系统经过长时间的发展,具有相当丰富的应用软件支持,技术完善、可靠。NetWare 服务器对无盘工作站和游戏的支持较好,常用于教学网和游戏网。目前这种操作系统的市场占有率呈下降趋势,这部分的市场主要被 Windows NT/2000 和 Linux 系统占有。

3)UNIX 类

目前常用的 UNIX 类网络操作系统版本主要有 UNIX SUR 4.0、HP-UX 11.0 以及 Sun 公司的 Solaris 8.0 等,这类系统支持网络文件系统服务,提供数据应用,功能强大,由 AT&T 和 SCO 公司推出。这类系统稳定,安全性能较好,但由于多数是以命令方式进行操作的,图形界面不够丰富,所以不容易掌握,特别是对初级用户而言。因此,UNIX 类网络操作系统一般用于大型的网站或大型的企事业局域网中。

4)Linux 类

Linux 类网络操作系统最大的特点就是源代码开放,可以免费得到许多应用程序。目前也有中文版本的 Linux,如 Redhat、Debian 等。它与 UNIX 类网络操作系统有许多类似之处,但目前这类操作系统主要应用于中高档服务器中。

另外,还有 IBM 公司的 LAN Server、OS/2 等网络操作系统。

5.5　互联网基础

互联网也称因特网,即 Internet,是世界范围内实现互联的各种网络的结合,在 Internet 上,通过 Web 技术可实现全球信息资源共享,如信息查询、文件传输、远程登录、电子邮件等。Internet 是实现多网融合的典型范例,同时也是实现信息高速公路的重要支柱。Internet 的成功和发展对人类社会产生了深刻的影响。

5.5.1　互联网接入方式

计算机用户要访问 Internet 上丰富的资源,首先必须接入 Internet。用户将计算机接入 Internet 的方式可分为有线接入和无线接入两大类。有线接入是最早采用的、应用最广泛的方式,而无线接入是随着无线网络技术的发展和逐步推广应用发展起来的。

有线接入有多种方式,用户可以根据自己的条件进行选择。总的来讲,有线接入可以分为窄带接入和宽带接入两种方式。目前使用的宽带接入方式主要有 ADSL 接入、HFC 接入和直接 LAN 接入等,其中 ADSL 和 HFC 分别基于现有的 PSTN 和 CATV。将用户计算机连接到 PSTN 或 CATV,进而接入 Internet,因而称为接入网(Access Network,AN)。无线接入又可分为 IEEE 802.11 无线网卡、蓝牙和 GSM/CDMA 接入等。

下面介绍几种广泛使用的连接方式。

1. ADSL 接入

模拟话音信号由用户的电话机通过本地用户线(local subscriber line)传送到电话系统的端局(end office),在端局被数字化,之后送到干线传输。数字用户线(Digital Subscriber Line,DSL)技术利用电话网络在铜质双绞线上实现高速数字传输,如图 5-31 所示。

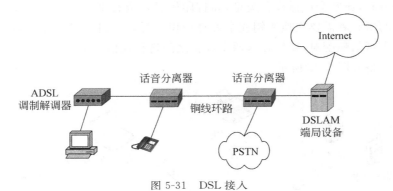

图 5-31 DSL 接入

非对称数字用户线(Asymmetric DSL,ADSL)是 DSL 中的一种,之所以称为"非对称",是因为 ADSL 技术提供了下行大于上行的非对称传输速率,ADSL 一般多用于个人或家庭用户在 Internet 中进行网页下载或文件传输,而上传数据机会相对较少的情况。

除了 ADSL 外,还有一系列其他的 DSL 技术。包括速率自适应数字用户线(Rate-Adapted DSL,RADSL)、高比特率数字用户线(High bit-rate DSL,HDSL)、单线对数字用户线(Single-pair DSL,SDSL)和甚高比特率数字用户线 VDSL(Very high bit-rate DSL)等。

ADSL 用户的重要设备是 ADSL 调制解调器,它分为全速 ADSL 调制解调器与通用 ADSL 调制解调器。全速 ADSL 调制解调器下载速度最高可达 8Mb/s,上传速度最高可达 1Mb/s。通用 ADSL 调制解调器下载速度最高可达 1.5Mb/s,上传速度最高可达 512kb/s。全速 ADSL 调制解调器要求客户端安装话音分离器,其结构较为复杂,适用于小型办公室。通用 ADSL 调制解调器虽然速率较低,但安装简单,故更适用于普通家庭。

2. HFC 接入

HFC 即混合光纤电缆网(Hybrid Fiber Coax),是在 CATV 的基础上发展起来的,除了提供原来的电视播送业务外,还能提供数据业务,进行 Internet 宽带接入。

HFC 可以分单向的和双向的。单向的 HFC 属于 CATV,只能传输电视信号。实际上,HFC 指的是双向的 HFC 网络,提供综合的传输业务服务。

3. 无线接入方式

无线接入就是利用无线技术向用户提供接入服务。除了传统的无线局域网络接入外,近来卫星宽带技术也在迅速发展。用户通过计算机的调制解调器和卫星配合接入 Internet,从而获得高速网络传输、定向发送数据、网络广播等服务。

无线接入经常使用蓝牙技术和 Wi-Fi 技术。

1）蓝牙技术

蓝牙(bluetooth)技术是在两个设备间进行无线短距离通信较简便的方法。蓝牙技术可以不通过电线、电缆或用户的直接行为而在电子设备之间建立连接。蓝牙网络会在两个或多个蓝牙设备进入网络覆盖范围后自动形成。

使用蓝牙技术组成网络时,蓝牙设备会搜索覆盖范围内的其他蓝牙设备。在侦测到其他蓝牙设备时,通常会广播设备类型,如打印机、PC 或移动电话等。在交换数据前,两个蓝牙设备的所有者需要交换密钥或个人身份识别号。一旦交换了密钥,两个蓝牙设备就会形成一个可信赖配对,以后在这两个设备之间进行通信就不再需要重新输入密钥了。常见的蓝牙设备如图 5-32 所示。

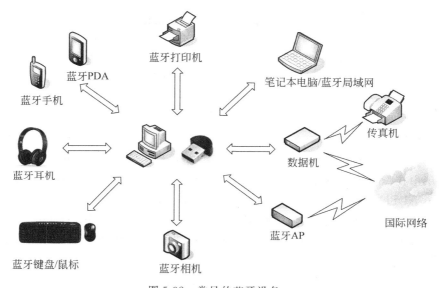

图 5-32　常见的蓝牙设备

蓝牙能运行在 2.4GHz 的公用频率下,所以任何人都能建立蓝牙网络。

蓝牙技术广泛应用于无线连接手机、笔记本电脑、汽车、立体声耳机、MP3 播放器等。由于其具有低功率、低成本、内置安全性、稳固、易于使用等优点,并具有即时联网功能,蓝牙技术是现在市场上被认可的无线短距离主导技术。

2）Wi-Fi 技术

Wi-Fi 是指一组在 IEEE 802.11 标准下定义的无线网络技术,这个标准与以太网兼容。Wi-Fi 设备可以像无线电波(频率 2.4GHz 或 5.8GHz)一样传输数据。在普通的环境中,Wi-Fi 的覆盖范围约 8～45m。厚的墙体、钢梁和其他的环境障碍物可能显著地减少理论上的覆盖范围。Wi-Fi 信号不一定能可靠地传输,会因为同频率电子设备(如 2.4GHz 无绳电话)产生的干扰而中断。从理论上讲,Wi-Fi 可以达到 600Mb/s 的速度,但是在实际应用的速度通常只能达到 144Mb/s,这远远慢于千兆以太网。

现在多数计算机都配备了 Wi-Fi 电路。如果计算机没有 Wi-Fi 电路或者只有使用较慢 Wi-Fi 协议的电路,那么可以使用 Wi-Fi 适配器(也称 Wi-Fi 卡或无线网络控制器)。

能插入扩展槽中的 Wi-Fi 卡可用于扩展个人计算机的功能,能插入 USB 端口的 Wi-Fi 适配器可用来升级各种计算机。

在多数情况下,通过无线路由器可将 Wi-Fi 网络连接到 Internet。无线路由器为 Internet 接入提供了最大的灵活性和最佳的安全选择,所以多数专家建议使用无线路由器作为无线网络的中心。

5.5.2 互联网关键技术

1. TCP/IP 技术

TCP/IP 是 Internet 的核心,利用 TCP/IP 可以方便地实现多个网络连接。通常所谓某台主机在 Internet 上,就是指该主机具有一个 Internet 地址(即 IP 地址),并运行 TCP/IP 协议,可以向 Internet 上的所有其他主机发送 IP 数据报。

1)TCP 协议

TCP 协议处于通信子网和资源子网之间的传输层,TCP 利用 IP 层提供的不可靠的无连接的数据报,向上层(应用层)提供可靠的面向连接的服务。

TCP 协议采用确认应答和超时重发机制保证数据的可靠性。控制规则为:接收端收到正确的数据后要向发送端发回一个确认消息,若发送端在超过一定时间后还未收到确认回答,则认为数据出错或丢失,并马上重发该组数据,这样就保证了端-端间数据传送的可靠性。另外,TCP 协议还规定了检查数据是否出错的校验和、防止失序和重复的序号等措施。

2)IP 协议

在 Internet 中,IP 协议处于网络层,计算机之间的通信是以数据报为单元进行传送的。IP 协议规定了数据报的格式,数据报分为报头和数据两部分。报头中包含了发送者和接收者的 IP 地址以及如何处理和传递数据报的控制信息。如果发送结点和接收结点处于不同的网络,则不能直接通信,需要借助中间的一个或多个 IP 网关实现从源网络到目的网络的寻址。IP 数据报是在相邻网关间通过点-点方式传递的,每经过一个中间网关都采用"存储—路由选择—转发"方式,由于 IP 地址已包含在 IP 数据报的报头中,因此它是网络寻址的主要依据。但是 IP 数据报在传输过程中可能出现失序、出错甚至丢失的情况,对这些情况 IP 协议不进行处理,而由 TCP 协议来纠正。因此 IP 协议不保证传输的可靠性,它提供的是不可靠的无连接服务。

2. IP 地址

为了确保通信时能相互识别,在 Internet 上的每台主机都必须有一个唯一的标识,即主机的 IP 地址。IP 协议就是根据 IP 地址实现信息传递的。

IP 地址由 32 位(4 字节)二进制数组成,为书写方便,常将每个字节作为一段并以十进制数来表示,段间用"."分隔,这种形式称为点分十进制表示法。例如,10.47.210.5 就是一个合法的 IP 地址。

IP 地址由网络标识和主机标识两部分组成。常用的 IP 地址有 A、B、C 3 类,每类均规定了网络标识和主机标识在 32 位中所占的位数。这 3 类 IP 地址的格式如图 5-33 所

示,它们的表示范围分别如下:

- A类地址:0.0.0.0～127.255.255.255。
- B类地址:128.0.0.0～191.255.255.255。
- C类地址:192.0.0.0～223.255.255.255。

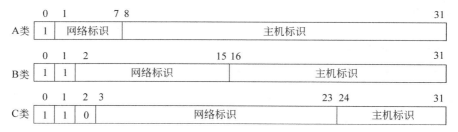

图 5-33   3 类 IP 地址格式

A类地址一般分配给具有大量主机的网络使用,B类地址通常分配给规模中等的网络使用,C类地址通常分配给小型局域网使用,而并不常用的 D、E 类地址有特殊用途。为了确保唯一性,IP 地址由世界各大地区的权威机构——网络信息中心(Network Information Center,NIC)管理和分配。

NIC 负责统一分配和管理 IP 地址,目前全世界共有 3 个这样的网络信息中心,即ARIN(负责美洲)、RIPE(负责欧洲)和 APNIC(负责亚太地区)。

我国申请 IP 地址要通过 APNIC,其总部设在日本东京大学。申请时要考虑申请哪一类 IP 地址,然后向国内的代理机构提出。

3. 域名系统原理

32 位二进制数 IP 地址对计算机来说是十分有效的,但记忆一组并无意义的且无任何特征的 IP 地址对人来说很困难,为此,Internet 引进了字符形式的 IP 地址,即域名。域名采用层次结构的基于域的命名方案,每一层由一个子域名组成,子域名间用“.”分隔,其格式如下:

主机名.网络名.机构名.最高域名

关于域名应该注意以下几点。

- 只能以字母开头,以字母或数字结尾,其他位置可用字母、数字、连字符或下画线。
- 域名不区分大小写字母。
- 各子域名之间以圆点分开。
- 域名中最左边的子域名通常代表计算机所在单位名,中间各子域名代表相应层次的区域,最高域名是标准化的代码。
- 整个域名的长度不得超过 255 个字符。

通常,最高域名可以是国家名(或地区名)或领域名。国家名(或地区名)有 CN(代表中国)、JP(代表日本)、UK(代表英国)、HK(代表中国香港地区)、TW(代表中国台湾省);领域名有 GOV(代表政府机构)、COM(代表商业机构)、EDU(代表教育机构)、AC(代表科研机构)等。我国的地区域名为省级行政区域名,如 BJ(北京市)、SH(上海市)、TJ(天津市)、CQ(重庆市)、JS(江苏省)、ZJ(浙江省)、AH(安徽省)、FJ(福建省)等。另外,由于 Internet 起源于美国,所以美国的域名没有国家名部分。

在 Internet 上,域名和 IP 地址一样,都是唯一的。

Internet 上的域名由域名系统(Domain Name System,DNS)统一管理。DNS 是一个分布式数据库系统,由域名空间、域名服务器和地址转换请求程序 3 部分组成。有了 DNS,凡域名空间中有定义的域名都可以有效地转换为对应的 IP 地址,同样,IP 地址也可通过 DNS 转换成域名。

以 WWW 服务器为例,以下是几个域名实例:

美国微软公司:www.microsoft.com。

中国清华大学:www.tsinghua.edu.cn。

中国科学院:www.cas.ac.cn。

网络实名是继 IP 地址、域名之后的第 3 代网络访问技术。它帮助客户用现实世界中企业、产品、商标等名称,通过浏览器、搜索引擎和各地信息港等多种途径简单快速地找到企业或产品信息,而无须使用复杂的域名、网址,也不必在搜索引擎给出的成千上万的结果中反复查找。例如,如果要访问人民网,以前需要在地址栏输入 http://www.people.com.cn,而现在使用网络实名,输入"人民网"即可进入该网站。

4. IPv4 协议与 IPv6 协议

目前普遍采用的 IP 协议被称为 IPv4,即 IP 协议版本 4。IPv4 采用 32 位地址空间,可以提供约 42 亿个地址。随着 Internet 规模的发展,现存的 IPv4 网络面临着地址枯竭和路由表急剧膨胀两大危机,IPv6 就是为了解决这些问题而产生的。IPv6 指的是 IP 协议版本 6,它将逐步取代 IPv4。

目前使用最为广泛的网络协议 IPv4 使用的是 32 位地址长度,采用 A、B、C 3 类编址方式后,可用的网络地址和主机地址的数目大量减少,以至于被分配完毕。IPv6 对地址分配系统进行了改进,支持 128 位的地址长度,使地址空间增大了 2^{96} 倍。同时,IPv6 还具有灵活的报头格式、支持资源分配和支持协议扩展等特点。所以 IPv6 在地址容量、安全性、网络管理、移动性以及服务质量等方面有明显的改进,是下一代 Internet 可采用的比较合理的 IP 协议。

在 IPv6 中,每个地址占 8 个 16 位组,是 IPv4 地址长度的 4 倍。如此大的地址空间足以使 IPv6 适应各种地址分配策略。为了方便表示 IP 地址,IPv6 的设计者建议使用冒分十六进制表示法,即把每个 16 位的值用 4 位十六进制数表示,并用冒号将其分隔。

例如:

$$686E:8064:FFF0:3F00:0:1180:927A:32$$

其中,0000 和 0032 简记为 0 和 32,将前面的 0 省略了。为进一步简化和方便使用,冒分十六进制记法还采用以下两种技术:

(1) 冒分十六进制表示法允许零压缩(zero compression),即多个连续的零可以用一对冒号来代替。例如,FF38:0:0:0:0:0:0:AA2 可以简写成 FF38::AA2。

IPv6 规定,在一个 IPv6 地址中只能使用一次零压缩。

(2) 冒分十六进制表示法可以和点分十进制表示法的后缀联合使用。这种联合表示法在 IPv4 向 IPv6 的过渡阶段特别实用。例如：

$$0:0:0:0:0:0:192.25.12.99$$

在这种表示法中，冒号所分隔的每个值是一个 16 位的值，但每个点分十进制部分的值则是 1 字节的值。再使用零压缩即可得出简化形式：

$$::192.25.12.99$$

5.6 Internet 服务与应用

5.6.1 万维网服务

万维网简写为 WWW 或 Web。万维网以超文本标记语言（HTML）与超文本传输协议（HTTP）为基础，能够以友好的接口提供 Internet 信息查询服务。这些信息资源分布在全球数以亿万计的万维网服务器（或称 Web 网站）上，并由提供信息的网站进行管理和更新。用户通过浏览器浏览 Web 网站上的信息，并可单击标记为超链接的文本或图形跳转到世界各地的其他 Web 网站，访问丰富的 Internet 信息资源。

1. Web 网站与 Web 网页

Web 系统采用浏览器/服务器（Browser/Server，B/S）工作模式，所有的客户端和 Web 服务器统一使用 TCP/IP 协议，使得客户端通过浏览器和服务器的逻辑连接变成简单的点对点连接，用户只需要提出查询要求就可以自动完成查询操作。

可以形象地将 WWW 视为 Internet 上的一个大型图书馆，Web 网站上某一特定信息资源的所在地就像图书馆中的书，而 Web 网页则是书中的某一页，Web 网站的信息资源由一篇篇称为 Web 网页的文档组成。多个 Web 网页组合在一起便构成了一个 Web 网站，用户每次访问 Web 时，总是从一个特定的 Web 网站开始的。每个 Web 网站的资源都有一个起始点，通常称为首页（即网站起始页），如图 5-34 所示。

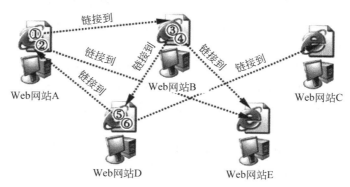

图 5-34 Web 网页组成结构及超链接

Web 网页采用超文本格式，即每个 Web 网页除包含自身的信息外，还包含指向其他 Web 网页的超链接，可以将超链接理解为指向其他 Web 网页的"指针"。由超链接指向的 Web 网页可能在近处的一台计算机上，也可能在千里之外的一台计算机上，但对用户来说,通过单击超链接,所需的信息立刻就显现在眼前,非常方便。需要说明的是,超文本不仅含有文本,也含有图像、音频、视频等多媒体内容,通常人们也把这种增强的超文本称为超媒体。

2. URL 与 HTTP

在 Internet 中的 Web 网站上,每一个信息资源都有统一的且在网上唯一的地址,该地址称为 URL(Uniform Resource Locator,统一资源定位地址)。URL 用来确定 Internet 上信息资源的位置,方便用户通过 Web 浏览器查阅 Internet 上的信息资源。URL 包括资源类型、存放资源的主机域名及端口和网页路径,如图 5-35 所示。

如果省略了 URL 的网页路径,表示将定位于 Web 网站的首页。

ftp://ftp.microsoft.com/softlib/
http://blog.sina.com.cn/main/

资源类型　　域名　　路径

图 5-35　URL

HTTP 是 Web 服务器与浏览器间传送文件的协议,它是在浏览器/服务器模式上发展起来的信息传输方式。HTTP 以客户端浏览器和服务器彼此互相发送消息的方式进行工作,客户通过浏览器向服务器发出请求,并访问服务器上的数据,服务器通过设定的公用网关接口程序返回数据,如图 5-36 所示。

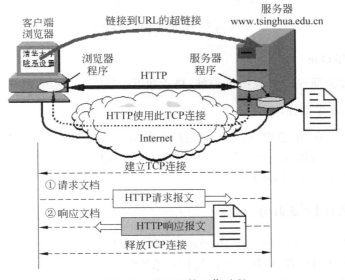

图 5-36　HTTP 的工作过程

5.6.2　电子邮件服务

电子邮件(E-mail)是一种利用计算机网络交换信息的通信手段,它是 Internet 上最受欢迎的一种服务。它可以将电子邮件发送到收件人的邮箱中,收件人可以随时进行读取。电子邮件不仅使用方便,还具有免费使用的优点。电子邮件不仅能传递文字信息,还可以传递图像、声音、动画等多媒体信息。

1. 电子邮件收发过程

电子邮件系统采用客户机/服务器工作模式,由邮件服务器端与邮件客户端两部分组成。邮件服务器端包括发送邮件服务器和接收邮件服务器两类。发送邮件服务一般采用SMTP 协议,当发信方发出一份电子邮件时,SMTP 服务器依照邮件地址将电子邮件送到收信人的接收邮件服务器中;接收邮件服务器为每个电子邮箱用户开辟一块专用的硬盘空间,用于存放该用户的邮件。当收件人将自己的计算机连接到接收邮件服务器并发出接收指令后,客户端计算机通过邮局协议(POP3)或交互式邮件存取协议(IMAP)下载并读取电子信箱内的邮件。图 5-37 为电子邮件收发过程。

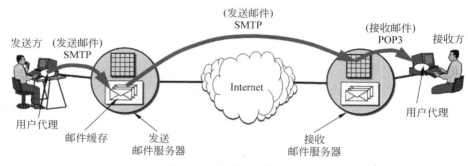

图 5-37   电子邮件收发过程

2. 电子邮箱地址

每个电子邮箱都有一个 E-mail 地址,格式如下:

用户名@邮箱所在主机的域名

其中,符号@表示"在"的意思;用户名是用户在向电子邮件服务器注册时获得的用户名,它必须是唯一的。例如,xxx@163.com 就是一个用户的 E-mail 地址,它表示 163 邮件服务器上用户名为 xxx 的 E-mail 地址。

5.6.3   文件传输服务

文件传输协议(File Transfer Protocol,FTP)是 Internet 上使用广泛的协议。FTP能屏蔽计算机所处的位置、连接方式以及操作系统等,而让 Internet 上的计算机之间实现文件的传送。利用 FTP 服务,用户可以登录到远程计算机上搜索需要的文件或程序,然后下载到本地计算机,也可以将本地计算机上的文件上传到远程计算机上。

不管是 UNIX 还是 Windows 操作系统都包含 FTP。它的工作过程如图 5-38 所示。

FTP 采用客户机/服务器工作模式,用户计算机称为 FTP 客户,远程提供 FTP 服务的计算机称为 FTP 服务器。

FTP 服务器通常是信息服务提供者的计算机。FTP 服务是一种实时联机服务,用户在访问 FTP 服务器之前需要进行注册。不过 Internet 上大多数 FTP 服务器都支持匿名服务,即以 anonymous 作为用户名,以任何字符串或电子邮件的地址作为口令登录。当然匿名 FTP 服务有很大的限制,匿名用户一般只能获取文件,不能在远程计算机上建立

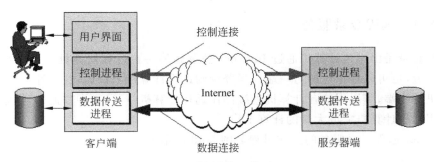

图 5-38 FTP 的工作过程

文件或修改已存在的文件,对可以复制的文件也有严格的限制。

利用 FTP 传输文件的方式主要有 3 种。

1. FTP 命令行

UNIX 操作系统中有丰富的 FTP 命令集,能方便地完成文件传送等操作。

2. 浏览器

IE、Chrome、Firefox 等浏览器支持 FTP 服务,因此可以在地址栏中直接输入 FTP 服务器的 IP 地址或域名,浏览器将自动调用 FTP 程序完成连接。例如,要访问域名为 ftp. lnnu. edu. cn 的 FTP 服务器,可以在地址栏输入 ftp://ftp. lnnu. edu. cn/,当连接成功后,浏览器界面显示该服务器上的文件夹和文件名列表,如图 5-39 所示。

图 5-39 浏览 FTP 服务器

3. FTP 下载工具

FTP 工具软件同时具有远程登录、对本地计算机和远程服务器的文件和目录进行管理以及相互传送文件等功能。FTP 下载工具还具有断点续传功能。目前,CuteFTP 是最常用的 FTP 下载软件,它是一个共享软件,功能强大,支持断点续传、上传、文件拖放等功能。

5.6.4　远程登录服务

远程登录是由本地计算机通过 Internet 登录到另一台远程计算机上,这台计算机可以就在附近,也可以在地球的另一端。当登录到远程计算机上以后,这台计算机仿佛成为远程主机的终端,可以用这台计算机直接操作远程计算机,可以查询数据库,检索资料,也可以利用远程计算机完成大量的计算工作。

Internet 远程登录服务的工作过程如图 5-40 所示。

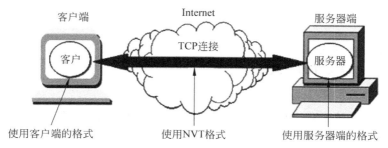

图 5-40　远程登录服务的工作过程

远程登录采用客户机/服务器工作模式,进行远程登录时需要满足以下条件:在本地计算机上必须装有包含 Telnet 协议的客户端程序,必须知道远程主机的 IP 地址或域名,必须知道登录标识与口令。Telnet 远程登录服务分为以下 4 个过程:

(1) 本地主机与远程主机建立 TCP 连接,用户必须知道远程主机的 IP 地址或域名。

(2) 将本地主机上输入的用户名、口令及输入的任何命令或字符串变成 NVT (Network Virtual Terminal,网络虚拟终端)格式传送到远程主机。

(3) 将远程主机输出的 NVT 格式的数据转换为本地主机所接收的格式送回本地主机,包括输入命令回显和命令执行结果。

(4) 本地主机对远程主机撤销 TCP 连接。

世界上许多图书馆都通过 Telnet 对外提供联机检索服务。一些政府部门和研究机构也将其数据库对外开放,供用户通过 Telnet 查询。一旦登录成功,用户便可使用远程计算机访问对外开放的全部信息资源。当然,要在远地计算机上登录,首先要成为该系统的合法用户,并有相应的账号和口令。

5.6.5　云计算服务

随着 Internet 的发展,目前的 Web 2.0 技术使得大众可以参与信息生成和编辑,实现用户与 Web 的交互。

低成本且高效快速解决无限增长的信息的存储和计算问题是一个重要的任务,于是,云计算应运而生。云计算是采用大规模低成本运算单元,通过 IP 网络相连而组成的运算系统以提供运算服务的技术。它具有高性能、低成本、强通用性的特点,可以解决无限增长的海量信息的存储和计算问题。它使得 IT 基础设施能够实现资源化和服务化,使得用户可以按需定制,从而改变了传统 IT 基础设施的交用和支付方式。

1. 云计算的概念

云计算涉及诸多的应用领域,很多学者和机构对云计算赋予了不同的内涵。

CloudCamp 的创始人 Reuven Cohen 认为:云计算是一种基于 Web 的服务,目的是让用户只为自己需要的功能付费,同时节省用户在硬件、软件方面的投资。

中国电子学会云计算专家委员会认为:云计算通过整合、管理、调配分布在网络各处的计算资源,以统一的界面同时向大量用户提供服务。借助云计算,网络服务提供者可以在瞬息之间处理数以万计甚至亿计的信息,实现和超级计算机同样强大的效能;同时,用户可以按需计量地使用这些服务,从而让计算成为一种公用设施来按需而用。

云计算发源于搜索引擎平台,是互联网企业在创业阶段出于追求低成本、高效能的考虑而开发的一种计算技术,目前已成为提供各种互联网服务的重要平台。某些企业也把以虚拟化技术为基础提供的 IT 资源服务包装成"云计算"。

云计算包括信息基础设施(硬件、平台、软件)和相关服务,提供各类资源的网络被称为云。云中的资源在使用者看来是可以无限扩展的,并且可以随时获取、按需伸缩、按需使用、按使用量付费。相对于传统的计算资源服务模式,云服务就像是从单台发电机模式转向电网集中供电的模式,它意味着计算能力也可以作为一种公共资源进行流通,就像煤气、水、电一样,取用方便,费用低廉。

2. 云计算的应用

云计算是一种网络计算,其出现有技术推动的因素;在社会与经济发展方面,有需求牵引的因素。在技术推动与需求牵引两种因素的作用下,云计算使数据共享、信息共享加速走向服务共享,计算服务的共享、存储服务的共享、共交互服务的共享等将普及大众、惠及全民。人们身边的云计算应用已越来越多,如电子邮件服务、网络搜索服务、电子商务等。

1) 电子邮件服务

互联网上最早的电子邮件服务是于 1996 年 7 月开始商业运作的 Hotmail。2007 年,Yahoo 推出全球首款无限量的免费邮件服务,并引起各大邮件服务提供商的跟进。目前,电子邮件逐渐加入网络日历、即时通信、音乐盒、新闻、博客、天气预报、理财、网络硬盘等多种服务,呈现出整合应用的趋势。电子邮件使用浏览器在互联网上来阅读或发送电子邮件,拥有海量的用户,整合多种服务等,已具有鲜明的云计算特点。

2) 网络搜索服务

Google 已经成为目前世界上最流行的搜索引擎之一。1998 年 9 月 Google 诞生,它以网页分级技术为基础,大大增强了搜索结果的相关性。为了处理来自全世界的网页和用户需求,Google 利用上百万的廉价服务器组建了它的云网络,并摸索出一套适用的云计算技术。同时,搜索引擎形成了主流商业模式,如"竞价排名,后向收费"的方式,通过在搜索结果页面放置广告,依靠用户的点击向广告业主收费。这种模式有两个特点:第一个是点击付费,用户不点击,则广告主不用付费;第二个是竞价排名,根据广告业主的付费多少排列搜索结果。在应对海量信息处理和海量用户需求的挑战过程中,搜索引擎服提供商在技术上和商业模式上都积累了大量宝贵的经验,已经成为云计算领域的先行者。

3) 电子商务

随着网上支付、物流等问题的逐渐解决,电子商务已经逐步成为一种重要的消费渠道,人们渐渐信任与习惯了网络交易这种形式。电子商务为基于互联网的云计算服务培养了用户习惯和群众基础。

最早的云计算倡导者之一的 Amazon,其"登云"之路就是从书店的电子商务业务开始的。作为一家主营图书的电子商务零售企业,Amazon 在设计和规划自身 IT 系统架构时,需要为应对"圣诞节狂潮"这样的销售高峰期而购进大量的 IT 设备,而这些设备平时却处于闲置状态。为了充分利用这些设备,Amazon 利用其在商务网站建设上的优势,将设备、技术和经营作为一种产品为其他企业提供服务,存储服务器按容量收费,CPU 按使用时长和运算量收费,从而形成了一整套的云计算平台服务。

5.6.6　网络信息搜索

在 Internet 的上千万个网站中快速有效地找到所需信息十分困难,搜索引擎正是为了解决用户的信息查询问题而开发的一种工具。

1. 信息搜索

1) 网页搜索

当用户在搜索引擎中输入某个关键词(如"云计算")并单击搜索按钮后,搜索引擎数据库中所有包含这个关键词的网页都将作为搜索结果以列表形式显示出来,用户可以自己判断需要打开哪些网页。常用的搜索引擎有百度(http://www.baidu.com)、雅虎(http://cn.yahoo.com)、搜搜(http://www.soso.com)等。

百度搜索引擎界面如图 5-41 所示。

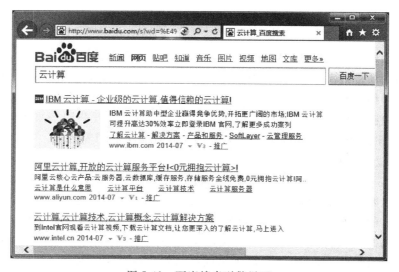

图 5-41　百度搜索引擎界面

要利用搜索引擎全面、准确、快速地从网络上获取需要的信息,还需要掌握相应的方法。通常情况下,搜索引擎通过搜索关键词来查找包含此关键词的文章或网址。这是使用搜索引擎查询信息最简单的方法。但返回的结果往往不能令人满意。如果想要得到最佳的搜索效果,就需要使用搜索引擎提供的高级搜索方法,如图 5-42 所示,它可以缩小搜索的范围,提高搜索的效率。

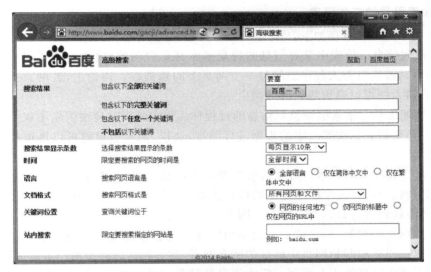

图 5-42 百度"高级搜索"界面

2) 保存网页

通过搜索,通常会找到许多有用的信息,这些信息可以保存在本地计算机上,以便日后使用。可以保存整个 Web 网页,或者只保存其中的部分内容(如文本、图片或超链接等),方法如下:

(1) 如果希望将整个网页存储到硬盘中,则选择"文件"菜单中的"另存为"命令,弹出"保存网页"对话框,指定当前网页的文件名、文件位置等。保存类型可以是 HTML 文件或文本文件。如果保存为文本文件,则浏览器保存的仅仅是当前网页中的文本信息和图片,其他网页元素都不保存。

(2) 如果只需要保存当前网页中的图片,则可选择要保存的图片,并右击,弹出快捷菜单,选择"图片另存为"命令,选择保存位置,单击"保存"按钮即可。

3) 搜索引擎的类型

搜索引擎一般有以下几种类型。

• 全文搜索引擎。全文搜索引擎有 Google、百度等。它们从互联网提取各个网站的信息(以网页文字为主),建立数据库,并能检索与用户查询条件相匹配的记录,按一定的排列顺序返回结果。

• 目录索引。目录索引只是按目录分类的网站链接列表,用户可以按照分类目录找到需要的信息,这种方式不依靠关键词进行查询。目录索引中最具代表性的有 Yahoo、新浪分类目录搜索等。

- 元搜索引擎。元搜索引擎接受用户查询请求后,同时在多个搜索引擎上搜索,并将结果返回给用户。元搜索引擎有 InfoSpace、Dogpile、Visisimo、搜星搜索引擎等。
- 门户搜索引擎。AOL Search、MSN Search 等虽然提供搜索服务,但自身既没有分类目录也没有网页数据库,其搜索结果完全来自其他搜索引擎。

2. 搜索引擎的工作原理

搜索引擎的工作过程如下:

(1) 搜索信息。搜索引擎对信息的搜集基本都是自动的,搜索引擎利用一个称为网络爬虫的自动搜索机器人程序访问每一个网页上的超链接。理论上,若网页上有适当的超链接,机器人便可以遍历绝大部分网页。

(2) 整理信息。搜索引擎整理信息的过程称为建立索引。搜索引擎不仅要保存搜集到的信息,还要将它们按照一定的规则进行编排,这样,搜索引擎就可以迅速找到用户所要的资料。

(3) 接受查询请求。用户向搜索引擎发出查询请求后,搜索引擎接受查询请求并向用户返回资料。目前,搜索引擎返回的信息主要是以网页链接的形式提供的,通过这些链接,用户便能找到含有自己所需内容的网页。

在抓取网页的时候,网络爬虫一般采用广度优先和深度优先两种策略。广度优先是指网络爬虫会先抓取起始网页中链接的所有网页,然后再选择其中的一个链接网页,继续抓取在此网页中链接的所有网页。广度优先是最常用的策略,因为这个策略可以让网络爬虫并行处理,提高抓取速度。深度优先是指网络爬虫会从起始网页开始,一个链接一个链接地跟踪下去,处理完这条线路之后,再转入下一个起始网页,继续跟踪链接。深度优先的优点是网络爬虫在设计的时候比较容易。

由于不可能抓取所有的网页,有些网络爬虫对一些不太重要的网站设置了访问的层数。对于网站设计者来说,扁平化的网站结构设计有助于搜索引擎抓取更多的网页。

一般的网站都希望搜索引擎能更全面地抓取自己网站的网页,因为这样就可以让更多的访问者能通过搜索引擎找到自己的网站。为了让本网站的网页更全面地被抓取到,一般网站管理员会建立一个网站地图(sitemap.htm)。许多网络爬虫会把地图文件作为一个网站网页抓取的入口,网站管理员可以把网站内部所有网页的链接放在这个文件里面,网络爬虫就可以很方便地把整个网站抓取下来,避免遗漏某些网页,也会减轻网站服务器的负担。

对于搜索引擎来说,要抓取互联网上所有的网页几乎是不可能的。其中的一个原因是网页抓取技术的瓶颈,无法遍历所有的网页,有许多网页无法从其他网页的链接中找到。另一个原因是存储技术和处理技术的问题。如果按照每个网页的平均大小为 20KB 计算(包含图片),100 亿个网页的容量是 $10^9 \times 20\text{KB} \approx 200\text{TB}$,这样大的数据量,即使能够存储,下载也存在问题。同时,由于数据量太大,在提供搜索时也会有效率方面的问题。因此,许多搜索引擎的网络爬虫只是抓取那些重要的网页。

3. 中国知网的使用

中国知识基础设施(China National Knowledge Infrastructure,CNKI)工程是以实现

全社会知识信息资源共享为目标的国家信息化重点工程。中国知网作为 CNKI 的一个重要组成部分，已建成了中文信息量规模较大的 CNKI 数字图书馆，内容涵盖了自然科学期刊、工程技术期刊、人文与社会科学期刊、博硕士论文、报纸、图书、会议论文等公共知识信息资源，为在互联网条件下共享知识信息资源提供了一个重要的平台。

中国知网的数据库主要有中国期刊全文数据库（CJFD）、中国重要报纸全文库（CCND）、中国优秀博硕士论文全文库（CDMD）等。

中国期刊全文数据库以学术、技术、政策指导、高等科普及教育类期刊为主，同时收录部分基础教育、大众科普、大众文化和文艺作品类刊物。中国期刊全文数据库分为十大专辑：理工 A、理工 B、理工 C、农业、医药卫生、文史哲学、政治军事与法律、教育与社会科学综合、电子技术与信息科学、经济与管理。

在浏览器窗口的地址栏中输入 http://www.cnki.net/，即可进入中国知网网站，如图 5-43 所示。

图 5-43　中国知网主页

中国期刊全文数据库主要以 CAJ 格式和 PDF 格式提供文献，因此，用户需要在计算机中预先安装相应格式的阅读器。

5.6.7　物联网

继计算机技术、互联网技术和移动通信技术之后，信息产业革命的新一次浪潮来自物联网技术。

1. 物联网的概念

物联网(Internet of Things,IoT),顾名思义,就是"实现物物相连的互联网"。其内涵包含两个方面的意思:一是物联网的核心和基础仍是互联网,是在互联网基础上延伸和扩展的一种网络;二是其用户端延伸和扩展到了物品与物品之间进行信息交换和通信,即物联网时代的每一件物体均可寻址、通信、控制。物联网是通过射频识别(RFID)装置、传感器、红外感应器、全球定位系统和激光扫描器等信息传感设备,按约定的协议,把物品与互联网相连,进行信息交换和通信,以实现智慧化识别、定位、跟踪、监控和管理的一种网络。

物联网是新一代 IT 技术的充分运用。具体地说,就是把感应器嵌入和装备到电网、铁路、桥梁、隧道、公路、建筑、油气管道等各种物体中,然后将物联网与现有的互联网整合起来,实现人类社会与物理系统的整合。在这个整合的网络当中,需要能力超级强大的中心计算机群,能够对整合网络内的人员、机器、设备和基础设施进行实时的管理和控制,以更加精细和动态的方式管理生产和生活,达到"智慧"状态,提高资源利用率和生产力水平,改善人与物间的关系。

2. 物联网的产生与发展

物联网概念的发展可追溯到 1995 年,比尔·盖茨在《未来之路》中首次提出了物联网,但受限于无线网络、硬件及传感器的发展,当时并没有引起太多关注。

1999 年,在美国召开的移动计算和网络国际会议提出,传感网是 21 世纪人类面临的又一个发展机遇,传感网的重要性得到了学术界的充分肯定。

2003 年,美国《技术评论》提出:传感网络技术将是未来改变人们生活的十大技术中最重要的技术。2005 年,国际电信联盟(International Telecommunications Union,ITU)在信息社会世界峰会上发布了《互联网报告 2005:物联网》,正式提出"物联网"概念。根据 ITU 的描述,无所不在的物联网通信时代即将来临。在物联网时代,通过在各种各样的日常用品上嵌入一种短距离的移动收发器,人类在信息与通信世界里将获得一个新的沟通维度,从任何时间、任何地点的人与人之间的沟通连接扩展到人与物、物与物之间的沟通连接。

2009 年,奥巴马就任美国总统后,与美国工商业领袖举行了圆桌会议。在会议上,IBM 公司首席执行官彭明盛首次提出"智慧地球"的概念,建议政府投资新一代的智慧型基础设施,随后得到美国各界的高度关注。有分析认为,IBM 公司的这一构想极有可能上升至美国国家战略的高度,并在世界范围内产生影响。

IBM 公司预测"智慧地球"策略将掀起互联网浪潮之后的又一次科技革命。IBM 公司前首席执行官郭士纳曾提出一个重要的观点,认为计算模式每隔 15 年发生一次变革,人们把它称为"十五年周期定律",而每一次这样的技术变革都会引起企业间、产业间其至国家间竞争格局的重大动荡和变化。互联网革命一定程度上是由美国"信息高速公路"战略引发的。20 世纪 90 年代,美国克林顿政府计划用 20 年时间,耗费巨资建设美国国家信息基础设施,从而创造巨大的经济效益和社会效益。今天,"智慧地球"战略被不少美国人认为与当年的"信息高速公路"有许多相似之处,同样被他们认为是振兴经济、确立竞争优势的关键战略。

回顾物联网的过去,预测物联网的未来,物联网从诞生到成熟经历了以下4个阶段:

- 概念形成阶段(2000年前后)。
- 技术形成阶段(2010年前后)。
- 实验验证阶段(2020年前后)。
- 应用拓展阶段(2020年之后)。

3. 典型的物联网应用

1) 全球定位系统

车辆中配备的嵌入式全球定位系统(GPS)接收器能够接收多个卫星的信号并计算出车辆当前所在的位置,定位的误差一般是几米。接收GPS信号需要车辆位于卫星的视野中,因此在城市中心区域可能由于建筑物的遮挡而使该技术的使用受到限制。GPS是很多车载导航系统的核心技术。很多国家已经或者计划利用车载GPS设备来记录车辆行驶的里程信息并进行相应管理。

2) 智能交通

随着物联网技术的日益发展和完善,其在智能交通中的应用也越来越广泛和深入,在世界各地出现了很多成功应用物联网技术提高交通系统性能的实例。电子收费(Electronic Toll Collection,ETC)是物联网在智能交通方面的典型应用。

ETC系统能够在车辆以正常速度驶过收费站的时候自动收取费用,降低了收费站附近产生交通拥堵的概率。最初电子收费系统被用于自动收费,但最近这项技术也被用来加强城市中心区域的高峰期拥堵收费。之前大部分的电子收费系统都是基于使用私有通信协议的车载无线通信设备,当车辆穿过车道上的龙门架时自动对其进行识别。目前很多国际组织希望将此类协议标准化。

德国ETC系统的应用非常典型。德国高速公路启用卫星卡车收费系统,为几十万辆卡车装配了车载记录器,这种记录器能够记录卡车行驶与自动缴费情况,它需要依赖卫星才能运作。该系统在300个高架桥上部署了红外线监视器,用于阅读车牌号码,同时有大量带有监视器和装置计算机的监控车来回巡逻。该系统使用后,道路上没有发现严重的堵塞问题。

3) 智慧家居

美国、日本、韩国的智慧家居已经走出实验室,进入应用阶段。我国典型的智慧家居平台——海尔U-Home在应用中实现了物联网概念在生活中的延伸。

U-Home与杭州电信"我的e家"合作推出了"我的e家·智慧屋"产品,可以让用户切身感受物联网的无穷魅力。"我的e家·智慧屋"产品通过物联网网桥(WSN Bridge)实现用户通过手机、互联网、固话与家中灯光、窗帘、报警器、电视、空调、热水器等家电的沟通。通过网桥,可以轻松实现人与家电之间、家电与家电之间、家电与外部网络之间、家电与售后体系之间的信息共享,其最大的优势是将物联网概念与生活紧密联系起来,使之成为像水、电、气一样的居家生活的基础应用服务。

5.7 网 络 安 全

网络安全技术是为了保证网络及结点的安全而采取的技术和方法,主要包括网络安全策略和安全机制、网络访问控制和路由选择、网络数据加密、防火墙技术、漏洞扫描技术、入侵检测技术、虚拟专用网技术等。

5.7.1 网络访问控制、加密和验证技术

1. 访问控制技术

访问控制是网络安全防范和保护的主要策略。它的主要任务是保证网络资源不被非法使用和访问,是保证网络安全最重要的核心策略之一。访问控制涉及的技术比较广,包括入网访问控制、网络权限控制、目录级控制以及属性控制等段。访问控制是基本的安全防范措施。访问控制技术是通过用户注册和对用户身份进行认证的方式实施的。用户访问信息资源时,首先需要通过用户名和密码进行认证。然后,访问控制系统要监视该用户所有的访问操作,并拒绝越权访问。

1) 密码认证方式

密码认证方式普遍存在于各种操作系统中。例如,登录系统或使用系统资源前,用户需先输入其用户名和密码,以通过系统的认证。

密码认证的工作机制是,用户将自己的用户名和密码提交给系统,系统根据用户数据库核对无误后,承认用户身份,允许用户访问所需资源,其原理如图 5-44 所示。

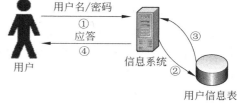

图 5-44 密码认证的工作机制

密码认证方法不是一个可靠的访问控制机制。因为密码在网络中一般是以明文传送的,没有受到任何保护,所以攻击者可以很轻松地截获密码,并伪装成授权用户进入安全系统。

2) 加密认证方式

加密认证方式可以弥补密码认证的不足。在这种方式中,双方使用请求与响应的认证方式。在请求与响应过程中,通过加密算法实现信息加密,目的是以尽量小的代价提供尽量高的安全保护。在大多数情况下,信息加密是保证信息在传输中的机密性的唯一方法。

加密策略虽然能够保证信息在网络传输的过程中不被非法读取,但是不能够解决在网络上通信的双方相互确认身份的真实性问题。这需要采用认证策略解决。所谓认证,是指对用户的身份是否合法进行验证。目前的网络安全解决方案中,多采用两种认证形式:一种是第三方认证,另一种是直接认证。

认证方法将在后面介绍。

2．数据加密技术

1）加密和解密

数据加密就是将信息转换成一种不可读或不可理解的形式。数据加密技术涉及密码学知识，常用术语如下：

- 明文：需要传输的原文。
- 密文：对原文加密后的信息。
- 加密算法：将明文加密为密文的变换方法。
- 密钥：控制加密结果的数字或字符串。

借助加密手段，信息以密文的方式存储在计算机中，或通过网络进行传输，即使发生非法截获数据或泄露数据的事件，非授权者也不能理解数据的真正含义，从而达到信息保密的目的。同理，非授权者也不能伪造有效的密文数据达到篡改信息的目的，进而确保了数据的真实性。

解密的原理和加密相同。下面以实例说明加密和解密的具体过程。

在字母表中，将各小写字母做加 2（后移两个字符）的操作并做模 26 的求余运算。这样，明文 a,b,c,d,…,x,y,z 加密后的密文为 c,d,e,f,…,z,a,b。例如，word 加密后的密文为 yqtf。这样的加密方法所用的代码称为代替密码，密钥为 2。该过程如图 5-45 所示。

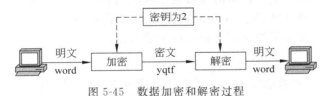

图 5-45　数据加密和解密过程

加密和解密的核心就是加密密钥和加密算法两部分。在前面的实例中，加密密钥是 2，加密算法是加 2 并做模 26 的求余运算。加密过程中，密钥越长，加密算法越复杂，安全性越好。

在本例中，加密密钥和解密密钥相同，是一种对称加密方式。还有一种非对称加密方式，即加密和解密使用的密钥是不同的。目前国际上常用的加密方式有对称密钥密码体系和非对称密钥密码体系两种。

2）对称密钥密码体系

对称密钥密码体系又称为密钥密码体系，即加密密钥与解密密钥是相同的。在上面的例子中，采用的就是对称密钥密码体系。若有 N 个人要互相进行加密通信，每一个人必须保存另外 N−1 个人的密钥，密钥保存工作量大。

对称密钥密码体系加密方法的优势是速度很快，而且特别适用于本地数据（目的是防止存储泄露）。然而，对于使用对称密钥密码体系加密方法进行安全通信的双方来说，他们必须拥有相同的密钥而且不能让别人知道。如果他们处在不同的物理位置，需要安全地传输密钥。由于安全地传输密钥非常困难，因而使用对称密钥密码体系加密方法来安全传输数据的代价是非常高的。在传输过程中偷听或截获密钥的任何人都能够阅读、修改和伪造密文。

3）非对称密钥密码体系

对称密钥密码体系要求通信双方事先协商好密钥，在实际应用中有时很难做到。例如，两个从未见过面的人要进行保密通信，就很难实现事先约定密码。于是就需要一种新的密钥体系——公共加密密钥，非对称密钥密码体系提供了这种条件。

非对称密钥密码体系又称为公钥密码体系，它的加密密钥和解密密钥是两个不同的密钥，一个称为公开密钥，另一个称为私有密钥。两个密钥必须配对使用才有效，否则不能打开加密的文件。公开密钥是公开的，向外界公布。而私有密钥是保密的，只属于合法持有者本人所有。在网络上传输数据之前，发送者先用公开密钥将数据加密，接收者则使用自己的私有密钥进行解密，用这种方式来保证信息、秘密不外泄，很好地解决了密钥传输的安全性问题。

非对称密钥密码体系最大的特点是：每个用户的密钥由两个不同的部分组成，公开的加密密钥和保密的解密密钥，而且即使算法公开，也很难从其中一个密钥推出另一个。这样任何人都可以使用其他用户的公开密钥来对数据加密，但是只有拥有解密密钥的用户才能对加密的数据进行解密。这样互不相识的人也可以进行保密通信。

非对称密钥密码体系的加密算法一般都是基于公认的数学难题，计算非常复杂，具有代表性的典型公钥密码体系是 RSA，它已得到了广泛的应用。

在实际应用中，网络信息传输的加密通常采用对称密钥密码和非对称密钥密码相结合的混合加密体系，即加密、解密采用对称密钥，密钥传递则采用公开密钥，这样既解决了密钥管理的困难，又解决了加密和解密速度慢的问题。

3. 数字签名

为了在网络中能有效确定电子文档发送者的身份，可以使用数字签名功能。

数字签名（digital signature）就是通过某种密码运算生成一系列符号及代码，组成电子密码，对电子文档进行签名。数字签名功能类似于现实生活中的手写签名，但数字签名并不是手写签名的数字图像化，而是加密后得到的一种数据。数字签名是目前电子商务、电子政务中应用普遍、技术成熟、可操作性强的一种电子签名方法。

数字签名的目的是保证发送信息的真实性和完整性，解决网络通信中双方身份的确认问题，防止欺骗和抵赖行为的发生。

为了确保数字签名能够实现网上身份的认证，必须满足以下 3 个要求：

- 接收方可以确认发送方的真实身份。
- 接收方不能伪造签名或篡改发送的信息。
- 发送方不能抵赖自己的数字签名。

数字签名的应用过程是：数据发送方使用自己的私钥对电子数据加密处理，完成对数据的合法签名；数据接收方则利用对方的公钥来解读收到的数字签名，并将解读结果用于数据完整性的检验，以确认签名的合法性。在实际应用中，一般把签名数据和被签名的电子文档一起发送，为了确保信息传输的安全和保密，通常采取加密传输的方式。

例如，假设用户 A 需要发送一个添加了数字签名的加密电子文档给用户 B，主要步骤如下：

（1）A 利用自己的私钥对电子文档进行加密实现签名。

（2）A 再利用用户 B 的公钥对添加了签名数据的文档进行加密。

（3）用户 B 收到密文以后，用自己的私钥对密文进行解密。

（4）B 再利用 A 的公钥来解密，验证 A 的数字签名的真伪。

应用广泛的数字签名方法主要有 3 种，即 RSA 签名、DSS 签名和 Hash 签名。要能够添加数字签名，必须有一个和公钥相对应的私钥，而且还要能够证明公钥持有者的合法身份，数字证书技术可以解决这个问题。

4. 数字证书

为了保证 Internet 上电子信息的安全性、保密性等，必须在网上建立一种信任机制。这种信任机制的核心是参加信息交换的双方都必须具有合法的身份，并且在网上能够有效无误地被验证。数字证书是一种具有权威性的电子文档，它提供了一种在 Internet 上进行身份验证的方式，其作用类似于司机的驾驶执照或人们的身份证。数字证书是由证书授权中心（Certificate Authority，CA）发行的，用户可以在互联网交往中用它来识别对方的身份。

在数字证书认证的过程中，证书授权中心作为权威、公正、可信赖的第三方，其作用是至关重要的。数字证书一般包含用户的身份信息、用户的公钥信息以及证书授权中心的签名数据。

1）数字证书的使用过程

数字证书必须具有唯一性和可靠性。为了达到这一目的，需要采用很多技术来实现。通常，数字证书采用公钥体制，即利用一对互相匹配的密钥进行加密、解密。具体过程如下：

（1）每个用户自己设定一把特定的仅为本人所有的私有密钥（私钥），用它进行解密和签名。

（2）设定一把公开密钥（公钥）并由本人公开，为一组用户所共享，用于加密和验证签名。

（3）当发送一份保密文件时，发送方使用接收方的公钥对数据加密，而接收方则使用自己的私钥解密，这样信息就可以安全无误地到达目的地了。

通过数字手段保证加密过程是一个不可逆过程，即只有用私钥才能解密。公开密钥技术解决了密钥发布的管理问题，用户可以公开其公钥，而保留其私钥，这就是数字证书的工作原理。

2）数字证书的作用

数字证书主要用于实现数字签名和信息的保密传输。

（1）用于数字签名。发送方 A 用自己的私钥加密以实现数字签名，而接收方 B 则利用 A 的数字证书中的公钥解密来验证签名。

（2）用于保密传输。发送方 A 用接收方 B 的数字证书中的公钥来加密明文，形成密文发送；接收方 B 收到密文后就可以用自己的私钥解，密获得明文。

目前的数字证书类型主要包括个人数字证书、单位数字证书、单位员工数字证书、服务器证书、VPN 证书、WAP 证书、代码签名证书和表单签名证书等。最著名的证书授权中心是成立于 1995 年的美国 Verisign 公司，它为世界许多国家提供数字认证服务，有超过 45 000 个 Internet 服务器接受该公司的服务器数字证书,使用它提供的个人数字证书的人数已经超过 200 万人,国内常见的 CA 机构有中国商务在线、中国数字认证网、北京数字证书认证中心、中国金融认证中心等。

随着 Internet 的普及、各种电子商务活动和电子政务活动的飞速发展,数字证书开始广泛地应用到各个领域之中,目前主要包括发送安全电子邮件、访问安全站点、网上订购、安全网上公文传送、网上缴费、网上炒股等。

5.7.2 防火墙技术

防火墙是一种将内部网络与外部网络分开的方法,是提供信息安全服务,实现网络和信息安全的重要基础设施,主要用于限制被保护的内部网络与外部网络之间进行的信息存取、信息传递等操作。

1. 防火墙的概念

防火墙是用于保护计算机网络中重要数据信息不被窃取和篡改的计算机软件系统和硬件系统的总和,是设置在被保护网络和外部网络之间的一道屏障,以实现网络的安全保护,防止发生不可预测的、具有潜在破坏性的侵入事件。

防火墙概念源于建筑行业。以前,人们经常在建筑物之间修筑一道砖墙,以便在发生火灾时阻止火势从毗邻的建筑物蔓延过来,这种砖墙被人们称为防火墙。网络防火墙(一般简称为防火墙)的功能与此类似,用于阻止外部网络对内部网络的非法访问。

我国公共安全行业标准 GA/T 683—2007《信息安全技术 防火墙安全技术要求》中对防火墙的定义为"设置在两个或多个网络之间的安全阻隔,用于保证本地网络资源的安全,通常包含软件部分和硬件部分的一个系统或多个系统的组合"。

防火墙实际上是一种访问控制技术,是一类防范措施的总称,不是一个单独的计算机程序或设备。防火墙通常被安装在受保护的内部网络通往 Internet 的唯一出入点上,如图 5-46 所示。它能根据一定的安全策略有效地控制内部网络与外部网络之间的访问及数据传输,从而保护内部网络的信息不受外部非授权用户的访问,并对不良信息进行

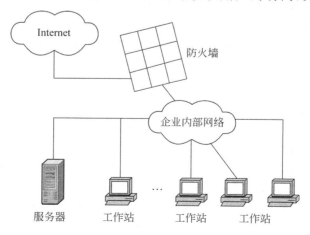

图 5-46　防火墙的位置

过滤。

防火墙必须满足两个基本需求：保证内部网络的安全性，保证内部网络同外部网络间的连通性。两者缺一不可，既不能因为安全性而牺牲连通性，也不能因为连通性而牺牲安全性。

防火墙的主要功能是：实施网络间访问控制，强化安全策略；有效地记录 Internet 上的活动，以便进行审计、报警和流量管理；隔离网段以限制安全问题扩张；抗攻击。

2. 防火墙的类型

根据防火墙所采用的技术不同，将防火墙分为包过滤防火墙、代理服务器防火墙和状态检测型防火墙 3 种。

1）包过滤防火墙

包过滤防火墙是初级产品，它在网络层对数据包进行选择和过滤。其技术依据是：对网络层中的数据传输单位包进行检测，根据检测得到的数据包中的一些特定信息，如数据的源地址、目的地址、TCP 或 UDP 源端口和目的端口等，可以获得其基本情况，并据此对其作出相应的处理。

例如，通过读取地址信息，防火墙可以判断一个包是否来自可信任的安全站点，一旦发现来自危险站点的数据包，防火墙便会将这些数据拒之"墙"外。网络管理人员也可以根据实际情况灵活制定判断规则。

包过滤技术的优点是简单实用，实现成本较低，同时处理效率高。在应用环境比较简单的情况下，能够以较小的代价在一定程度上保证系统的安全性，并且保证网络具有比较高的数据吞吐能力。包过滤技术的缺陷也很明显，由于包过滤技术是一种完全基于网络层的安全技术，只能根据数据包的源地址、目的地址和端口等基本网络信息进行判断，无法识别基于应用层的恶意入侵（如恶意的 Java 小程序以及电子邮件中附带的病毒等），所以有经验的入侵者很容易伪造 IP 地址，骗过包过滤防火墙。

2）代理服务器防火墙

代理服务器技术是面向应用级防火墙的一种常用技术，它为内部网络提供访问 Internet 的代理。

代理服务器位于客户机与服务器之间，完全阻挡了两者间的数据交流。从客户机来看，代理服务器相当于一台真正的服务器；而从服务器来看，代理服务器仅是一台客户机。当客户机需要使用服务器上的数据时，首先将数据请求发给代理服务器，代理服务器再根据这一请求向真正的服务器索取数据，然后再由代理服务器将数据传输给客户机。由于外部系统与内部客户机之间没有直接的数据通道，外部的恶意攻击也就很难触及内部网络系统。

防火墙内部计算机系统应用层的"链接"由代理服务器实现，外部计算机的网络链路只能到达代理服务器，从而起到了隔离防火墙内外计算机系统的作用。此外，代理服务器也对来往的数据包进行分析、注册登记，形成报告。当发现被攻击迹象时，代理服务器会向网络管理员发出警报。

代理服务器防火墙的优点是安全性高于包过滤防火墙，可以针对应用层进行侦测和扫描，可有效地防止应用层的恶意入侵和病毒。其缺点是对系统的整体性能有较大的影响,使系统的处理效率有所下降。由于代理服务器防火墙对数据包进行内部结构的分析和处理,这会导致数据包的吞吐能力降低(低于包过滤防火墙);同时,代理服务器必须针对客户机可能产生的所有应用类型逐一进行设置,增加了系统管理的复杂性。

3)状态检测型防火墙

状态检测型防火墙检测每一个有效连接的状态,并根据检测结果决定是否允许数据包通过防火墙。由于一般不对数据包的上层协议封装内容进行处理,所以状态检测型防火墙的包处理效率要比代理服务器防火墙高。状态检测型防火墙必要时可以对数据包的应用层信息进行提取,这样,状态检测型防火墙又具有了代理服务器防火墙的安全性特征。

因此,状态检测型防火墙提供了比代理服务器防火墙更高的网络吞吐能力和比包过滤防火墙更高的安全性,在网络的安全性和数据处理效率这两个相互矛盾的因素之间取得了较好的平衡,但它并不能根据用户策略主动地控制数据包的流向。随着用户对通信要求的进一步提高,状态检测技术也在逐渐改善。

思考与练习

1. 什么是计算机网络? 计算机网络的基本功能是什么?
2. 常用的拓扑结构有哪几种? 各有什么特点?
3. 什么是数据通信? 数据通信方式有哪几种?
4. 计算机网络由哪几部分组成? 其中硬件部分又包括哪些内容?
5. 计算机网络协议的作用是什么? 举出你所知道的网络协议名称。
6. 画图说明 OSI 参考模型,简述各层的主要功能。
7. 什么是局域网? 简述局域网的特点。
8. 什么是 Internet? Internet 常见的接入方式有哪几种?
9. IP 地址指的是什么? 它和域名的关系是什么? 请举出一两个 IP 地址或域名的例子。
10. 简述 Internet 上的主要服务项目。

第6章 软件技术基础

计算机软件技术是计算机技术的一个重要组成部分,是计算机技术中最为活跃的领域之一,是衡量计算机技术发展阶段的重要标志。随着计算机应用的普及,具备一定的计算机软硬件基础知识已经成为现代社会人才的必要条件。在掌握计算机硬件知识的基础上,学习一定的软件技术基础知识,掌握计算机软件中的一些基本原理、方法、思想,有助于提高自身的软件素质,增强对软件的理解,掌握利用计算机软件解决实际问题的方法,并奠定一定的软件设计基础。本章介绍计算机软件技术的基本知识,主要包括如下内容:

- 软件工程基础。
- 程序设计基础。
- 算法与数据结构。

6.1 软件工程基础

软件开发是一个复杂的过程,周期长,成本高,参与人员多,用户期望值高。如何以较低的成本开发出高质量的、用户满意的软件,怎样提高软件开发的效率和自动化程度,增强软件的可维护性,软件工程如何管理等,这些都是软件工程学研究的问题。软件工程(Software Engineering,SE)就是把软件开发作为工程项目进行全面管理,采用工程学的原理、技术和方法指导计算机软件开发和维护的一门工程学科。本节主要介绍软件工程的基本概念、软件开发过程和开发方法以及软件测试和软件维护技术。

6.1.1 软件工程概述

1. 软件定义与软件特点

软件不等同于程序。国家标准中对软件的定义为:与计算机系统的操作有关的计算机程序、规程、规则以及可能有的文件、文档及数据。可见软件由两部分组成:可以执行的程序和数据;不可执行的,与软件开发、运行、维护、使用等有关的文档。因此软件也可以简单定义为:软件=程序+文档。

软件在开发、生产、维护和使用等方面与计算机硬件相比存在明显的差异。软件具有如下特点:

(1) 软件是逻辑实体,而不是物理实体,具有抽象性。

（2）软件的生产与硬件不同，它没有明显的制造过程。

（3）软件在运行、使用期间不存在磨损、老化问题。

（4）软件的开发、运行对计算机系统具有依赖性。

（5）软件复杂性高，开发和设计成本高。

（6）软件开发涉及诸多社会因素。

2. 软件危机与软件工程

20 世纪 60 年代，由于计算机硬件技术的进步，计算机运行速度、容量和可靠性有显著的提高，生产成本有显著的下降，为计算机的广泛应用创造了条件。一些复杂的、大型的软件开发项目被提出来。但是，软件开发技术一直未能满足发展的要求，软件开发中遇到的问题找不到解决的办法，使问题累积起来，形成尖锐的矛盾，导致了软件危机。

软件危机表现在以下几方面：经费预算经常突破，完成时间一再拖延；软件不能满足用户的需求；软件产品难以维护；软件产品的质量无法保证。造成上述软件危机的原因概括起来有以下几方面：软件的规模越来越大，结构越来越复杂；软件开发的管理困难；软件开发技术落后；生产方式落后；开发工具落后，生产率提高缓慢。

为了解决软件危机，人们试图采用工程学、科学和数学的方法解决软件开发和维护过程中的一系列问题，从而形成了一门新兴的计算机学科——软件工程学。

IEEE 对软件工程的定义是："软件工程是将系统化的、规范化的、可度量的方法应用于软件的开发、运行和维护过程，即将工程化应用于软件中。"

软件工程包括方法、工具和过程三要素。方法是完成软件工程项目的技术手段，工具用于支持软件开发、管理及文档生成，过程是对软件开发的各个环节的控制和管理。

软件工程的核心思想是把软件产品作为一个工程产品对待，就像其他工业产品一样。把需求计划、工程审核、质量监督等工程化概念引入软件生产中，以便对软件开发过程进行规范化管理。同时，针对软件的特点提出许多有别于一般工业工程技术的方法，如结构化方法、面向对象方法及软件开发过程等。

3. 软件生命周期

软件工程的过程是一个软件开发机构针对某类软件产品所规定的工作步骤。软件工程过程通常包括 4 种基本活动：

- P(Plan)——软件规格说明。规定软件的功能及其运行时的限制。
- D(Do)——软件开发。生产满足规格说明的软件。
- C(Check)——软件确认。确认软件能够满足客户提出的要求。
- A(Action)——软件演进。为满足客户变更要求，软件必须在使用过程中不断演进。

通常，将软件产品从提出、实现、使用维护到停止使用的全过程称为软件生命周期。软件生命周期可以分为软件定义、软件开发及软件运行维护 3 个时期，每个时期又进一步划分成若干个阶段，如图 6-1 所示。

软件生命周期的主要活动阶段介绍如下：

（1）问题定义。确定系统要解决什么问题，明确任务。

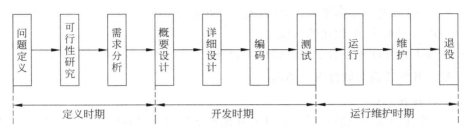

图 6-1 软件生命周期

（2）可行性研究。可行性研究不是具体解决问题，而是研究问题的范围，从经济、技术和法律等方面探索这个问题是否值得去解决，是否有可行的解决办法。在对软件系统进行调研和可行性论证的基础上制订初步的项目开发计划。

（3）需求分析。用户对开发软件系统在功能、行为、性能、设计约束等方面提出的需求进行分析并给出详细定义，编写软件需求规格说明书及初步的用户手册，提交评审。

（4）软件设计。系统设计人员和程序设计人员应该在反复理解用户需求的基础上，给出软件的结构、模块的划分、功能的分配及处理流程。在系统比较复杂的情况下，设计阶段可分解成概要设计阶段和详细设计阶段。编写概要设计说明书、详细设计说明书和测试计划初稿，提交评审。

（5）编码。把软件设计转换成计算机可以接受的程序代码，即完成源程序的编码。编写用户手册、操作手册等面向用户的文档，编写单元测试计划。

（6）测试。在设计测试用例的基础上，先测试软件的每个模块，然后集成测试，最后在用户的参与下进行验收测试和系统测试，编写测试分析报告。

（7）运行和维护。将软件交付用户运行使用，并在运行使用中不断地维护，根据用户新提出的需求进行必要而且可能的扩充和删改。

在划分软件生命周期各阶段时应注意使各阶段的任务彼此间尽可能相对独立，同一阶段的任务性质尽可能相同，从而降低每个阶段任务的复杂程度，简化不同阶段之间的联系，有利于软件开发工程的组织管理。

4. 软件工程的目标和主要内容

1）软件工程的目标

软件工程的目标是在给定成本与进度的前提下，开发出满足用户需求的，且其有效性、可靠性、可理解性、可维护性、可重用性、可适应性、可移植性、可追踪性和可互操作性较好的软件产品。

软件工程需要达到的基本目标应是：付出较低的开发成本；达到要求的软件功能；取得较好的软件性能；开发的软件易于移植；需要较低的维护费用；能按时完成开发，及时交付使用。

2）软件工程的主要内容

基于软件工程的目标，软件工程的主要内容包括软件开发技术和软件工程管理。

- 软件开发技术包含了软件开发方法学、开发过程、开发工具和软件工程环境。软件开发技术的主体内容是软件开发方法学，即根据不同的软件类型，按不同的原则,对软件开发中的策略、步骤以及需产生的文档作出必要规定,从而使软件的开发进入规范化、工程化的阶段。

- 软件工程管理则包含了软件管理学、软件工程经济学、软件心理学等内容。

5. 软件开发工具与软件开发环境

1) 软件开发工具

软件开发工具是为支持软件人员开发和维护活动而使用的软件。软件开发工具的发展和完善将促进软件开发方法的进步和完善,促成软件开发的高速度和高质量。软件开发工具是从单项工具逐步向集成工具发展的,软件开发工具为软件开发方法提供了自动的或半自动的软件支撑环境。同时,软件开发方法的有效应用也必须得到软件开发工具的支持,否则将难以有效地实施。

2) 软件开发环境

软件开发环境也称软件工程环境,是全面支持软件开发全过程的软件工具集合。它们按照一定的方法或模式组合在一起,支持软件生命周期内的各个阶段和各项任务的完成。

计算机辅助软件工程(Computer Aided Software Engineering,CASE)是当前软件开发环境中富有特色的研究工作和发展方向。CASE 将各种软件工具、开发机器和一个存放开发过程信息的中心数据库组合起来,形成软件工程环境。CASE 的成功产品将最大限度地降低软件开发的技术难度并使软件开发的质量得到保证。

6.1.2　结构化开发方法

软件开发方法是软件开发过程中所遵循的方法和步骤,研究和使用软件开发方法的目的在于有效地得到某些满足质量要求的软件产品。软件开发方法包括分析方法、设计方法和编程方法。

目前较常见的软件开发方法主要包括结构化方法和面向对象方法。

结构化方法是一种成熟的软件开发方法,由结构化分析、结构化设计和结构化编程3 部分构成。用结构化方法开发软件的过程是:从系统需求分析开始,运用结构化分析方法建立环境模型(即用户要解决的问题,以及要达到的目标、功能和环境);需求分析完成后采用结构化设计方法进行系统设计,确定系统的功能模型;最后,进入软件开发的实现阶段,运用结构化编程方法确定用户的实现模型,完成目标系统的编码和调试工作。

1. 结构化分析

1) 需求分析

软件需求是指用户对目标软件系统在功能、性能、设计约束等方面的要求。需求分析是系统开发初期的一项重要工作,其任务是发现需求、提炼需求、定义需求的过程。

需求分析阶段的工作包括以下 4 个主要步骤。

- 需求获取。需求获取的任务是明确用户对目标系统各方面的需求。需求获取是在同用户的交流过程中认真理解用户的要求,不断收集、积累用户的各种需求信息,帮助用户理清模糊的需求,排除不合理的需求,最终全面、清晰地提炼出系统的功能性与非功能性需求。

- 需求分析。需求分析是对获取的需求进行分析和综合,提出目标系统的逻辑模型。
- 编写需求规格说明书。需求分析阶段的成果是需求规格说明书,在需求规格说明书中明确定义系统的各项需求,给出系统的逻辑模型。
- 需求评审。在需求分析的最后一步,对需求获取、需求分析等进行全面审查,力图发现需求分析中的错误和缺陷,最终确认系统需求规格说明书。

2) 结构化分析方法

结构化分析方法是 20 世纪 70 年代中期由 E. Yourdon 等人倡导的一种面向数据流、自顶向下、逐步求精进行需求分析的方法。该方法使用简单易读的符号,根据分解与抽象的原则,按照系统中数据处理的流程,用数据流图来建立系统的功能模型,从而完成需求分析。结构化分析步骤如下:

- 通过对用户的调查,以软件的需求为线索,了解当前系统的工作流程,获得当前系统的具体业务模型。
- 去掉具体业务模型中的非本质因素,抽象出当前系统的逻辑模型。
- 根据计算机的特点分析当前系统与目标系统的差别,建立目标系统的逻辑模型,并用数据流图、数据字典等工具将目标系统的逻辑模型描述出来。
- 完善目标系统并补充细节,写出目标系统的软件需求规格说明书。
- 对软件需求规格说明书的内容进行评审,直到确定完全符合用户对软件的需求为止。

3) 结构化分析工具

结构化分析使用的工具主要有数据流图、数据字典、判定表和判定树。

数据流图(Data Flow Diagram,DFD)是需求分析阶段使用的一种主要工具,它以图形的方式表达数据处理系统中信息的变换和传递过程。数据流图主要包括 4 种图形元素:

- ⬭ 表示加工(转换)。输入数据经过加工变换后产生输出。
- ⟶ 表示数据流,一般标有数据流名。
- ═══ 表示处理过程中存放各种数据的文件。
- ▭ 表示外部实体,包括数据源及数据终点,是系统外实体,是系统和外部环境的接口。

DFD 是一种分层次的图形模型。在需求阶段,对系统进行了解和分析后,一般使用数据流图为系统建立逻辑模型。图 6-2 是网上商店的数据流图。

数据字典(Data Dictionary,DD)与数据流图配合使用,它对数据流图中出现的所有数据元素给出逻辑定义。有了数据字典,使得数据流图上的数据流、加工和文件得到确切的解释。

例如,在网上商店的数据流图中,存储文件"顾客数据"的数据字典定义如下:

顾客数据 = 顾客 ID + 顾客姓名 + 注册日期 + 性质

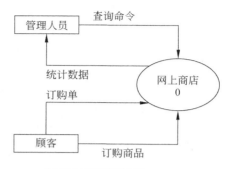

(a) 网上商店顶层DFD

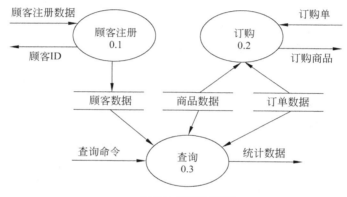

(b) 网上商店1层DFD

图 6-2 网上商店数据流图

顾客 ID ＝ 6｛字母｝12

注册日期 ＝ 年 ＋ 月 ＋ 日

性质 ＝ "1"…"3"

在数据字典中,常用定义的形式描述数据结构。在上面"顾客数据"的数据字典定义中,＝符号表示"由什么构成";n｛ ｝m 符号表示"重复",即括号中的项重复若干次,n、m 分别是重复次数的上下限。

结构化分析使用的工具还有判定树和判定表。在表达一个加工逻辑时,判定树、判定表都是很好的描述工具,特别是对于约束条件复杂,有各种组合条件的判定情况而言,使用判定树和判定表可以使问题的描述更为清晰。

4) 软件需求规格说明书

软件需求规格说明书是需求分析阶段的最终成果,是软件开发中的重要文档之一。在软件需求规格说明书中,通过建立目标系统完整的数据描述、功能和行为描述、性能需求和设计约束的说明,给出目标软件的各种需求。

软件需求规格说明书的作用是使用户和软件开发人员双方对该软件的初始规定有一个共同的理解,便于用户和开发人员进行交流,是软件开发工作的基础和依据,并可作为确认测试和验收的依据。

2. 结构化设计

1）结构化软件设计基础

软件设计是软件工程的重要阶段，是把软件需求转换为软件表示的过程。

结构化设计采用自顶向下的模块化设计方法，按照模块独立性原则和软件设计策略，将需求分析得到的数据流图转换为软件的体系结构，用软件结构图来建立系统的物理模型，并设计每个模块的算法流程。

从技术观点看，软件设计包括软件结构设计、数据设计、接口设计和过程设计。从工程管理角度，软件设计分为概要设计和详细设计。概要设计将软件需求转化为软件体系结构、系统级接口、全局数据结构或数据库模式。详细设计确立每个模块的实现算法和局部数据结构，用适当方法表示算法和数据结构的细节。

在软件设计过程中，应遵循以下基本原则：

- 抽象。抽象就是抽取事物最基本的特性和行为，忽略其他细节。软件设计中采用分层次抽象、自顶向下、逐层细化的办法，控制软件开发过程的复杂性。
- 模块化。模块化是指在解决一个复杂问题时自顶向下逐层把软件系统分成若干小的、相对独立但又相互关联的模块的过程。模块是软件中相对独立的成分，每个模块完成一个特定的子功能，各个模块可以组装起来成为一个整体，实现整个系统的功能。模块化可以降低问题的复杂性，减少开发工作量，提高软件生产率。
- 信息隐蔽。信息隐蔽是指一个模块内包含的信息对于不需要这些信息的其他模块来说是不能访问的。
- 模块独立性。模块独立性是指每个模块只完成系统要求的独立子功能，并且与其他模块的联系最少且接口简单。

模块的独立程度是评价系统设计优劣的重要标准。衡量模块独立性可以引入两个定性的度量标准。

（1）内聚性。一个模块内部各个元素间彼此结合的紧密程度的度量。一个模块的内聚性越强，其模块独立性越强。

（2）耦合性。模块间互相连接的紧密程度的度量。它取决于各个模块之间接口的复杂度、调用方式等。一个模块与其他模块的耦合性越弱，其模块独立性越强。

耦合性与内聚性是相互关联的。在程序结构中，各模块的内聚性越强，则耦合性越弱。一般来说，优秀的软件设计应尽量做到高内聚、低耦合，以提高模块的独立程度。

2）概要设计

概要设计的基本任务如下：

- 设计软件系统结构。采用某种设计方法，将一个复杂的系统按功能划分成模块；确定模块的功能；确定模块之间的调用关系；确定模块之间的接口；评价模块结构的质量。
- 数据结构及数据库设计。
- 编写概要设计文档。需要编写的文档主要有概要设计说明书、数据库设计说明书、集成测试计划等。
- 概要设计文档评审。

常用的软件结构设计工具是结构图（Structured Chart，SC），也称程序结构图。结构图是描述软件结构的图形工具，用来描述软件的模块结构、模块之间的依赖或调用关系、模块之间传递的参数信息等。

结构图的基本符号有如下 3 种：

□ 表示模块，矩形内注明模块的功能和名称。

○──→ 表示模块调用过程中传递的数据信息。

●──→ 表示模块调用过程中传递的控制信息。

与图 6-2 所示的数据流图相对应的结构图如图 6-3 所示。

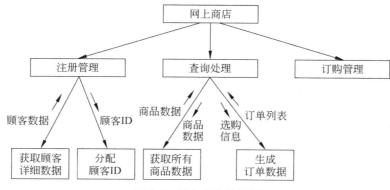

图 6-3　网上商店结构图

3）详细设计

详细设计为软件结构图中的每一个模块确定实现算法和局部数据结构，用某种选定的表达工具表示算法和数据结构的细节。在详细设计阶段，要对每个模块规定的功能及算法的设计给出适当的算法描述，确定模块内部的详细执行过程。详细设计的目的是确定应该怎样来具体实现所要求的系统，不同于编码或编程。

常见的详细设计工具有图形工具、表格工具和语言工具 3 类，常见的工具如下：

（1）图形工具有程序流程图、N-S 图、PAD（问题分析图）、HIPO（层次和输入/处理/输出图）。

（2）表格工具有判定表。

（3）语言工具有 PDL（伪码）。

3. 结构化编程

结构化编程就是根据结构化程序设计原理，选择一种适当的程序设计语言，将每个模块的功能用程序代码表示出来，最终得到可交付用户使用的软件产品。

结构化编程方法的基本要点如下：

（1）采用自顶向下、逐步求精的程序设计方法。

（2）使用顺序、选择和循环 3 种基本控制结构构造程序。

（3）子程序尽可能做到只有一个入口、一个出口。

（4）程序风格应尽量明确、清晰，适当增加注释，书写格式体现层次结构，变量名的选用尽量具有逻辑意义,易读易理解。

(5)在程序编写的同时完成有关的文档编写,以加快软件的编写进度。

结构化方法总的指导思想是自顶向下、逐步求精,它的基本原则是功能的分解与抽象。所谓自顶向下,是指从顶层的主模块开始,向下一层层地确定和编写需要的模块。而逐步求精是先考虑总体和全局,后考虑细节,先有对每个模块功能的一般描述,然后逐步将它精确化为程序。

结构化方法是软件工程中最早出现的开发方法,特别适用于数据处理领域的问题。结构化方法对于规模大的项目及特别复杂的项目不太适用,该方法难以解决软件重用问题,难以使维护适应新的需求变化。

6.1.3 面向对象开发方法

面向对象开发方法的基本出发点是尽可能按照人类认识世界的方法和思维方式来分析和解决问题。客观世界是由许多具体的事物、事件、概念和规则组成的,这些均可看成对象,而每一个对象都有特定的属性和行为。面向对象方法以对象作为最基本的元素和分析问题、解决问题的核心。

用面向对象方法开发软件的过程如下:首先分析用户需求,从实际问题中抽取对象模型;然后将模型细化,设计对象类,包括类的属性和类之间的相互关系,同时考虑是否有可以直接引用的已有的类或部件;而后选定一种面向对象的编程语言,用具体编码实现类的设计;最后进行测试,实现整个软件系统的设计。

在面向对象方法中,对象和类是最重要的概念。

对象是面向对象方法中最基本的概念。它是系统中用来描述客观事物的一个实体,是构成系统的一个基本单位。对象可以用来表示客观世界中的任何实体,应用领域内与所要解决的问题有关联的任何事物都可以作为对象,它既可以是物理实体的抽象,也可以是人为的概念,以及任何有明确边界和意义的东西。例如,一个人、一本书、读者的一次借阅、学生的一次选课、一个窗口等,都可以作为一个对象。总之,对象是对问题域中某个实体的抽象,创建一个对象就反映出软件系统保存了相关信息并具有与之进行交互的能力。

面向对象方法学中的对象是由描述对象属性的数据以及可以施加于这些数据之上的所有操作封装起来的一个整体。属性是对象的静态特征,只能通过执行对象的操作来改变;对象的操作也称方法或服务,表示对象的动态行为。对象之间通过消息进行通信。

类是指具有相同属性和相同行为的对象集合。类是对象的抽象,而一个对象是它所对应的类的一个实例。

例如,一个面向对象的图形程序在屏幕左下角显示一个半径为 3cm 的红色圆,在屏幕中部显示一个半径为 4cm 的绿色圆,在屏幕右上角显示一个半径为 1cm 的黄色圆。这3 个圆心位置、半径大小和颜色均不相同的圆,是 3 个不同的对象。但是,它们都有相同的属性(圆心坐标、半径、颜色)和相同的行为(显示自己、放大和缩小半径、在屏幕上移动位置等等)。因此,它们是同一类事物——圆类。

面向对象开发方法包括面向对象分析、面向对象设计和面向对象编程 3 个部分。

1. 面向对象分析

面向对象分析就是抽取和整理用户需求并建立问题域精确模型的过程。在这个阶段,通过进行需求分析,识别出问题域内的类与对象,并分析它们相互间的关系,最终建立问题域的简洁、精确、可理解的 3 种模型,即对象模型、动态模型和功能模型。

2. 面向对象设计

面向对象设计是把分析阶段生成的对象模型转换成面向对象的类的描述,包括类的属性的详细描述、类的行为操作和类间相互关系的准确表达等。面向对象设计分为系统设计和对象设计两个阶段。

(1) 系统设计确定实现系统的策略和目标系统的高层结构。

(2) 对象设计确定解空间中的类、关联、接口形式及实现服务的算法。

3. 面向对象编程

面向对象编程就是选择一种合适的面向对象编程语言,如 C++、Java 等,把面向对象设计结果翻译成用某种程序语言书写的面向对象程序,然后对其进行测试,最终实现可运行的应用软件系统。

6.1.4　软件测试与维护

1. 软件测试

1) 软件测试的目的

关于软件测试的目的,Grenford J. Myers 在 *The Art of Software Testing* 一书中给出了深刻的阐述:

* 软件测试是为了发现错误而执行程序的过程。
* 一个好的测试用例是指很可能找到至今尚未发现的错误的用例。
* 一个成功的测试是发现了至今尚未发现的错误的测试。

Myers 的观点告诉人们,测试要以查找错误为中心,而不是为了演示软件的正确功能。

2) 软件测试的方法

测试方法研究如何以最少的测试用例测试出程序中尽可能多的潜在错误。软件测试方法可按测试过程是否在实际应用环境中进行,即是否需要实际执行被测试软件而分为静态测试与动态测试两种。

(1) 静态测试。静态测试并不实际运行软件,主要是由人工进行的。静态测试包括代码检查、静态结构分析、代码质量度量等。静态测试可由人工进行,也可借助软件工具自动进行。

(2) 动态测试。动态测试是基于计算机的测试,是为了发现错误而执行程序的过程,即根据软件开发各阶段的规格说明和程序的内部结构而精心设计的一批测试用例,并利用这些测试用例去运行程序,以发现程序错误的过程。

动态测试又分为白盒测试和黑盒测试。

* 白盒测试也称结构测试或逻辑驱动测试。它根据软件产品的内部工作过程,检查

内部成分,以确认每种内部操作符合设计规格要求。它把测试对象看作一个打开的盒子,允许测试人员利用程序内部的逻辑结构及有关信息来设计或选择测试用例,对程序所有的逻辑路径进行测试,通过在不同点检查程序的状态来了解实际的运行状态是否与预期的一致。所以,白盒测试是在程序内部进行的,主要用于完成软件内部操作的验证。

- 黑盒测试也称功能测试或数据驱动测试。它对软件已经实现的功能是否满足需求进行测试和验证。黑盒测试完全不考虑程序内部的逻辑结构和内部特性,只依据程序的需求和功能规格说明,检查程序的功能是否符合它的功能说明。所以,黑盒测试在软件接口处进行功能验证。黑盒测试只检查程序功能是否按照需求规格说明书的规定正常实现,程序是否能适当地接收输入数据并产生正确的输出信息,是否能保持外部信息(如数据库或文件)的完整性。

3)软件测试的步骤

软件测试过程一般按 4 个步骤进行,即单元测试、集成测试、确认测试和系统测试。通过这些步骤的实施来验证软件是否合格,能否交付用户使用。

- 单元测试是对软件设计的各模块进行正确性检验的测试。单元测试的目的是发现各模块内部可能存在的各种错误,保证每个模块作为一个单元能正确运行。
- 集成测试是测试和组装软件的过程。它在把模块按照设计要求组装起来的同时进行测试,主要目的是发现与接口有关的错误。
- 确认测试的任务是验证软件的功能和性能是否满足需求规格说明中确定的各种需求,以及软件配置是否完全正确。
- 系统测试是将通过确认测试的软件作为计算机系统的一个元素,与计算机硬件、外部设备、支持软件、数据和人员等其他系统元素组合在一起,在实际运行环境下对计算机系统进行一系列的集成测试和确认测试。

2. 软件维护

软件维护是指在软件产品安装、运行并交付给用户使用后,在新版本产品升级之前这段时间里由软件厂商向用户提供的服务工作。

软件维护是软件交付之后的一项重要的日常工作,软件项目或产品的质量越高,其维护的工作量就越小。随着软件开发技术、软件管理技术和软件支持工具的发展,软件维护中的许多观念正在发生变化,维护的工作量也在逐步下降。

传统软件维护活动根据起因分为纠错性维护、适应性维护、完善性维护、预防性维护。

1)纠错性维护

产品或项目中存在缺陷或错误,在测试和验收时未发现,在使用过程中逐渐暴露出来,需要改正。

2)适应性维护

这类维护是为了使产品或项目适应变化的硬件、系统软件的运行环境而修改软件的活动。

3)完善性维护

这类维护是为了给软件系统增加一些新功能,使产品或项目的功能更加完善与合理而进行的活动,这类维护占维护活动的大部分。

4）预防性维护

这类维护是为了提高产品或项目的可靠性和可维护性,有利于系统进一步改造或升级换代而进行的活动。

6.1.5 软件开发过程模型

软件开发过程模型反映的是从软件需求定义到软件交付使用后报废为止,在整个生命周期中的系统定义、开发、运行、维护所实施的全部策略。常用的软件开发过程模型主要有瀑布模型、原型模型、螺旋模型、增量模型、喷泉模型等。下面介绍瀑布模型和原型模型。

1. 瀑布模型

瀑布模型遵循软件的生命周期的划分,各个阶段工作按顺序展开,如同自上而下的瀑布,如图 6-4 所示。瀑布模型将软件生命周期划分为问题定义、可行性研究、需求分析、软件设计、编码、测试、运行与维护等若干阶段,前一阶段的工作完成后,后一阶段的工作才能开始,前一阶段产生的文档是后一阶段工作的依据。瀑布模型适合在软件需求比较明确、开发技术比较成熟的场合下使用。

2. 原型模型

按瀑布模型开发软件,只有当系统分析员做出准确的需求分析时,才能够得到预期的结果。但由于系统分析员和用户在专业理解上的差异,在计划时期定义的用户需求常常是不完全和不准确的,原型模型正是为解决上述问题而提出的。其方法如下:首先建立一个能反映用户主要需求的原型,使用户通过使用这个原型提出对原型的修改意见,然后根据用户意见对原型进行改进,如此反复多次,最后实现符合用户要求的新系统,如图 6-5 所示。这种原型相当于工业产品的样机。它的特点是快速,而且使用户与系统分析员之间的交互从抽象变为具体,避免了许多由于理解的不同而造成的需求分析中的错误。

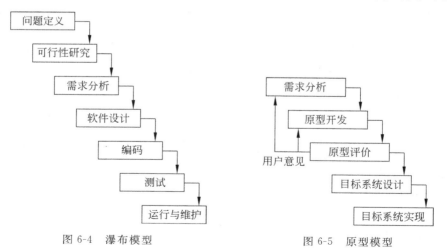

图 6-4 瀑布模型　　　　　　图 6-5 原型模型

随着面向对象技术的逐步成熟,人们还提出了面向对象的软件生命周期模型。需要指出的是,在实际的软件开发过程中,必须针对具体情况,采用适当的软件开发过程模型,有时需要将不同的开发过程模型结合起来使用。例如,采用瀑布模型时,可以选择部分子系统采用原型模型;而在采用面向对象开发模型时,也可以与传统的开发模型结合在一起使用。

6.2　程序设计基础

计算机系统由硬件系统和软件系统构成,二者协同工作。软件能够针对人们的各种需求提供灵活的解决方案。当人们使用计算机完成某项任务时,有时可以利用已有的软件完成,有时则必须根据特定需求自己编写程序。

因此,人们不仅要学会使用现成的软件,也应该具有计算机程序设计的基础知识。本节将介绍程序设计的基本概念、基本思想和方法。

6.2.1　程序和程序设计语言

1. 计算机程序

程序(program)是为了让计算机解决某一问题而编写的一系列指令的集合。例如,若要计算圆面积,用 C 语言可以写出以下程序代码:

```
#include<stdio.h>
void main()
{
    float r,s;
    scanf("%f",&r);
    s=3.14*r*r;
    printf("s=%f\n",s);
}
```

程序设计(programming)就是编写程序的过程。

2. 程序设计语言的发展

程序设计语言(program language)是用于描述计算机所执行的操作的语言。从第一台计算机问世以来,硬件技术获得了飞速发展,与此相适应,作为软件开发工具的程序设计语言经历了机器语言、汇编语言、高级语言、4GL 等几个阶段的发展变化。

1) 机器语言

机器语言是采用计算机指令格式并以二进制编码表达各种操作的语言。计算机能够直接理解和执行机器语言程序。例如,计算 A=5+11 的机器语言程序如下:

```
10110000    00000101              //把 5 放入累加器 A 中
00101100    00001011              //11 与累加器 A 中的值相加,结果仍放入 A 中
11110100                          //结束,停机
```

机器语言的优点是能够被计算机直接识别,执行速度快,占存储空间小。其缺点是难

读、难记,编程难度大,调试修改麻烦;而且,不同型号的计算机具有不同的机器指令系统。

2）汇编语言

汇编语言是一种符号语言,它用助记符来表达指令功能。汇编语言比机器语言容易理解,而且书写和检查也方便得多。但汇编语言仍不能独立于计算机,没有通用性,必须翻译成机器语言程序,才能由计算机执行。

例如,计算 A=5+11 的汇编语言程序如下:

```
MOV  A, 5              //把 5 放入累加器 A 中
ADD  A, 11             //11 与累加器 A 中的值相加,结果仍放入 A 中
HLT                    //结束,停机
```

汇编语言程序较机器语言程序易读、易写,并保持了机器语言执行速度快、占存储空间小的优点。但汇编语言的语句功能比较简单,程序的编写仍然比较复杂,而且程序难以移植,因为汇编语言和机器语言都是面向机器的语言,都是为特定的计算机系统而设计的。汇编语言程序不能被计算机直接识别和执行,需要由一种起翻译作用的程序(汇编程序)将其翻译成机器语言程序(称为目标程序),计算机方可执行,这一翻译过程称为汇编。

机器语言和汇编语言统称为低级语言。

3）高级语言

高级语言是面向问题的语言,独立于具体的机器(它不依赖于机器的具体指令形式),比较接近于人类的自然语言。因为高级语言是与计算机结构无关的程序设计语言,它具有更强的表达能力,因此,可以方便地表示数据的运算和程序控制结构,能更有效地描述各种算法,使用户容易掌握。

例如,计算 A=5+11 的 BASIC 语言程序如下:

```
A=5+11               //5 与 11 相加的结果放入存储单元 A 中
PRINT A              //输出存储单元 A 中的值
END                  //程序结束
```

用高级语言编写的程序(称为源程序)也不能被计算机直接识别和执行,需要经过翻译程序翻译成机器语言程序(目标程序)才能执行,高级语言的翻译程序有编译程序和解释程序两种。编译程序将源程序翻译成目标程序,最终生成可执行程序,才可在计算机上执行。解释程序对源程序解释一句执行一句,直至执行完整个程序。

高级语言可分为两类:面向过程的语言,如 BASIC、Pascal、C 等;面向对象的语言,如 C++、Java 等。

4）4GL

4GL(4th Generation Language,第 4 代语言)是非过程化语言。这类语言的一条语句一般被编译成 30～50 条机器代码指令,提高了编码效率,其特点是适用于管理信息系统开发,编写的程序更容易理解和维护。例如,数据库查询语言(SQL)就是非过程化语言,当用户需要检索一批数据时,只需通过 SQL 语言指定查询的范围、内容和查询的条件,系统就会自动形成具体的查询过程,并一步一步地执行查找,最后获取查询结果。

从高级语言到 4GL 的发展,反映了人们对程序设计的认识逐渐深入的过程。高级语

言的程序设计要详细描述问题的求解过程,告诉计算机每一步应该"怎样做";而 4GL 的程序设计直接面向各类应用系统,只需说明"做什么"。

3. 常用程序设计语言

目前,已有的程序设计语言有很多种,但只有少部分得到了比较广泛的应用。下面介绍几种常用的程序设计语言。

1) C 和 C++ 语言

C 语言是 20 世纪 70 年代初由美国贝尔实验室的 Dennis M. Ritchie 在 B 语言的基础上开发出来的,主要用于编写 UNIX 操作系统。C 语言功能丰富,使用灵活,简洁明了,编译产生的代码短,执行速度快,可移植性强。C 语言最重要的特色是:虽然在形式上是高级语言,但是具有与机器硬件沟通的底层处理能力,能够很方便地实现汇编语言级的操作,目标程序效率较高。它既可以用来开发系统软件,也可用来开发应用软件。由于 C 语言的显著特点,使其迅速成为最广泛使用的程序设计语言之一。

1980 年,贝尔实验室的 Bjarne Stroustrup 对 C 语言进行了扩充,加入了面向对象的概念,对程序设计思想和方法进行了彻底的革命,并于 1983 年将这种新语言改名为 C++。C++ 兼容 C 语言,而 C 语言的广泛使用使得 C++ 成为应用最广的面向对象程序设计语言。目前主要的 C++ 语言开发工具有 Borland 公司的 C++ Builder 和微软公司的 Visual C++、C♯ 等。

2) Java 语言

Java 是在 1995 年由 Sun 公司开发的面向对象的程序设计语言,主要用于网络应用开发。Java 的语法类似于 C++,但简化并除去了 C++ 语言的一些容易被误用的功能,如指针等,使程序更严谨、可靠、易懂。它适用于 Internet 环境并具有较强的交互性和实时性,提供了对网络应用的支持和多媒体的存取,推动了 Internet 和企业网络的 Web 进步。Java 语言的跨平台性使其应用范围迅速扩大,而 Sun 公司的 J2EE 平台的发布加速推动了 Java 在各个领域的应用。

3) 标记语言和脚本语言

在网络时代,要制作 Web 页面,需要标记语言和脚本语言,虽然它们不同于前面介绍的程序设计语言,但也有相似之处。标记语言是一种描述文本及文本结构和外观细节的文本编码。脚本语言以脚本的形式定义一项任务,以此控制操作环境,扩展应用程序的性能。

在网络应用软件开发中,标记语言描述网页中各种媒体的显示形式和链接;脚本语言增强 Web 页面设计人员的设计能力,扩展网页应用。

超文本标记语言(HyperText Markup Language,HTML)是网页内容的描述语言。HTML 是格式化语言,它确定 Web 页面中文本、图形、表格和其他信息的静态显示方式,它能将各处的信息链接起来,使生成的文档成为超文本文档。用 HTML 编写的代码是纯文本的 ASCII 文档,当使用浏览器进行查看时,这些代码能产生相应的多媒体、超文本的 Web 页面。

可扩展标记语言(Extensible Markup Language,XML)规定了一套定义语义的标记,这些标记将文档分成许多部件并对部件的语义进行定义。XML 是对 HTML 的扩展,主要是为了克服 HTML 只能显示静态的信息、使用固定的标记、无法反映数据的真实物理意义等缺陷。

脚本语言实质是大型机和微型机的批处理语言的分支,将单个命令组合在一起,形成程序清单,以此来控制操作环境,扩展应用程序的性能。脚本语言不能独立运行,需要依附一个主机应用程序来运行。VBScript、JavaScript 是专用于 Web 页面的脚本语言,主要解决 Web 页面的动态交互问题。脚本语言分为客户端和服务器端两个不同版本,客户端实现改变 Web 页面外观的功能,服务器端完成输入验证、表单处理、数据库查询等功能。

6.2.2 程序设计步骤与风格

1. 程序设计步骤

程序设计就是使用某种程序设计语言编写程序代码来驱动计算机完成特定功能的过程。

程序设计的基本步骤一般包括分析要求解的问题、确定解决方案、设计算法、编写程序、调试运行程序和编写文档,如图 6-6 所示。

图 6-6　程序设计的基本步骤

对程序设计步骤说明如下:

(1) 确定要解决的问题,对任务进行调查分析,明确要实现的功能。

(2) 对要解决的问题进行分析,找出它们的运算和变化规律,建立数学模型。当一个问题有多个解决方案时,选择适合计算机解决问题的最佳方案。

(3) 依据解决问题的方案确定数据结构和算法,绘制流程图。

(4) 依据流程图描述的算法,选择一种合适的计算机语言编写程序。

(5) 通过反复执行所编写的程序,找出程序中的错误,直到程序的执行效果达到预期的目标。

(6) 对解决问题整个过程的有关资料进行整理,编写程序使用说明书。

2. 程序设计风格

除了好的程序设计方法和技术外,良好的程序设计风格也是很重要的。程序设计风格指一个人编制程序时所表现出来的特点、习惯和逻辑思路等。在程序设计中要使程序结构合理、清晰,应该形成良好的编程习惯,对程序的要求不仅是可以在计算机上执行,给出正确的结果,还要便于程序的调试和维护,这就要求编写的程序清晰易懂。因此,"清晰第一,效率第二"的观点已经成为当今主导的程序设计风格。

要形成良好的程序设计风格,主要应遵循以下几个原则。

1) 源程序文档化原则

源程序文档化应遵循以下原则:

- 标识符的命名应具有一定的实际含义,即按意取名。

- 程序应加注释。注释是程序员与读者之间交流的重要工具,用自然语言或伪码描述,注释说明了程序的功能,对理解程序提供了明确指导。注释分为序言性注释和功能性注释。序言性注释通常置于程序的起始部分,给出程序的整体说明。功能性注释嵌入在源程序内部,说明程序段或语句的功能及数据的状态。

2) 数据说明原则

为了使数据定义更易于理解和维护,应注意如下内容:

- 数据说明的顺序要规范,使数据的属性更易于查找,从而有利于测试、纠错与维护。
- 一个语句说明多个变量时,各变量名按字典序排列。
- 对于复杂的数据结构,要加注释。

3) 语句构造原则

语句构造的原则是简单直接,不能为了追求效率而使代码复杂化。为了便于阅读和理解,不要一行写多个语句。不同层次的语句采用缩进形式,使程序的逻辑结构和功能特征更加清晰。要避免复杂的判定条件,避免多重循环嵌套。在表达式中使用括号以提高运算次序的清晰度。

4) 输入输出原则

在编写输入和输出程序时考虑以下原则:

- 输入操作步骤和输入格式尽量简单。
- 应检查输入数据的合法性、有效性,报告必要的输入状态信息及错误信息。
- 输入一批数据时,使用数据或文件结束标志,而不要用计数来控制。
- 交互式输入时,提供可用的选择和边界值。
- 当程序设计语言有严格的格式要求时,应保持输入格式的一致性。
- 输出数据表格化、图形化。

输入输出风格还受其他因素的影响,如输入输出设备、用户经验及通信环境等。

6.2.3　结构化程序设计

目前,程序设计方法主要有两大类:一种是面向过程的结构化程序设计方法,另一种是面向对象的程序设计方法。结构化程序设计方法体现了抽象思维和复杂问题求解的基本原则,面向对象程序设计方法则深刻反映了客观世界由对象组成这一本质特点。这两种程序设计方法的区别在于问题分解的出发点不同,思维模式不同。

1. 结构化程序设计的原则

结构化程序设计方法是 20 世纪 60 年代由荷兰学者 Dijkstra 提出的,通过实践的检验,同时也在实践中不断发展和完善,成为软件开发的重要方法。结构化程序设计强调程序设计风格和程序结构的规范化,提倡清晰的结构。结构化程序设计方法的基本思路是:把一个复杂问题的求解过程分阶段进行,每个阶段处理的问题都控制在人们容易理解和处理的范围内。

结构化程序设计的基本原则是:在软件设计和实现过程中,采用自顶向下、逐步细化的模块化程序设计原则。限制使用 GOTO 语句,强调采用单入口单出口的 3 种基本控制结构(顺序结构、选择结构和循环结构)。

2. 结构化程序设计的基本结构

1966 年,Bohm 和 Jacopini 证明了只用 3 种基本的控制结构就能实现任何单入口单出口的程序。这 3 种基本的控制结构是顺序、选择和循环结构。

(1) 顺序结构是按照程序语句行的自然顺序,一条语句一条语句地按顺序执行程序。其流程图如图 6-7 所示。其程序的执行过程为:先执行 A 语句,再执行 B 语句,最后执行 C 语句。

(2) 选择结构又称为分支结构,它根据设定的条件,判断应该选择哪一条分支来执行相应的语句序列。其流程图如图 6-8 所示。该结构程序的执行过程为:先计算条件表达式 P 的值,如果结果为真(T),则执行语句(或语句序列)A,否则(条件表达式的值为 F)执行语句(或语句序列)B。

(3) 循环结构又称重复结构,它根据给定的条件,判断是否需要重复执行某一相同的或类似的程序段。其流程图如图 6-9 所示。其程序的执行过程如下:

① 计算条件表达式 P 的值。

② 如果结果为真(T),则执行 A 语句;否则转步骤④。

③ 回到步骤①。

④ 结束循环,执行循环后面的语句。

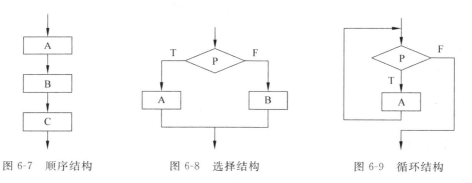

图 6-7　顺序结构　　　　图 6-8　选择结构　　　　图 6-9　循环结构

3. 结构化程序设计的应用

结构化程序设计采用自顶向下、逐步细化的方法,先从全局出发,把一个复杂问题分解成若干相对独立的子问题,对于每个子问题再逐步细化为一系列具体的处理步骤,每个处理步骤可以使用 3 种基本控制结构来描述。

例 6.1 求两个数中的最大值的问题。

(1) 将算法分解成 3 步。

① 输入两个数 a、b。

② 从 a、b 中找出最大数赋给 max。

③ 输出 max。

(2) 将步骤(1)中的算法细化为如下步骤。

① 先定义两个变量 a、b，并确定其类型，如整型（int），然后调用输入函数 scanf 给变量 a、b 赋值。

② 求两数 a、b 的最大值，并赋给 max。

③ 调用输出函数 printf，输出最大值 max。

（3）再细化步骤（2）的②求两数中的最大值的方法：如果 $a>b$，则 a 是最大值，否则 b 是最大值。用控制结构描述的流程图如图 6-10 所示。

（4）将细化的算法转换成高级语言程序。下面是上述算法的 C 语言程序：

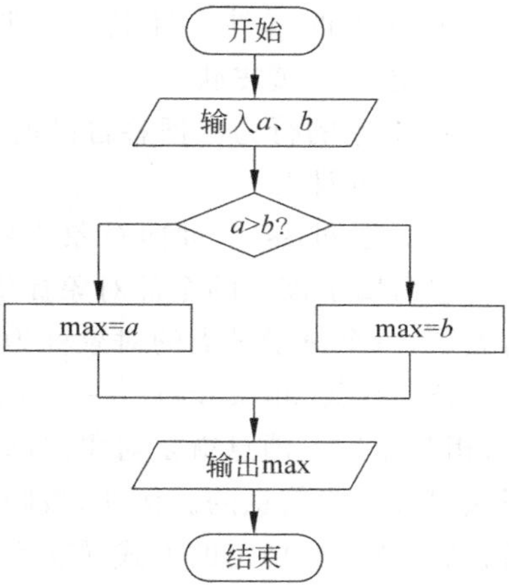

```
#include<stdio.h>
void main()
{   int a, b, max;      //定义整型变量 a、b 和 max
    printf("Input two numbers a, b:\n");
    scanf("%d %d", &a, &b);          //输入两个数
    if  (a>b) max=a;                 //将 a 与 b 中的大者赋给 max
    else max=b;
    printf("The max number is:", max);   //输出最大值
}
```

图 6-10　例 6.1 的流程图

结构化程序设计方法有助于程序设计者把握问题的全局，分阶段逐步深入细化，使每个阶段的问题容易理解和处理。

6.2.4　面向对象程序设计

结构化程序设计方法曾经给计算机软件业带来巨大进步，在一定程度上缓解了软件危机，使用结构化程序设计方法开发的许多中小规模软件项目都取得了极大成功。但是，随着计算机技术应用的深入和全面发展，结构化程序设计方法的缺点也逐渐暴露出来。例如，数据与对数据的操作分离，不符合人们对现实世界的认识规律；基于模块的设计方法导致软件修改困难；自顶向下的设计方法限制了软件的重用性，降低了开发效率，也导致开发成功的产品难以维护。

面向对象程序设计方法把数据和对数据的操作作为一个相互依赖、不可分割的整体——对象。对同类型对象抽象出其共性，形成类。类中的大多数数据只能用本类的方法进行处理。类通过一个简单的外部接口与外界发生关系，对象之间通过消息进行通信。

1. 面向对象程序设计的基本概念

下面介绍面向对象程序设计方法中的几个重要概念。

（1）对象（object）。面向对象程序设计中的对象是系统中用来描述客观事物的一个实体，对象都由一组属性和一组行为构成。属性是用来描述对象静态特征的数据项；行为是用来描述对象动态特征的操作序列，用对象中的代码来实现，也称为对象的方法。

例如，有一个人名叫张三，性别是男性，身高 1.7m，体重 68kg，肤色是黄皮肤，可以编程、讲授计算机专业课，下面来描述这个对象。

- 对象的属性。姓名——张三,性别——男性,身高——1.7m,体重——68kg,肤色——黄皮肤。
- 对象的行为。回答自己的名字、性别、身高、体重和肤色,还可"编程、讲授计算机专业课"。

(2) 类(class)。面向对象程序设计中的类是具有相同属性和行为的一组对象的集合。它为属于该类的全部对象提供了抽象的描述。类与对象的关系犹如模具与铸件之间的关系,一个属于某类的对象称为该类的一个实例。

(3) 消息(message)。一个系统由若干个对象组成,各个对象之间通过消息相互联系、相互作用。消息就是对象之间联系的纽带,是用来通知、命令或请求对象执行某个处理或回答某些信息的。例如,教师发出指令,即消息,要求学生递交实验报告;学生接收该消息后,就会按规定的方式递交实验报告。教师和学生之间通过消息通信完成了对消息发送和接收处理工作。

(4) 封装(encapsulation)。封装就是把对象的属性和方法结合成一个独立的系统单位,并尽可能隐藏对象的内部细节,不允许外界直接存取对象的属性,只能通过有限的接口与对象发生联系。

(5) 继承(inheritance)。继承是面向对象方法中一个十分重要的概念,特殊类的对象拥有其一般类的全部属性与方法,称作特殊类对一般类的继承。例如,在父子关系中,儿子自动地继承了父亲的基因,具有其父亲的一些基本特征和行为能力,同时他可能通过学习产生其父亲不具有的一些新的特征和行为能力。

如果把用面向对象方法开发的类作为可重用构件提交到构件库,那么在开发新系统时不仅可以直接重用这个类,还可以把它作为一般类,通过继承实现重用,从而大大扩展了重用范围。这样可以加快软件的开发速度,增强新软件的稳定性和重用性。

(6) 面向对象(object-oriented)。Coad 和 Yourdon 为面向对象下了一个定义:面向对象=对象+类+继承+通信。一个面向对象程序的每一组成部分都是对象,计算是通过建立对象之间的通信来执行的。

(7) 多态性(polymorphism)。对象的多态性是指在一般类中定义的属性或方法被特殊类继承之后,可以具有不同的数据类型或表现出不同的行为。这使得同一个属性或方法在一般类及其各个特殊类中具有不同的语义。

例如,在一般类"几何图形"中定义了一个方法"绘图",但并不确定执行时到底画一个什么图形。特殊类"椭圆"和"矩形"都继承了"几何图形"类的"绘图"方法,但其功能却不同:一个画出一个椭圆,另一个画出一个矩形。

2. 面向对象程序设计方法

面向对象的程序设计是一种支持模块化设计和软件重用的实际可行的编程方法。它把程序设计的主要活动集中在建立对象和对象之间的联系(或通信)上,从而完成所需要的计算。一个面向对象的程序就是相互联系(或通信)的对象集合。由于现实世界可以抽象为对象和对象联系的集合,所以面向对象的程序设计是一种更接近现实世界的、更自然的程序设计方法。

面向对象程序设计的基本方法如下:

（1）分析现实世界的问题领域。

（2）以对象来模拟问题域中的实体，以对象之间的联系来描述实体之间的联系，由此构造问题领域的对象模型。

（3）编制程序，建立类数据类型（属性、方法）。

（4）用类声明对象，通过对象间传递消息完成指定的功能。

由此构造出面向对象的软件系统。

由于面向对象的软件系统是根据问题域中的模型而不是根据系统应完成的功能的分解而建立起来的，所以，当系统的功能需求有所变化时，往往进行一些局部性的修改即可，不会引起软件结构的整体变化。

6.3　算法与数据结构

计算机科学研究的重点是信息在计算机中的表示和处理问题。从程序设计的观点看，信息在计算机中的表示就是数据结构研究的问题；信息在计算机中的处理就是算法研究的问题。学习算法和数据结构的基本知识是了解计算机工作基本原理、掌握程序设计基本技术的必经之路。本节将介绍算法、数据结构的基本概念和最常用的几种数据结构。

6.3.1　算法

1. 算法的概念

算法是对特定问题求解步骤的一种描述。或者说，算法是为求解某问题而设计的步骤序列。求解同样的问题，不同的人写出的算法可能是不同的（一题多解）。

算法是通过程序最终实现的。对于一个实际问题，若通过一个计算机程序在有限的存储空间中运行有限的时间后得到正确的结果，则称这个问题是利用算法可解的。

但算法并不等价于程序。程序可以作为算法的一种描述，它通过使用一些编程语言来描述算法。同一个算法如果采用不同的编程语言能够编写出不同的程序，并且程序中一般还要考虑一些与算法无关的问题，如在编写程序时要考虑计算机系统运行环境的限制等。所以算法不等于程序，程序的编写不可能优于算法的设计。

算法完成之后，要检查其正确性和完整性，再根据算法编写出用某种高级语言表示的程序。程序设计的关键在于设计出一个好的算法，所以算法是程序设计的核心。算法的执行效率与数据结构的优劣有很大的关系。下面给出算法应该具有的几个基本特征：

（1）有穷性。一个算法必须在执行有限个操作步骤后终止。

（2）确定性。算法中的每一步操作的内容和顺序必须含义确切，不能有二义性。

（3）有效性。算法中的每一步操作都应该能有效执行，一个不可执行的操作是无效的。例如，一个数被 0 除的操作是无效的，应当避免这种操作。

（4）输入。一个算法有零个或多个输入。这些输入数据应在算法操作前提供。

（5）输出。一个算法有一个或多个输出。算法的目的是解决一个给定的问题，因此，它应提供输出结果，否则算法就没有实际意义了。

算法可以用自然语言、计算机语言、流程图或专门为描述算法而设计的语言描述,在计算机上运行的算法要用计算机语言描述。

2. 算法的基本要素

一个算法有两个基本要素:

(1) 对数据对象的运算和操作。算法中基本的运算和操作包括算术运算、关系运算、逻辑运算和数据传输。

(2) 算法的控制结构。是指算法中各个操作之间的先后执行次序,一个算法的执行次序可以使用顺序、选择和循环 3 种基本结构组合。

3. 算法设计的基本方法

计算机算法不同于人工处理的方法。下面介绍几种常用的算法设计方法。

1) 列举法

列举法的基本思想是根据提出的问题,列举所有可能的情况,并用问题中给定的条件检验哪些是需要的,哪些是不需要的。常用于解决"是否存在"或"有多少种可能"等类型的问题。列举法的特点是比较简单;但当列举的可能情况较多时,执行该算法的工作量会很大。

2) 归纳法

归纳法的基本思想是,通过列举少量的情况,经过分析,找出一般关系。归纳法解决了列举法列举量无限的问题,更能反映问题的本质。

由于归纳过程中不可能对所有的情况进行列举,最后由归纳得到的结论只是分析的结果,只是一种猜测,因此还要对归纳的结果进行必要的验证。

3) 递推法

递推是指从已知初始条件出发,逐次推出所要求的各个中间结果和最后结果。递推本质上也属于归纳法。递推法在数值计算中非常常见。

4) 递归法

递归法是一种很重要的算法设计方法。递归法的基本思想是:针对一个复杂的问题,为了降低问题的复杂度,将问题逐层分解,最后分解为一些最简单的问题;当解决了这些最简单的问题后,再沿着原来分解的逆过程逐步进行综合。

递归法分为直接递归和间接递归两种。

4. 算法的复杂度

评价一个算法优劣的主要标准是算法的执行效率与存储需求。算法的执行效率指的是时间复杂度,存储需求指的是空间复杂度。

1) 算法的时间复杂度

算法的时间复杂度是指执行算法所需要的计算工作量。由于一个算法在采用不同的语言、不同的编译程序,以及在不同的计算机上运行时效率不同,所以不能使用绝对时间单位来衡量算法效率。算法的工作量应使用算法在执行过程中的基本运算执行次数来度量。

算法执行的基本运算次数与问题的规模有关。例如,两个 30 阶矩阵相乘的基本运算次数一定大于两个 5 阶矩阵相乘的基本运算次数。

算法的时间复杂度通常记作 $T(n)=O(f(n))$。其中，n 为问题的规模，$f(n)$ 表示算法中基本运算执行的次数，是问题规模 n 的某个函数。$f(n)$ 和 $T(n)$ 是同数量级的函数，大写字母 O 表示 $f(n)$ 与 $T(n)$ 只相差一个常数倍。

算法的时间复杂度用数量级的形式表示后，一般可简化为分析循环体内基本操作的执行次数即可。

例 6.2 求下列 3 个简单的程序段的时间复杂度。

```
① x=x+1;
② for(i=1;i<=n;i++)
      x=x+1;
③ for(i=1;i<=n;i++)
      for(j=1;j<=n;j++)
          x=x+1;
```

基本操作"x＝x＋1;"语句在这 3 个程序段中的执行次数分别为 1、n、n^2，则这 3 个程序段的时间复杂度分别为 $O(1)$、$O(n)$ 和 $O(n^2)$。

在同一个问题规模下，如果算法执行所需的基本运算次数取决于某一特定输入时，可以用以下两种方法来分析算法的工作量。

- 平均性态分析。用各种特定输入下的基本运算次数的加权平均值来衡量算法的工作量。
- 最坏情况分析。在规模为 n 时，以算法所执行的基本运算的最大次数来衡量算法的工作量。

2）算法的空间复杂度

一个算法的空间复杂度是算法所需存储空间的量度，包括算法程序所占的存储空间、输入的初始数据所占的存储空间及算法执行过程中需要的额外存储空间。

算法的空间复杂度表示为 $S(n)=O(f(n))$。其中，n 为问题的规模，空间复杂度也是问题规模 n 的函数。

6.3.2 数据结构的基本概念

1. 有关数据的概念

1）数据

数据是描述客观事物的所有能输入到计算机中并被计算机程序处理的符号的集合。例如，数值、字符、声音、图像等都是数据。数据是信息的载体，是对客观事物的描述。

2）数据元素

数据元素是数据的基本单位，在计算机中通常作为一个整体进行考虑和处理。每个数据元素由若干个数据项组成，其中能唯一标识一个数据元素的数据项称为关键码项，该数据项的值称为关键码（Key）。有些情况下，数据元素也称为元素、结点、顶点或记录。数据项是具有独立含义的最小标识单位。例如，表 6-1 为学生成绩表，表中的每一行是一个数据元素，它由学号、姓名、各科成绩及平均成绩等数据项组成，而学号是关键码项。

表 6-1　学生成绩表

学　号	姓名	数学分析	普通物理	高等数学	平均成绩
880001	丁一	90	85	95	90
880002	马二	80	85	90	85
880003	张三	95	91	99	95
880004	李四	70	84	86	80
880005	王五	91	84	92	89

3）数据类型

数据类型是具有相同性质的计算机数据的集合及在这个数据集合上的一组操作。如整数，它是$[-maxint, maxint]$区间上的整数（maxint 是依赖于所使用的计算机及语言的最大整数），在这个整数集上可以进行加、减、乘、整除、求余等操作。

2. 数据结构

1）数据结构的定义

数据结构是相互之间存在一种或多种特定关系的数据元素的集合。它一般包括以下 3 个方面的内容。

- 数据元素之间的逻辑关系，也称为数据的逻辑结构。
- 数据元素及其关系在计算机存储器内的表示，称为数据的存储结构。
- 数据的运算，即对数据施加的操作。

数据的逻辑结构从逻辑关系上描述数据，它与数据的存储无关，是独立于计算机的，因此，数据的逻辑结构可以看作从具体问题抽象出来的数学模型。数据的存储结构是数据逻辑结构在计算机中的表示（又称映像），它是依赖于计算机的。数据的运算是定义在数据的逻辑结构上的，每种逻辑结构都有一个运算的集合。只有确定了存储结构之后，才能考虑如何具体实现这些运算。

2）数据的逻辑结构

数据的逻辑结构是只抽象地反映数据元素的结构，而不管其存储方式的数据结构。

数据的逻辑结构包括数据元素的信息和数据元素之间的前后关系。其中，数据元素之间的前后关系用前驱（或直接前驱）和后继（或直接后继）描述。

根据数据元素之间关系的不同特性，通常有下列 4 类基本结构：

- 集合。结构中的数据元素之间除了“同属于一个集合”的关系外，无其他关系。
- 线性结构。结构中的数据元素之间存在一对一的相邻关系。
- 树形结构。结构中的数据元素之间存在一对多的层次关系。
- 网状结构。结构中的数据元素之间存在多对多的任意关系。

图 6-11 为上述 4 种基本数据结构的图示。一般地，把树形结构和网状结构称为非线性结构。

3）数据的存储结构

数据的存储结构也称为数据的物理结构，它是数据的逻辑结构在存储器里的实现。

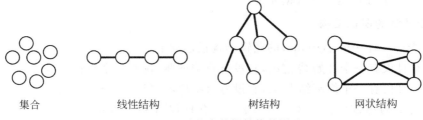

集合　　　　　线性结构　　　　树结构　　　　网状结构

图 6-11　4 种基本数据结构的图示

数据的存储结构可采用顺序存储方法或链接存储方法得到。

- 顺序存储方法。把逻辑上相邻的数据元素存储在物理位置上相邻的存储单元里，元素间的逻辑关系由存储单元的邻接关系体现，由此得到的存储表示称为顺序存储结构。顺序存储方法主要应用于线性的数据结构，如线性表、数组等。非线性的数据结构也可以通过某种线性化的方法来实现顺序存储。
- 链接存储方法。不要求逻辑上相邻的元素其物理位置上也相邻，元素间的逻辑关系是由附加的指针域表示的。由此得到的存储表示称为链式存储结构。链式存储结构要借助于程序设计语言的指针类型来描述元素的存储地址，即在此存储方法中，每个结点（数据元素）所占存储单元分成两部分：一部分为结点本身的值，称为数据域；另一部分为指针域，存储该结点的后继结点的存储单元地址，从而形成一个链。结点的结构如图 6-12 所示。

数据域	指针域

图 6-12　结点的结构

4）数据的运算

数据处理时需要在数据上进行各种运算。数据的运算是定义在数据的逻辑结构上的，但运算的具体实现要在存储结构上进行。数据的各种逻辑结构有相应的各种运算，每种逻辑结构都有一个运算的集合。下面列举常用的几种运算：

- 插入。往数据结构中添加新的元素。
- 更新。修改或替代数据结构中指定元素的一个或多个数据项（字段值）。
- 删除。把指定的数据元素从数据结构中去掉。
- 查找。在数据结构中查找满足一定条件的数据元素。
- 排序。在保持数据结构中数据元素个数不变的前提下，把元素按指定的顺序重新排列。排序一般建立在线性逻辑结构的基础上。

下面介绍几种常用的数据结构：线性表、栈、队列、树和二叉树。

6.3.3　线性表

1. 线性表的定义

线性表是由 $n(n \geqslant 0)$ 个数据元素（结点）$a_1, a_2, \cdots, a_i, \cdots, a_n$ 组成的一个有限序列，记为 $(a_1, a_2, \cdots, a_i, \cdots, a_n)$。其中，数据元素个数 n 称为线性表长度。当 $n=0$ 时称此线性表为空表。例如，一个 n 维向量 $(x_1, x_2, \cdots, x_n)$ 是一个长度为 n 的线性表，其中的每一个分量就是一个数据元素；英文小写字母表（'a', 'b', $\cdots$, 'z'）是一个长度为 26 的线性表，其中的每一个小写字母就是一个数据元素。

2. 线性表的逻辑结构

线性表$(a_1,a_2,\cdots,a_i,\cdots,a_n)$的逻辑结构描述如下：

（1）有且仅有一个开始结点a_1，它没有直接前驱，仅有一个直接后继a_2。

（2）有且仅有一个终端结点a_n，它没有直接后继，仅有一个直接前驱a_{n-1}。

（3）其余的内部结点$a_i(2\leqslant i\leqslant n-1)$有且仅有一个直接前驱$a_{i-1}$和一个直接后继$a_{i+1}$。

线性表的基本运算有置空表、求表长、取表中结点、定位、插入和删除等。

3. 线性表的存储结构

线性表的存储结构有顺序表和链表两种。

1）顺序表

顺序表是用顺序存储方法存储的线性表。在顺序表中，每个结点所占存储空间的大小是相同的，设开始结点a_1的存储地址为$\mathrm{Loc}(a_1)$，每个结点占c个存储单元，则结点a_i的存储地址如下：

$$\mathrm{Loc}(a_i) = \mathrm{Loc}(a_1) + (i-1) \times c \quad (1\leqslant i\leqslant n)$$

在顺序表中，只要知道首地址和每个结点所占存储单元的个数，就可以求出第i个结点的存储地址，因此顺序表具有按结点序号随机存取的特点。

在顺序表中，线性表的有些运算很容易实现。下面仅介绍顺序表的插入和删除运算。

- 插入运算。顺序表的插入运算是指在表的第i个位置上插入一个新结点x，使长度为n的表$(a_1,a_2,\cdots,a_{i-1},a_i,\cdots,a_n)$变成长度为$n+1$的表$(a_1,a_2,\cdots,a_{i-1},x,a_i,\cdots,a_n)$。

  用顺序表作为线性表的存储结构时，由于结点的物理顺序必须和结点的逻辑顺序保持一致，因此应将表中第$n,n-1,\cdots,i$个位置上的结点依次后移到第$n+1$，$n,\cdots,i+1$个位置上，空出第i个位置，然后在该位置上插入新结点x。

- 删除运算。顺序表的删除运算是将表的第i个结点删去，使长度为n的表$(a_1,a_2,\cdots,a_{i-1},a_i,a_{i+1},\cdots,a_n)$变成长度为$n-1$的表$(a_1,a_2,\cdots,a_{i-1},a_{i+1},\cdots,a_n)$。

  若$1\leqslant i\leqslant n-1$，则应将表中第$i+1,i+2,\cdots,n$个位置上的结点依次前移到第$i$，$i+1,\cdots,n-1$个位置上，以填补删除操作造成的空缺。

2）链表

链表是用链式存储方法存储的线性表。在链表中，每个结点所占存储单元由数据域和指针域两部分组成，数据域存储结点本身，指针域存储其后继结点的地址。每个结点都只有一个指针域的链表称为单链表。图 6-13 是一个单链表，其最后一个结点无后继结点，它的指针域为空（记为 NULL 或 ∧）；再设置一个表头指针 head，指向单链表的第一个结点。

下面介绍单链表的插入和删除运算。

- 单链表的插入。在单链表中的结点 P 后插入一个其值为 x 的新结点 S。首先，使新结点 S 的指针域中存放结点 P 的后继结点的地址；然后修改结点 P 的指针值，

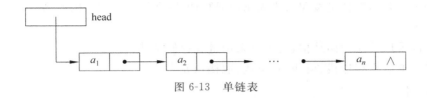

图 6-13　单链表

令其存放结点 S 的地址，如图 6-14 所示。

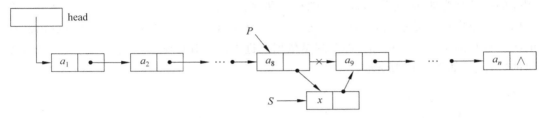

图 6-14　单链表的插入

- 单链表的删除。从单链表中删除指针 P 所指结点的后继结点。删除运算就是改变被删结点的前驱结点的指针域的值，即将被删结点的指针域的值赋给其前驱结点 P 的指针域，如图 6-15 所示。

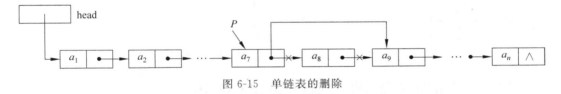

图 6-15　单链表的删除

3）顺序表和链表的比较

顺序表和链表有以下不同：

- 在顺序表中，结点的逻辑顺序和物理顺序是一致的；而在链表中，结点的逻辑顺序和物理顺序可以是不一致的。
- 顺序表的访问是随机的，而链表的访问则需按顺序进行。
- 顺序表进行插入和删除运算会引起大量结点的移动，而链表进行插入和删除运算无须移动结点。

6.3.4　栈和队列

如果对线性表的插入、删除运算的位置加以限制，那么就会产生两种特殊的线性表——栈和队列。

1. 栈

栈是限定仅在表的一端进行插入和删除运算的线性表，通常称插入、删除的这一端为栈顶，另一端称为栈底。当表中没有元素时称为空栈。

在如图 6-16 所示的栈中，元素以 $a_1, a_2, \cdots, a_{n-1}, a_n$ 的顺序进栈，而退栈的次序却是

$a_n, a_{n-1}, \cdots, a_2, a_1$，即栈是按照后进先出（LIFO）的原则组织数据。因此，栈又称为后进先出的线性表。

栈可以采用顺序存储结构，也可以采用链式存储结构。

栈的基本运算有进栈、退栈、置空栈、取栈顶元素等。

2. 队列

队列也是一种运算受限的线性表。它只允许在表的一端插入，而在另一端删除，允许删除的一端称为队头，允许插入的一端称为队尾。当队列中没有元素时称为空队列。在空队列中依次加入元素 $a_1, a_2, \cdots, a_n$ 之后，a_1 是队头元素，a_n 是队尾元素。显然退出队列的次序也只能是 $a_1, a_2, \cdots, a_n$，即队列是依据先进先出（FIFO）的原则进行的，又称先进先出的线性表，如图 6-17 所示。

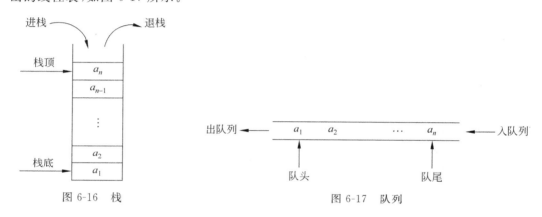

图 6-16　栈　　　　　　　　　　图 6-17　队列

队列可以采用顺序存储结构，也可以采用链式存储结构。

队列的基本运算有入队、出队、置空队列、取队头元素和判队列空等。

6.3.5　树与二叉树

树结构是一类重要的非线性结构。树和二叉树是最常用的树结构。

1. 树的概念

树是一个或多个结点组成的有限集合 T，它满足如下两个条件：

（1）有且仅有一个称为根的特定的结点。

（2）其余的结点分为 $m(m \geqslant 0)$ 个互不相交的集合 $T_1, T_2, \cdots, T_m$，每个集合又是一棵树，称其为根的子树。

图 6-18(a) 为只有一个根结点的树；图 6-18(b) 为有 12 个结点的树，其中 A 是根，余下的 11 个结点分成 3 个互不相交的子集：$T_1 = \{B, E, F, J\}$，$T_2 = \{C\}$，$T_3 = \{D, G, H, I, K, M\}$。$T_1$、$T_2$、$T_3$ 都是树，而且是根结点 A 的子树。对于树 T_1，根结点是 B，其余的结点分成两个互不相交的子集：$T_{11} = \{E\}$，$T_{12} = \{F, J\}$。T_{11}、T_{12} 也是树，而且是根结点 B 的子树。而在 T_{12} 中，F 是根，$\{J\}$ 是 F 的子树。

下面给出树结构中常用的基本术语：

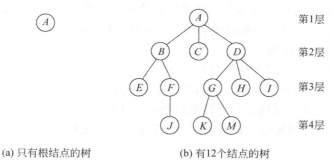

(a) 只有根结点的树　　　　　　(b) 有12个结点的树

图 6-18　树的示例

（1）结点的度。一个结点的子树个数称为该结点的度。

（2）树的度。一棵树的度是指该树中结点的最大度数。

（3）叶子结点。度为零的结点称为叶子或终端结点。例如,在图 6-18(b)中,结点 A、B、C、D 的度分别为 3、2、0、3,树的度为 3。C、E、H、I、J、K 和 M 均为叶子结点。

（4）分支结点。度不为零的结点称为分支结点或非终端结点。

（5）孩子及双亲节点。树中某个结点的子树之根称为该结点的孩子,该结点称为孩子的双亲或父亲。例如,在图 6-18(b)中,B 是结点 A 的子树 T_1 的根,故 B 是 A 的孩子,而 A 是 B 的双亲;E、F 是 B 的孩子,B 是 E、F 的双亲。

（6）结点的层数。树是一种分层结构,根结点为第一层,从根结点开始到某结点的层数称为该结点的层数,树中结点的最大层数称为树的深度或高度。例如,在图 6-18(b)中,A 的层数为 1,B、C、D 的层数为 2,E、F、G、H、I 的层数为 3,J、K、M 的层数为 4;此树的深度为 4。

2. 二叉树

1）二叉树的定义

二叉树是 $n(n \geqslant 0)$ 个结点的有限集合,它或者是空集($n = 0$),或者由一个根结点及两棵互不相交的、分别称为这个根的左子树和右子树的二叉树组成。这是二叉树的递归定义。图 6-19 给出了二叉树的 5 种基本形态。图 6-19(a)为空二叉树,图 6-19(b)为仅有一个根结点的二叉树,图 6-19(c)为右子树为空的二叉树,图 6-19(d)为左子树为空的二叉树,图 6-19(e)为左、右子树均非空的二叉树。

(a) 空二叉树　　(b) 仅有一个根结点　　(c) 右子树为空　　(d) 左子树为空　　(e) 左右子树均非空

图 6-19　二叉树的 5 种基本形态

二叉树不是树的特殊情形,尽管树和二叉树的概念间有很多关系,但它们是两个概念。树与二叉树间最主要的差别是:二叉树为有序树,即二叉树的结点的子树要区分为左子树和右子树,即使在结点只有一棵子树的情况下也要明确指出该子树是左子树还是右子树。图 6-19 的(c)和(d)是两棵不同的二叉树,但如果作为树,它们就相同了。

2) 二叉树的基本性质

性质 1:二叉树第 i 层上最多有 2^{i-1} 个结点($i \geq 1$)。

性质 2:深度为 k 的二叉树最多有 $2^k - 1$ 个结点($k \geq 1$)。

满二叉树和完全二叉树是两种特殊形态的二叉树。

满二叉树:一棵深度为 k 且具有 $2^k - 1$ 个结点的二叉树称为满二叉树,如图 6-20(a)所示。

完全二叉树:若一棵二叉树至多只有最下面的两层上结点的度数可以小于 2,并且最下一层上的结点都集中在该层最左边的若干位置上,则此二叉树称为完全二叉树,如图 6-20(b)所示。

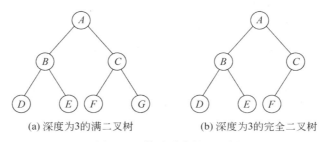

(a) 深度为3的满二叉树   (b) 深度为3的完全二叉树

图 6-20   特殊形态的二叉树

性质 3:具有 n 个结点的完全二叉树的深度为 $[\log_2 n] + 1$。

性质 4:在任意一棵二叉树中,若叶子结点的个数为 n_0,度为 2 的结点数为 n_2,则 $n_0 = n_2 + 1$。

3) 二叉树的存储

二叉树的存储通常采用链表形式。它用链表来表示一棵二叉树,链表中每个结点由3 个域组成,除了存储结点自身的信息外,还应设置两个指针域 lchild 和 rchild,分别指向结点的左孩子和右孩子,结点的存储结构如下:

lchild	data	rchild

其中,data 域存放某结点的数据信息,lchild 域与 rchild 域分别存放其左孩子和右孩子的存储地址。图 6-21(b)给出了图 6-21(a)所示的二叉树的存储表示。

4) 二叉树的遍历

二叉树的遍历(或称周游)就是按某条搜索路径访问二叉树中的每一个结点,使得每个结点都被访问一次且仅被访问一次。可以按多种不同的次序遍历二叉树。下面介绍3 种重要的二叉树遍历方法。

- 先序(根)遍历:访问根结点,先序遍历左子树,先序遍历右子树。
- 中序(根)遍历:中序遍历左子树,访问根结点,中序遍历右子树。
- 后序(根)遍历:后序遍历左子树,后序遍历右子树,访问根结点。

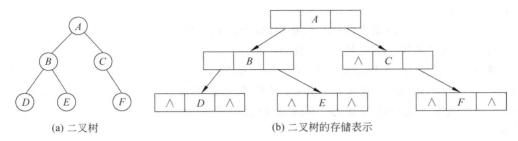

(a) 二叉树   (b) 二叉树的存储表示

图 6-21 二叉树及其存储表示

例 6.3 图 6-22 为一棵二叉树,写出其对应的 3 种遍历序列。

先序遍历序列:*ABDFEGHC*。

中序遍历序列:*DFBGEHAC*。

后序遍历序列:*FDGHEBCA*。

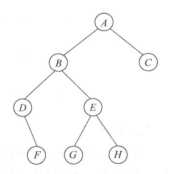

图 6-22 二叉树

6.3.6 查找与排序

1. 查找

查找又称检索,它是数据处理中经常使用的一种重要的运算。查找的效率将直接影响到数据处理的效率。

假定被查找的对象是由一组数据元素组成的线性表,而每个数据元素由若干个数据项组成,其中能唯一标识一个数据元素的数据项称为关键码。查找的定义是:给定一个值,在含有 n 个数据元素的线性表中找出关键码值等于给定值的数据元素,若找到,则查找成功;否则查找失败。

下面介绍两种常用的查找方法。

1)顺序查找

顺序查找一般指从线性表的第一个元素开始,依次将线性表中元素的关键码值与给定值进行比较。若匹配成功,则表示找到(即查找成功);若线性表中所有元素的关键码值都与给定值不匹配,则表示线性表中没有满足条件的元素(即查找失败)。

顺序查找的优点是线性表不必按关键码值排序,对线性表的存储结构无要求(顺序存储、链式存储皆可)。其缺点是在平均情况下查找要与表中一半的数据元素进行比较,当线性表的长度很大时效率较低,即不适用于长度较大的线性表的查找。

2)二分法查找

二分法查找是一种效率较高的线性表查找方法。二分法查找要求线性表必须是按关键码值排序的,且线性表以顺序方式存储。

二分法查找的方法是:在线性表中,取中间元素作为比较对象,这个中间元素把线性表分成了左右两个子表,若给定值与中间元素的关键码值相等,则查找成功;若给定值小于中间元素的关键码值,则在左表中继续查找;若给定值大于中间元素的关键码值,则在右表中继续查找。不断重复上述查找过程,直到查找成功,或确定表中没有这样的数据元素,查找失败。

二分法查找的优点是平均比较次数少,即每经过一次比较,查找范围就缩小一半。其缺点是线性表必须按关键码值排序,很费时间。

例 6.4 已知线性表的关键码序列为(16,21,29,33,35,43,48,54,66,78,85)。现要查找关键码值为 33 的元素。用[ ]括住本次查找的子表,用 ↑ 指向该子表的中间元素,即本次参加比较的关键码。检索的过程如图 6-23 所示,经过三次比较找到了该结点。

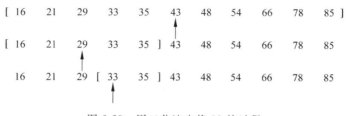

图 6-23　用二分法查找 33 的过程

2. 排序

排序是数据处理中经常使用的一种重要运算。排序是指将一个无序序列整理成按关键码值递增或递减顺序排列的有序序列。假定排序的对象是顺序存储的线性表,线性表中的数据元素由若干个数据项组成,以关键码为排序依据。排序的方法很多,根据待排序序列的规模及对数据处理的要求,可以采用不同的排序方法。

1) 直接插入排序

直接插入排序是最简单直观的排序方法。其基本方法如下:每次将一个待排序数据元素按其关键码值的大小插入已经排好序的线性表中的适当位置,直到全部元素插入完成为止。

直接插入排序过程是:假设前 $i-1$ 个数据元素已经有序,先将第 i 个数据元素存放到临时变量 T 中,然后将 T 中数据元素的关键码 key_i 从后向前依次与前面数据元素的关键码 key_{i-1},key_{i-2},$\cdots$,key_1 进行比较,将关键码大于 key_i 的数据元素依次向后移动一个位置,直到发现一个关键码小于或者等于 key_i 的数据元素为止,此时将 T 中的数据元素插入到刚空出的存储单元即可。直接插入排序的整个过程需要 $n-1$ 趟插入。每次比较最多移动一个元素。在最坏情况下,直接插入排序需要进行 $n(n-1)/2$ 次比较。

2) 冒泡排序

冒泡排序是基于交换思想的一种简单的排序方法。其基本思想如下:两两比较待排序数据元素的关键码值,发现两个数据元素的次序相反时即进行交换,直到没有逆序的数据元素为止。

对 n 个数据元素进行冒泡排序的过程如下:从第 1 个数据元素开始到第 n 个数据元素,两两比较关键码值,若为逆序,则进行交换。将序列照此方法从头至尾处理一遍称作一趟冒泡,一趟冒泡的结果是将关键码值最大的数据元素交换到了最后的位置。若某一趟冒泡过程中没有任何交换发生,则排序过程结束。长度为 n 的线性表最多需要进行

$n-1$ 趟冒泡。在最坏情况下,冒泡排序需要进行 $n(n-1)/2$ 次比较。

3）简单选择排序

简单选择排序的基本思想如下：每一趟从待排序的数据序列中选出关键码值最小的数据元素,按顺序放在已排好序的子表的最后,直到全部数据元素排序完毕。

简单选择排序的基本过程如下：

（1）从第 1 个数据元素开始,通过 $n-1$ 次关键码值比较,从 n 个数据元素中找出关键码值最小的,再将它与第 1 个数据元素交换位置,完成第一趟简单选择排序。

（2）从第 2 个数据元素开始,再通过 $n-2$ 次比较,从剩余的 $n-1$ 个数据元素中找出关键码值最小的,再将它与第 2 个数据元素交换位置,完成第二趟简单选择排序。

（3）从第 i 个数据元素开始,再通过 $n-i$ 次比较,从剩余的 $n-i+1$ 个数据元素中找出关键码值最小的,将它与第 i 个数据元素交换位置,完成第 i 趟简单选择排序。

重复上述操作,共进行 $n-1$ 趟排序后,把 $n-1$ 个数据元素移动到指定位置,最后一个数据元素直接放到最后,排序结束。在最坏情况下,长度为 n 的线性表需进行 $n(n-1)/2$ 次比较。

4）快速排序

快速排序又称划分交换排序。其基本思想如下：在当前无序表中任取一个数据元素作为比较基准,用此基准将当前无序表划分为左右两个无序子表,且左边的无序子表中数据元素的关键码值均小于或等于基准的关键码值,右边的无序子表中数据元素的关键码值均大于或等于基准的关键码值,当左右两个无序子表均非空时,分别对它们进行上述划分过程,直到无序表中的所有数据元素均已排好序为止。

思考与练习

1. 什么是软件工程?
2. 什么是软件生命周期? 软件生命周期划分为哪几个阶段?
3. 简述用结构化方法进行软件开发的过程。
4. 什么是程序? 程序的 3 种最基本的控制结构是什么?
5. 什么是算法? 算法最主要的特征是什么? 衡量算法优劣的主要标准是什么?
6. 数据结构主要由哪 3 方面内容组成?
7. 什么是栈、栈顶、栈底、空栈?
8. 树与二叉树的区别是什么?
9. 常用的排序方法有哪几种?

第7章　计算思维初步

20世纪90年代后期,在高等学校普遍开设"计算机基础""计算机文化基础"等课程之后,高等教育界在计算机课程改革的过程中逐渐将改革的着力点放在培养目标的调整上,核心任务之一是培养学生的计算思维能力。也有的高校将大学计算机类课程调整为以计算思维作为主线。那么,究竟什么是计算思维?计算思维会给大学计算机类课程教学带来什么?

本章主要介绍计算思维的基本概念和特征,学习运用计算思维进行问题求解的一般方法。本章的目的在于强调计算思维在学习、研究和工作中的重要作用,使学生建立自觉、主动学习并提高计算思维能力的意识和兴趣。本章主要内容如下:

- 科学与科学思维。
- 计算思维的概念。
- 计算思维与问题求解。

7.1　科学与科学思维

计算科学是采用数学建模、定量分析和计算机技术来解决科学问题的研究领域。理论科学、实验科学与计算科学并称为科学的三大支柱,而理论思维、实验思维和计算思维便是与之相对应的科学思维方式。计算思维在人类社会的经济、科技等领域发挥了重要的作用,是现代社会中每个人都应具备的思维技能。

7.1.1　科学与计算科学

1. 科学的概念

在现实生活中,人们普遍简单而又模糊地认为"科学"就是"真实的""客观的"意思。"科学"一词来源于拉丁语,不同的国家、不同的学者对"科学"有着不同的解释。

- 达尔文对科学的定义:科学就是整理事实,从中发现规律并得出结论。
- 爱因斯坦认为:设法将人们杂乱无章的感觉经验加以整理,使之符合逻辑一致的思想系统就叫科学。
- 美国《韦伯斯特新世界词典》对科学的定义:科学是从确定研究对象的性质和规律这一目的出发,通过观察、调查和实验得到的系统知识。

- 中国《辞海》对科学的定义：科学是运用范畴、定理和定律等思维形式反映现实世界各种现象的本质和运动规律的知识体系。

由此可见，对于"科学"的理解和认识，众说纷纭，见仁见智。不过，从各种对于"科学"概念的表述中，还是可以找出一些基本的、共同的东西：科学是反映现实世界中各种现象及其客观规律的知识体系。科学作为人类知识的最高形式，已成为人类社会普遍的文化理念。

2. 科学的分类

对于科学的分类，也存在不同的观点。由于分类方式的不同，科学可以划分为各种不同的类型，如表 7-1 所示。

表 7-1　科学的分类

分 类 方 式	划分的结果
按照研究对象的不同	自然科学、社会科学、思维科学
按照人类目标的不同	广义科学、狭义科学
按照人类对自然规律利用的直接程度的不同	自然科学、实验科学
按照与实践联系的不同	理论科学、技术科学、应用科学
按照研究手段和方法的不同	理论科学、实验科学、计算科学

目前，理论科学、实验科学和计算科学被广泛认为是推动人类文明进步和科技发展的重要途径，是获得科学发现的三大支柱。

理论科学是提出论题，如经济问题、技术问题的发现与解决的办法和方向的设想；实验科学则是组织好实际的物质条件，按照理论科学提出的论题进行反复实验，最终得到该理论是否成立的结论；计算科学则是在理论研究、实验进行的过程中用数学的手段进行论证与修正，若理论成立且实验通过，计算科学还能将这些结论和过程转化成实际模型，进而转化为实际应用。理论科学、实验科学、计算科学三者的关系如图 7-1 所示。

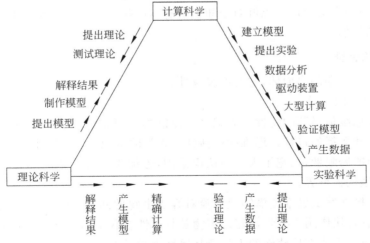

图 7-1　理论科学、实验科学与计算科学的关系

3. 计算科学与计算学科

从计算的角度来看,计算科学(Computing Science)又称为科学计算,是有关数学建模、定量分析方法和采用计算机进行分析、解决科学问题的研究领域。

从计算机的角度来说,计算科学是应用高性能计算能力预测和了解客观世界物质运动或复杂现象演化规律的科学,它包括数值模拟、工程仿真、高性能计算机系统和应用软件等。

相应地,从计算的角度来说,利用计算科学对其他学科的问题进行计算机模拟或者其他形式的计算而形成的学科(如计算化学、计算生物学、计算物理学等)统称为计算学科(Computing Discipline)。

从计算机的角度来说,计算学科是对描述和变换信息的算法过程进行系统研究的学科,它包括算法过程的理论、分析、设计、效率分析、实现和应用等。

计算学科的基本问题是"什么能被(有效地)自动执行",它讨论可行性的有关内容,包括:什么是(实际)可计算的,什么是(实际)不可计算的,如何保证计算的自动性、有效性和正确性。计算学科是在数学和计算机科学基础上发展起来的一门新兴学科,它既是一门理论研究性学科,又是一门实践性很强的学科。

7.1.2　思维与科学思维

科学思维是人脑对科学信息的加工活动。与理论科学、实验科学和计算科学相对应,科学思维可以分为理论思维、实验思维和计算思维。

1. 思维的概念

思维是人脑对客观事物的一种概括的、间接的反映,它反映客观事物的本质和规律。人脑对信息的加工处理包括分析、抽象、综合、概括等。思维是人的高级心理活动,是人类认识事物的高级形式。思维是人和动物的根本区别之一,是人的重要本质所在。

思维以感知为基础又超越感知的界限。它探索与发现事物的内部本质联系和规律性,是认识过程的高级阶段。思维对于知识具有本原作用。思维是人类获得知识的途径,是加工知识的机器。

2. 思维的特征

思维是一个复杂的多面体,它有许多属性。

1) 概括性与间接性

概括性是思维最显著的特性。思维之所以能揭示事物的本质和内在规律性的关系,主要来自抽象和概括的过程。思维的概括性使人类的认识活动摆脱了对具体事物的依赖性和直接感知的局限性,拓宽了人类的认识范围,也加深了对事物的理解,使人类可以更迅速、更科学地认识世界。

思维的间接性就是思维凭借知识经验对客观事物的间接反映。首先,思维凭借知识经验,能对没有直接作用于感觉器官的事物及其属性或联系加以反映。其次,思维凭借知识经验,能对原本不能直接感知的事物及其属性进行反映。

2）统一性和差异性

这里的统一性指的是人类思维的普遍性。简单地说，人类思维能力的最基本内容是一致的。但这并不是说人与人之间在思维上就没有差别，恰恰相反，作为个体的每个人在思维的深层次常常会有很大的不同。所以说，思维存在着统一性，也存在着差异性。

3）能动性

思维凭借知识和经验，不仅能认识和反映世界，而且还能超越感知提供的信息，揭示事物的本质和规律，预见事物的发展和变化，从而对客观世界进行改造。

3. 思维的类型

从抽象性来分，思维主要可分为直观行动思维、具体形象思维和抽象逻辑思维。

直观行动思维又称实践思维，是凭借直接感知，伴随实际动作进行的思维活动。具体形象思维是运用已有表象进行的思维活动。抽象逻辑思维是以概念、判断、推理的形式达到认识事物的本质特性和内在联系的思维。

从思维的方向，思维可以分为横向思维、纵向思维、发散思维和收敛思维。

横向思维大多是围绕同一个问题从不同的角度去分析，或是在对各个与之相关的事物的分析中寻找答案。纵向思维就是从其他领域得到启示的思维方法，利用外部信息来发现解决问题的途径的思维。发散思维又称求异思维、辐射思维，是从一个目标出发，沿着各种不同途径寻求各种答案的思维。收敛思维又称聚合思维、集中思维，是把问题所提供的各种信息集中起来得出一个正确的或最好的答案的思维。

从思维的形成和应用领域来分，思维分为日常思维和科学思维。

日常思维是指人们运用已获得的知识经验，按惯常的方式解决问题的思维。科学思维能对思维方法模式化，是具有方向性的思考。

4. 科学思维的定义

科学思维是指理性认识及其过程，即人脑通过对感性认识材料加以整理、归纳、加工处理，形成概念、分析、判断和推理，揭示事物的本质和内在规律的思维活动。

简而言之，科学思维就是人脑对科学信息的加工活动，是人们认识自然界、社会和人类意识的本质和客观规律性的高级思维活动。

科学思维比日常思维更具理性、客观性、严谨性、系统性与科学性。科学思维应具有理性思维、逻辑思维、系统思维和创造性思维的表现和特征。

1）科学的理性思维

理性思维是有明确的思维方向，有充分的思维依据，能对事物或问题进行观察、比较、分析、综合、抽象与概括的思维。理性思维是建立在证据和逻辑推理基础上的思维方式。

2）科学的逻辑思维

逻辑思维以抽象的概念、判断和推理作为思维的基本形式，以分析、综合、比较、抽象、概括和具体化作为思维的基本过程，从而揭露事物的本质特征和规律性联系。

3）科学的系统思维

系统思维就是把认识对象作为系统，从系统和要素、要素和要素、系统和环境的相互联系、相互作用中综合地考察认识对象的一种思维方法。系统思维能极大地简化人们对事物的认知,给人们带来整体观。

4)科学的创造性思维

创造性思维是一种开创性的探索未知事物的高级、复杂的思维,是具有主动性和创见性的思维。通过创造性思维,不仅可以揭示客观事物的本质和规律性,而且能在此基础上产生新颖的、独特的、有社会意义的思维成果,开拓人类知识的新领域。

5. 科学思维的分类

与理论科学、实验科学和计算科学三大科学相对应,科学思维分为理论思维、实验思维和计算思维。

1)理论思维

理论思维是利用事物的感性认识资料,经过抽象、概括,形成描述事物本质的概念,主要以推理和演绎的方法,探寻概念之间相互联系的一种思维活动。

理论源于数学,理论思维支撑着所有的学科领域。正如数学一样,定义是理论思维的灵魂,定理和证明是其精髓,公理化方法是最重要的理论思维方法。

2)实验思维

实验思维是通过观察和实验的手段揭示自然规律的一种思维方法。实验思维的特征是观察、整理、归纳、对比和验证。例如星球运行规律与万有引力的发现,设备性能的物理测量、化学的分解与化合、生物的解剖等实验,就是认识事物本质和变化规律的有效手段和思维方法。

与理论思维不同,实验思维往往需要借助于某些特定的设备来获取数据,以便进行分析。

3)计算思维

计算思维又称构造思维,是指从具体的算法设计规范入手,通过算法过程的构造与实施来解决给定问题的一种思维方法。

从本质上说,理论思维、实验思维和科学思维三大思维活动都是人类科学思维方式中固有的部分。其中,理论思维强调推理,实验思维强调归纳,计算思维希望能自动求解。它们以不同的方式推动着科学的发展和人类文明的进步。

7.2 计算思维的概念

目前,计算思维的研究正在逐步受到人们的关注。计算思维不仅仅属于计算机科学家,它应当是每个人的基本技能,每个人都应像拥有阅读、写作和算术(Reading,Writing and Arithmetic,3R)基本技能一样拥有计算思维技能,并能自觉地应用于日常的学习、研究与工作中,要像计算机科学家那样思考。

7.2.1 计算思维的定义

2006 年 3 月,美国卡内基·梅隆大学计算机科学系主任周以真(Jeannette M. Wing)教授在美国计算机权威期刊 *Communications of the ACM* 上给出了计算思维

(Computational Thinking)的定义。周以真教授认为：计算思维是运用计算机科学的思想与方法进行问题求解、系统设计以及人类行为理解等涵盖计算机科学之广度的一系列思维活动。

1. 问题求解中的计算思维

利用计算手段求解问题的过程是：首先要把实际的应用问题转换为数学问题，然后建立模型，接下来设计算法和编程实现，最后在实际的计算机中运行并求解。

前两步是计算思维中的抽象，后两步是计算思维中的自动化。

2. 系统设计中的计算思维

R. Karp 教授认为：任何自然系统和社会系统都可视为一个动态演化系统，演化伴随着物质、能量和信息的交换，这种交换可以映射为符号变换，使之能用计算机进行离散的符号处理。当动态演化系统抽象为离散符号系统后，就可以采用形式化的规范描述，建立模型、设计算法和开发软件来揭示演化的规律，实时控制系统的演化并自动执行。

3. 人类行为理解中的计算思维

计算思维是基于可计算的手段，以定量化的方式进行的思维过程。利用计算手段来研究人类行为，可视为社会计算，即通过各种信息技术手段，设计、实施和评估人与环境之间的交互。使用计算思维的观点对当前社会计算中的一些关键问题进行分析与建模，尝试从计算思维的角度重新认识社会计算，找出新问题、新观点和新方法等。

7.2.2　计算思维的特征

计算思维具有以下特征：

(1) 计算思维是人类求解问题的途径，它属于人的思维方式，不是计算机的思维方式。

计算思维是人类求解问题的一条途径，但绝非要使人类像计算机那样的思考。计算机枯燥且沉闷，但人类聪颖且富有想象力，是人类赋予计算机激情。计算机之所以能够求解问题，是因为人类将计算思维的思想赋予了计算机，计算机才能够执行迭代、递归等复杂计算。像计算机科学家那样去思维，意味着不是只能为计算机编程，还要求能够在抽象的多个层次上思维。

(2) 计算思维是思想，不是人造品。

计算思维不是硬件，而是将计算的概念用于问题求解、日常生活的管理以及与他人的交流和互动。

(3) 计算思维是数学和工程思维的互补与融合。

计算机科学在本质上源自数学思维，因为像所有的科学一样，它的形式化基础建筑于数学之上。计算机科学又从本质上源自工程思维，因为我们建造的是能够与实际世界互动的系统，基本计算设备的限制迫使计算机科学家必须计算性地思考，而不能只是数学性地思考。数学和工程思维的互补与融合很好地体现在计算思维的过程中。

(4) 计算思维应面向所有的人和所有领域。

计算思维无处不在，当计算思维真正融入人类活动的整体时，作为一个问题解决的有效工具,人人都应掌握它,处处都会使用它。

7.2.3 计算思维的本质

计算思维的本质是抽象(abstraction)和自动化(automation)。计算思维的本质反映了计算的根本问题,即什么能被有效地执行,也就是说,哪些是可计算的,哪些是不可计算的。

1. 抽象

抽象是对事物进行人为处理,抽取关心的、共同的、本质的特征、属性,并对这些事物和特征、属性进行描述,从而大大降低系统元素的绝对数量。抽象可分为物理抽象、数学抽象和计算抽象。对于自然现象或人工现象的计算抽象是将问题符号化,使之成为一个计算系统。

为了实现计算自动化,还需要对抽象问题进行精确描述和数学建模。

案例:哥尼斯堡七桥问题。

哥尼斯堡七桥问题是图论研究中的热点问题。18世纪初,普鲁士的哥尼斯堡的一个公园里有一条名为普莱格尔的河穿过,河中有两个小岛,有7座桥把两个岛与河岸连接起来(如图7-2所示)。有个人提出一个问题:一个步行者从A、B、C、D这4块陆地中的任一块出发,怎样才能不重复、不遗漏地一次走完7座桥,最后回到出发点?

1736年,瑞士数学家欧拉(Leonhard Euler)把它转化成一个几何问题。他的解决方法是:把陆地抽象为一个点,用连接两个点的线段表示桥梁,将该问题抽象成点与线的连接图的问题,即把一个实际问题抽象成数学模型,如图7-3所示。这就是计算思维中的抽象。

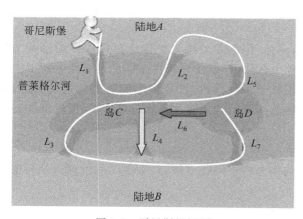

图 7-2　哥尼斯堡问题

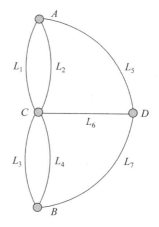

图 7-3　欧拉提出的模型

2. 自动化

自动化就是对抽象的模型建立合适的算法,计算的过程就是执行算法的过程。

7.3 计算思维与问题求解

应用计算思维进行问题分析与求解可以归纳为以下几步。

(1) 理解问题,寻找解决问题的条件。

理解问题就是把问题的条理摸清楚,弄清楚问题到底是什么,什么是你想找到的,什么是未知的,并用适当的语言来描述。对同一问题设计尽可能多的解决方案,对解决方案进行对比,选出最好的方案,用最好的方案来解决问题。

寻找解决问题的必要条件,缩小问题求解范围。可以尝试从最简单的特殊情况入手,逐渐深入。

(2) 对有连续性的问题进行离散化处理。

图像、声音、时间、压力等是连续信息。数字、字母、符号等是离散化信息。连续型问题必须转化为离散型问题(即数字化)后,才能被计算机处理。

(3) 从问题抽象出适当的数学模型,然后设计实现这个数学模型的算法。

算法是问题求解过程的精确描述。求解一个问题时,可能会有多种算法可供选择。

应根据算法的正确性、可靠性、简单性、存储空间、执行速度等标准综合衡量,选择适合的算法。

(4) 按照算法编写程序,并调试、测试、运行程序,得到最终解答。

设计程序的过程如下:按功能划分程序模块;按层次组织模块;逐步细化地进行设计。

案例:警察抓小偷。

警察局抓了 4 名盗窃嫌疑人,其中只有一人是小偷。审问时,4 名嫌疑人的陈述如下:

a:我不是小偷。

b:c 是小偷。

c:小偷肯定是 d。

d:c 在冤枉人。

已知:4 个人中 3 个人说的是真话,一个人说的是假话。

问:到底谁是小偷?

解题过程如下。

(1) 问题分析。

① 依次假设每个人是小偷。

② 检验嫌疑人的 4 句话,验证"4 个人中 3 个人说的是真话,一个人说的是假话"是否成立。

③ 如果成立,说明第一步的假设正确,找到小偷。

(2) 建立数学模型。

① 将 4 个人编号为 1、2、3、4。

② 用变量 x 存放小偷的编号(如,$x=1$ 表示 a 是小偷)。

a 说"我不是小偷"表示为"a 说：$x \neq 1$"。

b 说"c 是小偷"表示为"b 说：$x = 3$"。

c 说"小偷肯定是 d"表示为"c 说：$x = 4$"。

d 说"c 在冤枉人"表示为"d 说：$x \neq 4$"。

③ 依次将 $x = 1, x = 2, x = 3, x = 4$ 代入问题系统的 4 句话，检验"4 个人中 3 个人说的是真话，一个人说的是假话"是否成立，即 4 个检验结果的逻辑值相加为

$$1 + 1 + 1 + 0 = 3$$

（3）编写程序。

```
for x=1 to 4
  if(x<>1)+(x-3)+(x-4)+(x<>4)=3
  then
    print x&"是小偷"
next x
```

由上述案例可见，计算思维是选择一种合适的方式陈述一个问题或对一个问题的相关方面建模，使其易于处理的思维方法。

计算思维是建立在计算过程的能力和限制之上的，不管这些过程是由人还是由机器执行的。计算方法和模型使人可以完成那些原本无法由任何个人独自完成的问题求解和系统设计。

计算思维代表一种普遍的认识和普适的技能，每一个人，都应热心于它的学习和运用。

思考与练习

1. 科学有哪些分类方法？
2. 什么是思维？思维有哪些特征？
3. 科学思维包括哪些内容？
4. 简述计算思维的概念。
5. 计算思维有哪些特征？
6. 计算思维的本质是什么？
7. 简述应用计算思维求解问题的一般步骤。
8. 举例说明你对计算思维的理解。

参 考 文 献

[1]　布鲁克希尔.计算机科学概论[M].刘艺,译.北京:人民邮电出版社,2009.

[2]　帕森斯.计算机文化[M].吕云翔,傅尔也,译.北京:机械工业出版社,2011.

[3]　郭瑾.大学计算机应用基础[M].北京:中国铁道出版社,2011.

[4]　胡铮.物联网[M].北京:科学出版社,2010.

[5]　教育部考试中心.全国计算机等级考试二级教程——公共基础知识[M].北京:高等教育出版社,2018.

[6]　李俊山.数据库原理与设计教程[M].北京:北京邮电大学出版社,2013.

[7]　刘文平.大学计算机基础[M].北京:中国铁道出版社,2012.

[8]　刘云浩.物联网导论[M].北京:科学出版社,2011.

[9]　陆铭.计算机应用技术基础[M].2版.北京:中国铁道出版社,2013.

[10]　聂建萍.大学计算机基础[M].北京:清华大学出版社,2012.

[11]　王建国.大学计算机基础[M].4版.北京:中国铁道出版社,2013.

[12]　王珊,萨师煊.数据库系统概论[M].5版.北京:高等教育出版社,2014.

[13]　辛宇.Windows 7操作系统完全学习手册[M].北京:科学出版社,2012.

[14]　余益.大学计算机基础[M].北京:中国铁道出版社,2013.

[15]　张海藩.软件工程导论[M].6版.北京:清华大学出版社,2013.

图 书 资 源 支 持

感谢您一直以来对清华版图书的支持和爱护。为了配合本书的使用,本书提供配套的资源,有需求的读者请扫描下方的"书圈"微信公众号二维码,在图书专区下载,也可以拨打电话或发送电子邮件咨询。

如果您在使用本书的过程中遇到了什么问题,或者有相关图书出版计划,也请您发邮件告诉我们,以便我们更好地为您服务。

我们的联系方式:

地　　址:北京市海淀区双清路学研大厦 A 座 701

邮　　编:100084

电　　话:010－62770175－4608

资源下载:http://www.tup.com.cn

客服邮箱:tupjsj@vip.163.com

QQ:2301891038(请写明您的单位和姓名)

用微信扫一扫右边的二维码,即可关注清华大学出版社公众号"书圈"。

资源下载、样书申请

书 圈

扫一扫,获取最新目录